KB207021

담임선생님에게는 말하지 못하는

초등학교 학부모 상담기록부

* 이 도서의 국립중앙도서관 출판예정도서목록(CIP)은 서지정보유통지원시스템 홈페이지
(http://seoji.nl.go.kr)와 국가자료공동목록시스템(http://www.nl.go.kr/kolisnet)에서 이용하실 수 있습니다.
(CIP제어번호: CIP2018038702)

담임선생님에게는 말하지 못하는

초등학교 학부모 상담기록부

송주현 지음

은행나무

십 년 동안 반 아이들의 기특한 모습을 담아온 제 블로그가 언제부터인가 학부모님들의 고민 상담소가 되었습니다. 짧지 않은 시간을 초등학교 교사로 지내며, 혼자 보기 아까운 초등학교 1학년 아이들의 학교생활을 블로그에 올리다 급기야 책 《나는 1학년 담임입니다》를 내게 되었습니다. 그래서인지 블로그에 많은 학부모님들이 찾아와 고민을 풀어놓기 시작하셨습니다. 때로는 그 고민의 무게가 감당하기 힘들 정도였습니다. 오죽했으면 아이 담임도 아닌, 얼굴도 모르는 저에게 털어놓으실까 싶어 충실히 답을 해드리려 노력했습니다. 그렇게 시간이 쌓이다 보니 학부모님들은 고민이 비슷하다는 사실을 알게 되었습니다. 아이의 공부(수업 태도, 독서 습관, 사교육)와 사회성(친구 관계, 학교폭력)이 주를 이루는 한편, 아이의 개별적 성향(내향적·외향적 성격), 부모의 양육 태도(통제형, 방임형)에 관한 질문이 많았습니다. 꾀가 난 저는 비슷한 유형의 고민들을 추리고 제 생각을 아래에 붙였습니다. 그 글들을 추린 결과가 이 책입니다.

학부모님의 질문 속에는 아이를 보는 관점이 담겨 있습니다. "우리 아이가 밥을 늦게 먹는데 어떻게 하면 빨리 먹게 할 수 있을까요?"(초등학생의 권장 식사시간을 말씀드리면 될까요?) "우리 아이가 툭하면 동생과 싸우는데 어떻게 하면 우애 있는 형제로 만들 수 있을까요?"(이 문제를 해결하면 노벨평화상을 받을 수 있습니다!) 어느 정도의 속도가 밥을 늦게 먹는 건지, 동생과 몇 번을 싸워야 잦은지를 판단하는 기준이 없기에 답을 해드리기 곤란했습니다. 왜 내 아이가 밥을 빨리 먹기를 바라시는지를 여쭤보는 한편, 부모님의 그런 바람이 아이에게 어떤 억압을 주는지, 그로 인해 아이의 성장이 어떻게 왜곡될 수 있는지를 설명해드리는 게 중요하다고 생각했습니다. 그러다 보니 말이 많아지더군요. 간혹 학부모님의 질문에서 한참을 벗어나 예상하지 못한 결론에 당도하는 경우도 있었습니다.

상담은 항상 '질문 구체화하기' 단계에서 시작합니다. 첫 번째 단계가 지나면 그 다음은 '아이의 삶을 객관적으로 바라보기'입니다. '내 자식'의 문제가 아닌, 현재의 삶을 살아내고 있는 '한 인간'의 문제로 보고자 노력하는 거지요. 사적인 감정을 최대한 누르고 아이를 보는 것만으로도 큰 효과가 있습니다. 엄마는 일하러 가고, 혼자 빈집에 있는 초등학생에게 연민이 안 생길 어른이 있을까요? 여기까지만 오면 다음은 쉽습니다.

공부를 너무 안 하는 아이, 친구와 못 어울리는 아이 모두 아이 입장에서 들여다보면 그럴만한 사정이 있습니다. 공부 전쟁은 언제나 시키는 사람(부모, 교사)에게 유리한 게임이지요. 어른은 지시만 하면 될 뿐 과정과 결과는 아이의 몫이니까요. 세상에 공부 잘하고 친구 관계도 원만한 사람이 되기 싫은 아이는 없습니다. 어른이나 친구들의 인정은 누구나 받고 싶으니까요. 그런데 잘 안 되니 문제입니다. 우리는 아이가 공부를 왜 못하는지 파악해줘야 합니다. 티브이나 게임, 스마트폰 등 공부를 방해하는 환경이 원인일 수도 있고 난독증, 수업 내용의 이해 부족, ADHD 같은 개인적인 문제일 수도 있으니까요. 친구 관계에 관한 질문 또한 마찬가집니다. 학부모님들은 우리 아이가 '이상하게도' 혼자 있으려 한다며 걱정합니다. 그러면서 원인을 아이 주변의 친구(따돌림, 학교 폭력)나 신경 쓰지 않는 담임교사에게서 찾으려 합니다. 문제를 아이가 아닌 외부에서 찾으려고 합니다. 질문에 답변을 하려면 먼저 부모님의 관점에서 고민을 떼어내 조금 더 객관적인 마당으로 옮겨야 합니다. 그러기 위해 부모님으로부터 받은 질문보다 더 많은 질문을 돌려드리기도 합니다.

어느 정도 아이가 파악되더라도, 답변은 항상 조심스럽습니다. 학부모님은 항상 딱 떨어지는 답을 원하니까요. 공부로 속을 썩이는 아이들은 공부와 거리가 먼 것들을 좋아합니다. 그런 아이를 다시 공부로 끌어올 방법은 없습니다. 다 그럴만한 이유가 있어 싫어하는 거니까요. 이럴 경우, 학부모님께 아이의 현재 모습을 인정하고 받아들이시라고 조언합니다. 공부를 싫어할 뿐, 아이가 즐겁고 훌륭하게 해낼 수 있는 건 무궁무진하니까요. 아이의 드넓은 삶의 항해 가운데 꼭 공부가 있어야 하는 법은 없지요.

제 아이가 어릴 때 몰래 게임을 하다가 혼이 난 적이 있습니다. 눈물 쏙 빠지게 야단을 치고 나니 마음이 약해져서 안아주면서 이렇게 말했습니다. "이게 다 너 잘되라고 그러는 거야. 널 야단친 나도 마음이 아파." 그런데 이 녀석, 기다렸다는 듯이 이러는 겁니다. "근데 나 지금 컴퓨터 전원 좀 누르고 와서 마저 혼나면 안 돼?" 방금 게임하다 혼난 녀석 맞나 싶어 말문이 막혔습니다. "나 혼낼 때 항상 맨 끝에 '이게 다 너 잘되라 그러는 거야'라고 말하잖아. 이제 다 혼났으니까 컴퓨터 조금만 하려고." 부팅 시간을 아끼려고 혼나다 말고 전원을 누르겠다는 아이… 이런 아이를 야단치는 게 과연 의미가 있을까요?

초등학생이면 겨우 십여 년 남짓 키운 건데 벌써부터 왜 이리 힘든 걸까요? 저는 이 책을 통해 자식을 향한 학부모의 간절한 마음과 혼자 '성장'이라는 고독한 싸움을 치르고 있는 아이 사이의 간극을 보여드리고 싶었습니다. 모쪼록 제가 옮긴 아이들의 목소리가 이 책을 읽는 부모님들의 지극한 마음에 가닿기를 바랍니다.

| 차례 |

3부

이런 부모라도 괜찮을까요?

4부

개성인가요, 문제인가요?

1부

우리 아이는 왜 공부를 안 할까

Q.

- 한글을 모릅니다
- 뭘 해도 건성건성
- 책 싫어하는 아이, 방법이 없을까요?
- 머리는 좋은데 공부를 못해요
- 강남으로 이사하려 합니다
- 학원은 몇 학년부터
- 유학을 보내달라고 합니다

한글을 모릅니다

Q. 제 아이는 1학년인데 한글을 모릅니다. 1학기가 끝나가는데도 말이죠. 담임선생님과 상담을 했는데 아이의 공부가 늦다는 얘기를 들었습니다. 또 행동이 굼뜨고 반응도 느려서 수업에 참여를 잘 못하고 놀이에도 잘 끼지 못한다고 합니다. 그 말이 잘 믿어지지도 않고, 그렇게 말씀하시는 선생님께 서운한 마음도 들었습니다.

저는 교육열이 높은 동네에 살고 있습니다. 이 동네 아이들은 이미 몇 년 앞선 학년의 공부를 시작하고 있습니다. 앞서나가도 모자란 판에 자꾸 뒤처지니 절망스럽네요. 저와 남편은 전문직 종사자로 퇴근이 늦습니다. 평일엔 친정 부모님이 저녁까지 아이를 돌봐주십니다. 그래서 주말엔 가급적 아이와 시간을 보내려 애씁니다. 퇴근 후 아이와 틈틈이 책도 읽고, 주변 엄마들처럼 영어는 매일, 피아노·태권도·수영은 격일로 시키고 있습니다(이 정도는 이 동네 아이들에 비하면 간소한 편입니다). 1학년 입학을 앞두고 한글을 직접 가르쳤는데 제가 방법을 몰라 그런지 잘 안 되더라고요. 뭣 좀 가르쳐보려고 하면 하기 싫어합니다. 밀어붙이면 울거나 떼를 씁니다. 한글 선생님도 모셔보았는데 아이가 너무 싫어해서 몇 달 하다 말았네요.

아이 양육 태도에 문제가 있는 게 아닐까 싶습니다. 친정 부모님께서 아이를 과하다 싶을 만큼 챙겨주시는데, 가방 들어주는 건 기본이고 심지어 하굣길에 업어주시기도 해요. 그러지 마시라고 남편이 진지하게 몇 번 부탁드렸더니 오히려 서운해하십니다. 둘 사이가 나빠질까 봐 이제는 얘기도 못 꺼내겠어요.

아이는 엄마보다 할머니 할아버지에게 더 칭얼거리는 편입니다. 어릴 땐 그렇게 해도 귀여웠는데 이제는 부모님이 힘들어하세요. 전엔 외할머니 집에 잘 있었는데 요즘은 빨리 퇴근하고 오라고 전화를 하기도 합니다. 전보다 더 아기가 되어 가는 것 같아 걱정입니다. 어떻게 하면 좋을까요?

A. 아이고, 아이 기르기가 쉽지 않지요? 특히 교육열이 높은 우리나라에서는 말이죠.

1학기가 지나도록 한글을 모르는 건 그다지 이상한 일이 아닙니다. 정상적으로 말을 하는 아이라면 2학기가 끝나기 전에 한글을 터득합니다. 미리 가르칠 걸, 이런 생각도 하실 필요가 없습니다. 그래 봐야 몇 개월 차이가 있을 뿐 결국엔 다 배워요. 반 아이 대부분이 한글을 알면 한글을 안 가르치고 넘어갈 거라고 걱정하시는 부모님들이 계신데, 아닙니다. 교과서에 한글 학습 분량이 충분히 할애되어 있고 교과과정대로 다 가르치게 되어 있습니다. 입학 전에 미리 한글을 안 익힌 아이들은 그 시간에 다른 뭔가를 배웠을 겁니다. 친구와 놀면서 갈등 해결 방법을 배우거나 좋아하는 만화영화를 더 봤겠지요. 사실 1학년 아이의 성장에는 한글보다 이런 활동이 더 필요합니다. 심지어 아무것도 안 했다 할지라도 아이들은 그 '멍 때림' 가운데 사유하거나 관찰하는 능력을 익힙니다.

그래도 한글을 떼고 학교에 들어가면 학교생활이 더 쉽지 않겠냐고 생각하시지요? 이런 마음을 이용한 사교육 시장도 꽤 크고요. 아이가 입학 전에 한글에 관심을 갖는다면 가르쳐야죠. 교육 효과는 배우고 싶어 하는 걸 가르칠 때 높으니까요. 다른 것에 더 관심이 많은데도 그걸 차단하고 원하지 않는 공부를 시키면 아이는 힘들어합니다. 부모님 입장에서도 시간 대비 투자 효과가 덜합니다. 무엇보다 억지로 한글을 배우면 트라우마가 남아, 커서도 활자(책)에 대한 거부감을 갖기도 합니다. 엄마보다 약한 아이는 공부하기 싫다고 저항도 못 할테니 스트레스를 받겠군요. 그걸 다른 방법으로 해소하려 할 거예요. 자기보다 한글을 모르는 친구를 놀리는 걸로요. "나는 야단 맞으면서 억지로 했는데, 너는 그마저도 안 했으니 나보다 못났어!" 그러면서 쾌감을 느낍니다. 아이의 성격이 나빠서 그런 게 아닙니다. 나름대로 자기 상처를 위로하는 거예요. 억지로 시키는 공부는 아이의 사회성에 영향을 줄 수 있답니다.

제가 걱정되는 건 담임교사의 말씀 중에서, **수업에 참여를 잘 못 하고 공부 진척이 늦다**는 내용입니다. 교사들은 이런 얘기를 매우 조심해서 합니다. 부모님이 기분 나빠하시거든요. 부모님이 실망할 이야기를 하기 위해 담임교사는 아이를 여러모로 관찰했을 겁니다. 한편 고민도 했겠지요. 모른 척 1년만 데리고 있다가 2학년에 올려보내고 싶은 유혹도 있었을 거예요. 요즘 소아 정신과에는 이를 진단하기 위한 다양한 도구들과 훈련된 전문가들이 있습니다. 만약 혹시라도 학습 지체가 의심된다면 하루빨리 검사를 받아보라고 말씀드리고 싶습니다. 심리 치료나 놀이 치료… 그런 것들이 과연 효과가 있을까 싶어 하다가 포기하는 경우도 있지만, 어릴 때 시작할수록 효과가 좋습니다. 어리면 치료인 줄도 모르니까요. 엄마 따라가서 선생님과 몇 번 놀았는데 이상하게 똑똑해졌다고 아이는 좋아합니다.

학습 지체가 **친구들 놀이에 잘 끼지 못하는** 원인일 수도 있고, 아닐 수도 있습니다. 요즘 1학년 아이들은 어지간한 보드게임은 다 합니다. 컴퓨터게임하는 것 좀 보세요. 알파벳도 모르는 아이가 신기하게 설정까지 바꿔가면서 하지요? 블루마블, 심지어 장기나 바둑도 합니다. 그 복잡한 게임 룰을 아이들은 어떻게 그렇게 금세 익히는 걸까요? 1학년 아이들의 머리가 그렇게 비상할까요? 그렇습니다. 1학년이면 그 정도로 똑똑해집니다. 하지만 아이에게 학습 지체 또는 발달 지체가 있다면 게임 룰이 어렵게 느껴지겠지요? 만약 문제가 없는데 놀이에 끼지 않는다면? 걱정 안 하셔도 됩니다. 다음에 또 학교에 상담하러 가시면 아이가 혼자 놀 때 주로 뭘 하는지 여쭤보세요. 혼자 책을 보거나 그림을 그린다면 그건 발달 지체와 관계없이 단지 성향이 달라서 그런 겁니다. 그런 아이들이 많습니다. 다들 아이돌 가수에 빠져 노래에 맞춰 몸을 흔들어대는데도 묵묵히 책을 보는 아이도 있고, 그림을 그리거나 뭔가를 수집하는 아이도 있습니다. 다 취향인 거지요. 교사들은 3살이 넘은 아이를 보면 이 아이의 발달이 또래보다 늦는지 빠른지 압니다만 양육자 입장에서는 구별하기 어렵습니다. 증상이 가벼운 발달 장애라면 더 그래요.

아이가 게임을 이해하지 못해서 어울리지 못하는 거라면 주변에서 서성일 겁니다. 친구들이 노는 걸 바라본다면 놀고 싶은 의지가 있다는 겁니다. 친구와 놀고 싶은데 못 노는 내 아이의 모습을 아무렇지 않게 바라볼 수 있는 엄마는 세상에 없지요. 친구들과 놀고 싶은지 어머님이 직접 물어보세요. 그렇다고 하면 희망적입니다. 놀고 싶은 의지가 있어야 놀이 치료가 가능하거든요. 당연히 효과도 높습니다. 혹시 놀이에 관심이 없다면 더 걱정스러운 상황일 수 있습니다. 하지만 그럴 것 같지는 않습니다.

교육열 높은 동네에 살다 보니 다른 아이들에 비해 뒤처진다는 불안은 그런 동네의 학부모님 대부분이 느끼는 불안입니다. 전문직이라 말씀하신 건 고학력을 말씀하시는 거지요? 부모가 공부를 잘 했으니 자녀에게 그런 능력을 기대하시는 것도 이해는 갑니다. 하지만 부모님의 학력과 아이의 수업 이해 능력은 별 상관이 없습니다. 고소득·고

학력 부모를 둔 아이들이 명문대에 많이 입학한다는 언론 보도가 있지만 들여다보면 촘촘히 짜여 있는 사교육 시장의 반영인 경우가 많습니다. 부모의 고학력보다는 부모가 아이의 특성을 이해하고 아이에게 맞는 공부 방법을 제시하면 공부를 잘하게 됩니다. 반대로 제아무리 강남이라고 해도 아이에게 맞지 않는 교육 방법으로는 성공하지 못합니다. 공부든 뭐든 한 아이를 잘 키우기 위한 필요조건이 부모의 학력·경제력만은 아니기 때문입니다.

퇴근이 늦은 부모 때문에 발달 지체가 오지도 않습니다. 아이들은 어떤 상황에서도 가지고 태어난 능력을 최대한 발휘해서 환경에 적응하려 애씁니다. 어머님의 아이 역시 마찬가지입니다. 이런 걸 보면서 저는 아이들이 각자 재능을 타고난다는 생각을 합니다. 피아노, 태권도, 수영 중에서 아이가 싫어하는 게 있다면 일단 중단해주세요. 한글 공부를 싫어하고, 학교에서도 소극적이라면 방과 후 활동 역시 억지로 견디고 있을 가능성이 있습니다. 아이가 원한다면 아무것도 안 하고 쉬게 하세요. 아이가 하고 싶다고 할 때 하게 해주세요. 그러다 싫증내면 또 중단하고 다른 걸 하고 싶다고 할 때까지 기다려주세요. 초등학교는 이런 시기입니다. 이 과정을 통해 아이는 부모가 자신의 욕망을 존중한다고 느낄 겁니다. 자존감은 여기서 자라납니다. 하기 싫은 걸 안 할 수 있는 권리를 인정받는 것, 이게 원하는 걸 할 권리보다 먼저라는 걸 꼭 말씀드리고 싶습니다. 영영 아무것도 하기 싫어할까 봐 걱정하시는 분도 있는데, 염려마세요. 아이들은 반드시 하고 싶은 게 있어요. 모든 아이들은 그렇게 태어나거든요.

외할머니 외할아버지의 양육 태도에 대한 걱정 또한 제 생각에는 문제가 아닙니다. 부모님이 늦게 퇴근하는 상황에서 외할머니의 극진한 사랑은 얼마나 큰 위로가 되겠습니까? 도움이 되지 해는 되지 않습니다. 아이가 할머니에게 칭얼대는 건 엄마에게 받고 싶은 사랑을 대체하고 싶어서입니다. 인정 욕구, 사랑받고 싶은 욕구가 건강함의 증거입니다. 이왕 아이를 어른들에게 맡기셨으니 마음 편하게 생각하시는 게 좋겠습니다. 대신 아이에게 이렇게 물어보면 어떨까요?

"우리 ㅇㅇ 오늘 할머니와 잘 놀았어? 아빤 ㅇㅇ가 할머니를 참 좋아해서 기뻐. 요즘 할머니 허리가 아프시다고 하니까 조금만 참았다가 주말에 아빠가 백 번 업어주면 어떨까?"

엄마에게 일찍 집에 오라고 칭얼대는 건 모든 1학년이 다 그럽니다. 1학년 아이들은 1학기를 아주 힘들어합니다. 학교라고 가보니 규칙도 많고 선생님은 무섭고… 스트레스가 많을 수밖에 없습니다. 그래서 1학년은 학기 초에 자주 아픕니다. 이럴 때 기댈 대상은 엄마뿐입니다. 엄마가 일찍 올 수 없다는 걸 알지만 그래도 빨리 오라고 전화하고 싶어합니다. 그 말이라도 하고 나면 기운이 좀 나거든요. 심지어 어떤 아이는 자다가 가위에 눌리기도 해요. 어른들은 아무리 직장이 힘들어도 이 정도로 힘들지는 않지요? 칭얼거리는 건 상대를 통제하려는 행동입니다. 통제하려는 마음은 상대와 뭔가를 하고 싶을 때 나오니까 아이 지능이 어느 정도 이상이라는 뜻이겠지요? 발전의 여지가 높아 보이네요.

1학년 아이들은 하루하루를 버티면서 성장합니다. 아이로서도 할 말이 많을 수밖에 없습니다. 태어나자마자 몇 달 만에 엄마는 출근해버리고 할머니에게 맡겨졌잖아요. 매일 엄마가 올 시간만 기다리며 외롭게 자랐는데, 어느 날 갑자기 뭘 배워야 한다면서 어린이집, 유치원에 보내졌고요. 그곳에 가보니 나보다 잘난 친구, 힘센 친구들만 있고요. 나도 하느라 하는데 이유도 모르고 계속 뒤쳐지기만 하잖아요. 아이 입장에서 보니 자연스럽게 결론이 나오는군요. 아이를 편하게 만들어주세요. 그 대상이 엄마든 외할머니든 아이에겐 중요치 않습니다. 오직 따뜻함과 친절함만으로 대해주세요. 이웃 아이와 비교하지 마시고, 당장 바꾸려는 생각보다는 크려고 애쓰는 아이를 대견히 여겨주세요. 아이가 편안해지면 그때 공부든 뭐든 조금씩 권해보세요. 내 아이가 다른 아이들에 비해 조금 늦은 건 낳은 엄마 잘못도, 키운 할머니 잘못도 아닙니다. 아이가 몸담은 사회에서 조금 늦다고 분리되고 차별당한다면 그건 잘못된 것입니다. 우리나라 부모님들이 약자에게 관대한 사회를 위해 힘써야 하는 것도 그 이유 때문입니다.

뭘 해도 건성건성

Q. 2학년 여자아이를 키우는 전업맘입니다. 제 아이는 뭘 하든 대충대충 느릿느릿 입니다. 학교나 학원 숙제도 대충 끝냅니다. 그러다 아는 것도 실수로 틀립니다. 선생님의 야단을 맞아도 고쳐지지 않습니다. 장난감을 사주면 좀 하긴 하는데 그럴 땐 또 시간이 오래 걸립니다. 구구단을 외다가도 제가 잠시 한 눈을 팔면 강아지를 끌어안고 놀고 있어요. 구구단 하나 외우는데 며칠이 걸립니다. 이래서 어떻게 공부를 따라갈지 걱정입니다. 아이 아빠는 저더러 아이를 너무 조여 키운다고 하는데 제 입장에서는 잔소리를 할 수밖에 없네요. 얼마 전에는 담임선생님이 연락을 하셨는데 아이가 과제를 다 하지 못해 학교에 남아서 하다가 말도 없이 가버려서 찾고 난리가 났었대요. 아이에게 물으니 처음엔 안 그랬다고 거짓말을 하다가 나중에는 그냥 집에 가도 되는 줄 알고 왔다고 실토하더라고요. 아이 키우면서 참 답답합니다. 아이는 자기가 뭘 잘못했는지도 잘 모르는 눈치네요ㅠㅠ.

아이는 평일에는 영어·피아노 학원에 다니고 주말엔 격주로 아파트 친구들과 역사 글쓰기를 합니다. 놀 시간도 충분하고 엄마 아빠가 퇴근이 빨라 함께 보내는 시간이 다른 가정에 비해 많은 편입니다. 아이는 공부를 대충 끝내고 난 뒤 티브이를 켜놓고 게임을 합니다. 게임이면 게임, 티브이 시청이면 시청만 하면 좋겠는데 잔소리를 해도 둘을 동시에 합니다. 저나 아이 아빠는 대충하는 성격이 아니어서 아이의 이런 모습이 당황스럽습니다. 놀이터에 나가면 하루 종일 안 들어오려고 해서 억지로 끌고 와야 할 정도입니다. 친구는 많은 편이고, 친구를 집에 잘 데려오고 또 친구 집에 잘 놀러 갑니다.

A. 놀리세요, 당장요. 한창 뛰어놀아야 할 아이가 새장 안에 오래 갇혀서 병이 났네요. 아이가 매사에 건성인 게 문제가 될 순 없습니다. 태어날 때부터 '나는 건성건성 어린이가 될 거야'라고 맘먹는 아이는 없거든요. 아이는 본능적으로 양육자인 부모에게 잘 보이고 싶어 합니다. 그래야 젖도 얻어먹고 버림받지 않고 살아남을 수 있으니까요. 그런 아이가 모든 걸 건성건성 한다? 학교에서도 그냥 집에 가버린다? 뭔가 의도가 있다고 봐야 합니다. 어렸을 때는 어땠나요? 아마 뭐든 잘하려고 애썼을 겁니다. 애들은 원래 그러니까요. 점점 해야 하는 게 많아졌을 것 같아요. 그러다 도저히 안 되니까 포기한 게 아닐까요? 포기했는데도 자꾸 하라고 하니 이제는 하는 척만 하는 겁니다.

아이가 뭐든지 대충대충 하나요? 사실 우리 어른도 대충하는 경우가 많지요. 아이가 뭔가를 하면서 딴짓을 하거나 하품하거나 한숨을 쉰다면, 지금 힘들어하는 겁니다. 원래 아이들이 다 그렇지 않냐고요? 안 그래요. 초등학교 2학년 공부는 사실 맑은 정신으로 하면 10분이면 끝나거든요. 그런데 억지로 하면 한 시간도 더 걸려요. 집에서 이렇게 하는 아이가 학교에서는 다를까요? 아이가 뭔가를 대충하기 시작한다면 차라리 시키지 않는 게 낫습니다. 그 시간에 하고 싶어하는 다른 걸 시키세요.

숙제도 순식간에 끝내고, 그렇다 보니 실수로 틀리기도 합니다. 느릿느릿한 아이가 숙제는 빨리하네요? 다행입니다. 숙제를 끝내면 뭘 하게 되느냐고 제가 여쭸을 때, 잠깐 놀 시간을 준다고 하셨지요? 그렇다면 아이는 머리가 좋은 거예요. 상황 파악을 잘하니까요. 아이들은 보상에 민감합니다. 받아쓰기 백 점을 받으면 장난감을 사주겠다고 하면 아이는 평소보다 더 열심히 합니다. 보너스를 기대하고 회사일을 열심히 하는 어른과 같지요. 문제는 이런 방식이 아이로 하여금 공부 자체를 좋아하게 만들지는 못한다는 겁니다. 어머님은 아이에게 보상을 제시함으로써 숙제를 빨리 끝내게 했습니다. 하지만 서두르고 실수하는 아이의 습관도 만드셨습니다. 이런 보상은 언제까지 통할까요? 계속해서 보상을 제시하는 한, 아이는 자신의 꿈을 위해 노력하는 습관은 배우지 못한 채, 언제까지나 사소한 보상에 연연하는 어린아이로 머물고 싶어 할 겁니다. 아이들은 약한 존재거든요. 그래서 집요하게 이기적일 수밖에 없습니다. 공부는 하기 싫고 놀고만 싶은데 공부를 안 하면 놀 수 없으니 공부는 최소한으로만 합니다. 공부의 힘을 최대한 아껴 놀 힘을 비축하는 거지요.

학급에서 해야 할 일을 잘하거나, 칭찬받을 행동(쓰레기 줍기, 친구 돕기, 급식 남기지 않고 다 먹기)을 하는 아이에게 스티커를 주는 제도를 도입한 적이 있습니다. 그런데 문제가 있더군요. 당연한 일을 보상을 조건으로 하게 만든 거지요. 보상 수준이 낮아지거나 학년이 바뀌면 아이들은 행동 동력을 잃겠지요? 그래서 조건을 내걸 때는 신중해야 합니다. 그런데도 하게 되는 이유는 딱 하나입니다. 통제가 쉽거든요. 보상을 걸면 아이들은 무조건 합니다.

"엄마, 그러니까 내가 지금 숙제를 다 하면 뭘 해줄 건지 빨리 말해. 시간 없으니까!"

그런데 어머님이 바라는 건 숙제의 필요성을 알고 충실하게 하는 아이가 되는 거지요? 그렇다면 보상을 제시할 게 아니라 숙제를 함으로써 학교 공부를 어떻게 예습·복습하게 되는지를 이해시켜야 합니다.

이래서 공부를 따라갈 수 있을지 걱정하셨지요? 못 따라갑니다. 엄마 성화에 못 이겨 어찌어찌 따라가더라도 상위권(학부모들이 말하는 'in서울' 대학)은 어려워요. 엄마 말도 초등학교 때나 먹히지 더 크면 안 통합니다. 상황은 앞으로 더 심각해집니다. 어릴 때보다 지금이

더 나쁜 상황이 된 것처럼요. 지금 방식으로는 공부를 잘하기 어렵습니다. 운동장에 내보내자마자 공 몰고 뛰어다니는 아이가 있고, 체육이 싫다고 징징 우는 아이가 있습니다. 흥미는 타고납니다. 아이는 지금 공부에 흥미가 없어 보입니다. 그렇다고 너무 걱정하진 마세요. 다른 아이들도 대부분 그렇거든요.

학부모님 입장에서는 아이가 제대로 하지 않으니 자꾸 잔소리를 할 수밖에 없지요. 또 막상 공부를 시켜보면 그리 못하지는 않거든요. 조금 무리하더라도 조금만 이끌어주면 알아서 하겠지 싶은 거지요. 하지만 속도를 좀 내신 것 같아요. 2학년이 되자마자 구구단을 외우게 하신 걸 보면요. '꽉 조여 키우신' 겁니다. 아이가 힘들었을 것 같아요. 제 말에 공감하신다면 아빠에게 한번 물어보세요. 대체로 아빠들은 아이에 대해 긍정적인 기대를 더 많이 갖고 있습니다. 엄마 입장에서는 근거 없이 낙천적인 시선일 수도 있겠지만, 두 분의 의견을 종합하여 행동하시면 아이에게 더 이로울 것 같습니다.

자기가 뭘 잘못했는지도 모르는 눈치라며 속상해하셨지요? 하지만 제가 보기에 아이는 명민합니다. 자신을 방어할 줄 아는 아이입니다. 엄마가 시키는 대로 하다 보면 끝없이 과제가 주어질 걸 예상하고 지금 적당히 건성으로 하는 거죠. 그러는 게 자기에게 이롭다는 걸 알고 있습니다. 학교에서 숙제를 다 하면 못 놀지요? 그러니 일단 밖으로 나가는 거지요. 물론 나중에 혼날 거라는 것도 압니다. 그럴 땐 그냥 멍한 표정으로 "그냥 모르고 그랬어"라고 말하면 통하는 것도요. 그동안 경험해왔잖아요. 아이들은 어떤 상황에서든 자기가 편하기 위한 방법을 치열하게 모색합니다. 그래서 거짓말도 하는 거지요. 지금은 겨우 2학년이니까 어른들이 금세 알아챌 수준의 거짓말을 하지만, 어른이 되어서도 거짓말을 한다면….

초등학교 2학년에게 부모가 명문대 출신인 건 중요하지 않습니다. 부모가 돈이 많다는 것 또한 아이가 주체적 소비를 시작할 나이가 되기 전까지는 매력이 아니지요. 지금 아이 입장에서는 자기 마음을 알아주는 부모가 최곱니다. 학부모님처럼 꼼꼼한 성격의 부모는 아이 입장에서는 사양입니다. 어떤 과제를 하더라도 기대 수준이 높으니까요. 그래서 늘 잔소리가 따라붙지요. 아이는 지금까지 단 한 번도 공부에 관한 한 부모를 흡족시키지 못했다고 생각할 겁니다. 지금은 어리니까 엄마가 화내면 무서워하는 척하지만 덩치가 커지면 오히려 대듭니다.

아이는 지금 영어, 피아노, 역사 글쓰기 공부를 합니다. 학교가 끝나면 돌봄 교실에 있다가, 피아노·영어 학원에 연달아 갔다가 저녁 무렵이 되어서야 엄마와 집에 옵니다. 집에 와서도 부족한 공부를 합니다. 보통의 2학년 아이에게는 버거운 일상입니다. 아이가 혼자 조용히 쉬면서 내가 무엇을 하고 싶은지를 생각할 틈은 없습니다. 아이는 그저 촘촘하게 짜인 일정에 끌려가듯 살고 있습니다. 하다못해 혼자 멍 때리는 시간도 없습니다. 자기 마음이나 욕망을 들여다볼 줄 아는 아이가 되려면 그런 시간이 필요합니다. 그런데도 엄마는 아이에게 놀 시간을 충분히 주고 있다고 생각하시는군요. '놀 시간'에 대한 관점이 아이와 다릅니다.

그렇다고 엄마 잘못이라고 할 수도 없겠군요. 대체로 우리나라 엄마들은 기본적으로 아이에 대해 불안한 자세를 유지하거든요. 그래서 아이를 잘못 키우는 건 아닌지, 더 좋은 대학에 갈 수 있을 아이를 지금 망치는 건 아닌지 계속 고민합니다. 그렇다 보니 뭔가를 시킬 여유만 생기면 일단 시작하고 봅니다. 그게 다 아이에게 도움이 된다고 생각하지요. 그래서 속으로는 안쓰러워하면서도 아이 등을 떠밉니다. 문제는 이러다 아이가 지치는 한계점이 온다는 거지요. 아이가 티브이를 켜놓고 게임을 하는 건 모자란 시간에 두 가지를 다 하고 싶은 마음의 절박한 표현입니다. 시간이 충분히 있다면 어떤 아이가 그렇게 할까요? 아이는 행동(건성건성, 조금이라도 더 놀려고 안간힘 쓰기)으로 엄마에게 신호를 보내고 있습니다. 이제부터라도 아이를 좀 풀어주세요. 아이가 더 자라서 엇나가기 전에요.

그동안 엄마와 공부하면서 힘들었을 마음의 상처도 어루만져주세요. 이건 중요하고 시급합니다. 우선 아이의 죄책감을 없애주세요. 아이들은 자기가 엄마의 기대에 못 미친다는 걸 느끼는 순간부터 깊은 상처를 받아요. 내가 세상에서 가장 의지하고 사랑하는 엄마가 나 때문에 속상해하다니, 나는 나쁜 아이야,'라고 생각하거든요. 난 엄마가 좋은데, 그래서 엄마에게 나의 똑똑한 모습을 선물로 드리고 싶은데 그게 안 되니까요. 어른들이 직장에서 살아남으려고 죽어라 일을 하듯 아이들도 엄마의 사랑을 놓치지 않으려고 나름 죽기 살기입니다. 엄마 눈에 그렇게 안 보일 뿐입니다. 죄책감은 2학년짜리 아이가 감당하기 힘듭니다. 주눅 들게 하고 우울하게 만들어요. 결국 아이의 자존감을 해칩니다.

이런 아이는 친구 관계에서도 당당하지 못합니다. 선생님과의 관계도 그렇습니다. 이럴 때 엄마가 쿨 하게 손 내밀어주세요. 방법은 간단해요. 아이가 듣고 싶은 말을 해주고 안아주세요.

아이의 시간은 아이와 함께 계획하세요. 2학년이면 가능합니다. 학교에서도 시간 계획을 배우거든요(통합교과의 〈나의 하루 계획 짜기〉, 〈방학 계획 세우기〉). 직접 시간표를 짜면 아이는 책임감을 가지고 지키려 애씁니다. 아이가 잘 지키면 칭찬하세요.

"역시 넌 한다면 하는구나! 그걸 모르고 엄마가 그동안 엄마 마음대로 했네. 미안해."

처음엔 노력을 하기 때문에 제법 지켜질 겁니다. 하지만 아이잖아요. 며칠 못 가 흐지부지되게 마련입니다. 그러면 그때 또 계획하세요. 야단은 치지 마세요.

"거봐, 네가 하는 게 다 그렇지!"

이렇게 지난 실수를 다시 지적하는 말은 절대 하지 마세요. 속이 터지시겠지만… 대신 어떤 문제가 있어서 지키지 못했는지를 공유하는 시간을 가지세요. 새롭게 계획을 세우면 전보다 좀 더 나아진 모습을 보이기 마련입니다. 하지만 역시 아이인지라, 또 며칠 못 가서 흐트러질 수밖에 없어요. 이 단계에서 엄마들이 포기하는 걸 많이 봤습니다. 하지만 이를 악물고 참아보세요. 지금 어머님의 목표는 아이가 스스로 계획하고 그걸 지키기 위해 노력하는 습관을 만드는 거니까요. 각 단계마다 어떤 부분은 성공했고 어떤 부분은 실패했는지 기록하시고 다음 단계에 참고하세요. 계획하고 실패하기를 거듭하면서 아이가 부쩍 성장하는 걸 체험하고 놀라는 학부모님들을 많이 보았습니다.

공부도 때가 중요합니다. 영어, 피아노, 역사 글쓰기 중에서 아이가 관두고 싶어 하는 게 있나요? 그렇다면 그 공부는 지금 아이에게 때가 아닙니다. 아이가 싫어하는 거라면 두 가지 이유입니다. 너무 어렵거나, 하기 싫거나. 아이가 어렵다고 말해주면 고마운 겁니다. 싫다고는 안 하잖아요. 이럴 땐 지금보다 낮은 단계로 바꿔주세요. 지금 하기 싫다고 하는데 꼭 시키고 싶으시면 나중에 다시 하겠다는 약속을 받은 후 일단 빼주세요. 억지로 하는 건 끝까지 가더라도 잘하지 못할 가능성이 높아요. 시간 낭비입니다. 나중에 다시 시키실 때는 지금

보다 낮은 단계로 시작하세요. 이왕이면 분위기(학원)도 바꿔서 아이의 나빴던 기억을 없애주세요. 제 아이가 7살 때부터 피아노를 배웠습니다. 또래 아이들보다 진도도 빠르고 아이도 즐기는 것 같더라고요. 4학년 때에는 콩쿠르도 나가게 되었답니다. 근데 콩쿠르라는 게 한 곡을 달달 외워 연습하는 거잖아요. 아이가 연습에 질렸나 봐요. 콩쿠르를 며칠 앞두고 피아노 치기가 너무 싫다는 거예요. 전 애초부터 아이가 싫다는 건 안 시키는 편이라 놀란 마음에, "그럼 왜 미리 말 안 하고 이제 와서…?"라고 물었죠. 이 녀석 말이 예전처럼 하루 한 시간 정도 치는 건 좋았대요. 그런데 콩쿠르를 앞두고 주말에도 나가 연습해야 하니 싫어진 거죠. 그 뒤로 대학을 졸업한 지금까지 피아노를 치는 모습을 본 적이 없습니다. 제가 큰 실수를 한 겁니다. 아주 좋아하는 것도 아니고 '조금 좋아하는' 것으로는 오랫동안 즐길 수가 없어요. 피아노가 이 정도인데 더 오래 앉아 머리를 쥐어짜야 하는 공부는 오죽할까요. 좋아서 즐기며 하는 사람을 이길 순 없으니까요. 공부라는 게 한두 해 만에 결과가 나오는 게 아니지요? 초·중·고 12년 쉼 없이 달려야 겨우 될까 말까 한 공부잖아요. 그런 점에서 어머님의 아이에게는 충분한 시간이 있습니다.

책 싫어하는 아이, 방법이 없을까요?

Q. 초등학교 3학년 남자아이를 키우고 있습니다. 제 아이는 책을 싫어합니다. 옆에서 지키고 서 있지 않으면 책을 안 읽어요. 책 좋아하는 아이로 키워보려고 공을 많이 들였어요. 아이를 위한 서재도 마련해주었고 원하는 책은 만화책 빼고 다 사줬습니다. 아이 방은 책으로 가득합니다. 어릴 때부터 독서 그룹 과외를 시켰는데 그땐 잘 따라갔어요. 책도 좋아했고요. 독서 과외 선생님도 아이가 창의적이고 발표도 잘 한다고 늘 칭찬하셨습니다. 그런데 최근 들어 아이가 노골적으로 책을 거부합니다. 대신 하루 종일 스마트폰을 잡고 시간을 보냅니다. 스마트폰을 못 하게 하면 티브이를 봅니다. 책을 보라고 하면 눈이 아프다, 머리가 아프다고 하면서 할머니 할아버지 방으로 숨어요. 할아버지가 아이 편을 드셔서 저만 나쁜 엄마가 됩니다ㅠㅠ. 저는 아이들이 잠들기 전에 책을 자주 읽어주는 편입니다. 요즘은 《똥벼락》을 읽어주는데 재미있어 하더라고요. 그렇게 좋아하는 걸 보면 혼자 읽어도 될 것 같은데 자꾸 읽어달라고만 합니다. 혼자는 통 안 읽

으려고 해요. 제가 아는 다른 집 아이들은 책을 끼고 살던데… 속상합니다. 제 아이도 책벌레로 만들 방법이 없을까요?

A. 아이를 위한 서재까지 만드시다니, 멋지네요! 학부모님들이 저에게 책 좋아하게 만드는 방법을 물어오시면 서재를 만들어주거나 엄마가 읽어주라고 하거든요. 그렇게 신경을 쓰셨는데도 아이가 책을 멀리하면 속이 상할 수밖에요. 사실 책을 좋아하는 아이로 키우는 건 어렵습니다. 처음부터 책을 좋아하는 아이는 없거든요. 제 경험상 책을 아주 좋아하는 아이, 그래서 늘 쉬는 시간이면 뭔가를 읽는 아이는 한 반에 한두 명입니다. 전체 아이들 중 10퍼센트를 못 넘지요. 좋아하지는 않지만 거부감이 없는 아이, 시험을 준비해야 하니까 억지로 읽는 아이까지 다 합쳐도 30퍼센트 아래입니다. 그런데 학부모님들과 상담해보면 많은 분이 '우리 아이는 책을 좋아한다'고 하십니다. 제가 관찰하기엔 아닌데 말이지요. 저학년일수록 이렇게 믿는 분들이 더 많아요. 여기에 학부모님들의 오해가 있습니다. 책을 좋아하는 아이의 특징을 살펴보지요.

이야기를 좋아합니다.

책을 좋아하는 아이는 소설, 신화, 판타지, 고전, 과학서 심지어 신문 기사까지 가리지 않고 좋아합니다. 손에 잡히기만 하면 뭐든 읽어대지요. 종류도 가리지 않습니다. 박물관에 견학을 가면 보통 아이들이 휙 보고 기념품 가게로 몰려가는데, 전시물 하나하나에 딸린 설명을 꼼꼼히 읽습니다. 좋아서 읽는 거지요. 책 하나를 봐도 내용을 즐기며 읽습니다. 그러다 보니 깊게 읽고 아는 것도 많습니다.

구사하는 어휘의 수준이 높습니다.

올해 제가 가르치는 1학년 아이 중 '불길하다' '의외로' '적극적' '앞뒤가 안 맞다' '잔인하다'와 같은 표현을 자연스럽게 구사하는 아이가 있습니다. 보통 1학년 아이들은 이런 낱말을 모릅니다. 아이들은 자기의 생각을 더 효과적으로 표현하기 위해 자기가 아는 어휘 중 가장 적절한 어휘를 골라 쓰게 마련이잖아요. 어휘를 많이 아는 아이는 의사 전달에 더 유리할 수밖에 없습니다.

친구들 사이에 유식한 아이로 인식됩니다.

책을 좋아하니 당연한 결과입니다. 공룡 책 예를 들어볼까요? 저학년 일 때 보통의 아이들은 공룡 이름 몇 개를 아는 수준이잖아요. 이에 반해 책을 좋아하는 아이는 채식 공룡, 육식 공룡을 구분해서 말합니다. 또 고학년 아이들 중에는 공룡이 살던 시대를 쥐라기, 백악기로 구분해서 말하는 아이도 있습니다. 책을 좋아하면 여러 권의 공룡 책을 읽게 마련이니까요. 독서를 통해 중첩되는 지식을 접한 결과입니다. 공룡이 좋아 책을 읽기 시작한 아이도 책 자체를 좋아하게 되면 독서 영역을 넓혀갑니다. 아는 게 많아질 수밖에 없지요. 아이에게 너희 반에서 가장 아는 게 많은 아이가 누구냐고 물어보세요.

그 아이는 책을 좋아하는 아이일 가능성이 높습니다.

수업 이해력이 좋습니다.

누군가의 설명을 잘 알아듣기 위해서는 그 사람이 사용하는 어휘와 문맥을 알아야 합니다. 책을 좋아하는 아이들은 이미 책 속에서 많은 어휘를 경험했기 때문에 교사가 설명하는 말을 쉽게 알아듣습니다. 공부라는 게 결국 언어로 정의된 것들의 집합체니까 언어 기능이 뛰어난 아이가 파악도 잘합니다. 수업에서 배우는 내용보다 읽은 내용이 더 수준 높은 경우도 있습니다. 그래서 친구들은 아직 잘 모르는 내용을 앞서 발표하기도 하고 교사와 토론을 벌이기도 합니다.

공부를 잘합니다.

독서 경험이 풍부한 아이들은 독해력이 좋습니다. 문제를 한 번만 읽어도 바로 이해합니다. 게다가 독서 습관으로 다져진 지식도 많으니 시험을 잘 볼 수밖에요. 특히 국어는 지문을 얼마나 빠르게, 정확하게 해석하느냐가 관건입니다. 국어뿐인가요? 과학 탐구, 사회 탐구, 외국어 영역도 결국 문제를 얼마나 잘 해석하느냐가 중요합니다. 시험문제도 결국은 활자잖아요. 잘 읽는 아이, 읽는 것에 능숙한 아이가 잘할 수밖에 없습니다.

생각이 어른스럽습니다.

성장이란 뭘까요? 아이들의 경험과 작은 사유들이 축적되는 과정이지요. 그런데 이런 체험에는 시간과 돈이 듭니다. 또 누군가가 아이를 직접 데리고 다녀야 하지요. 하지만 독서는 하룻밤이면 모두 해결해줍니다. 책 한 권에는 여러 인물의 다양한 삶이 들어 있으니까요. 도스토옙스키의 《카라마조프의 형제들》에 나오는 수많은 인물들을 상상해보세요. 돈밖에 모르는 아버지, 아버지와 다투는 아들, 모두에게 사랑을 전하는 막내… 독서라는 건 다양한 삶의 간접 체험입니다. 책 속의 여러 인물들의 삶을 경험하는 과정에서 아이는 자기도 모르게 등장인물과 자신을 동일시합니다. 작가의 친절한 안내 덕분에 아이는 한 번에 여러 주인공의 삶을 경험하게 되는 거지요. 《카라마조프의 형제들》을 읽은 사람은 누구나 막내아들의 가치관에 매료됩니다. 한 장 한 장 책을 넘기면서 주인공과 함께 울고 웃고 분노합니다. 몇 년, 몇십 년 동안 성숙의 과정을 거쳐야 얻을 수 있는 생각의 깊이를 책 몇 권으로 터득합니다. 어떤 아이가 톨스토이의 《전쟁과 평화》를 정독한다 가정해봅시다. 아이는 그 책을 단순히 나폴레옹 군대와 차르 군대가 싸운 이야기로만 이해하지 않습니다. 프랑스혁명이 프랑스 사회를 어떻게 변화시켰는지, 차르의 군대가 어떤 문화적 충격을 받았고, 그 군대가 다시 러시아로 돌아왔을 때 러시아 사회에 어떤 변화의 물결이 일었는지를 읽어냅니다. 책 아닌 어떤 매체가 이렇게 복잡하고 깊은 이야기를 사람에게 전할 수 있을까요?

오락 프로그램보다 다큐멘터리를 좋아합니다.

일요일 밤 KBS2에서는 〈개그콘서트〉가, KBS1에서는 〈역사저널 그

날〉이 방영됩니다. 많은 아이들이 〈개그콘서트〉를 봅니다(15세 이상 관람가니까 초등학생은 물론 중학생도 보면 안 되지만 지키는 가정은 많지 않지요?). 다음 날인 월요일 교실에 가보면 아이들은 어제 본 걸 흉내 내느라 바쁩니다. 그런데 아이들 중에는 〈역사저널 그날〉을 본 아이도 있습니다. 이런 아이들은 책을 좋아합니다. 정확하게는 지식과 교양을 좋아한다고 해야겠군요.

상담 오셔서 우리 아이가 책을 좋아한다고 말씀하시는 학부모님들께 이런 기준을 살짝 제시해봅니다. 어떤 분은 제가 제시한 기준과 일치한다고 뿌듯해하기도 하고, 또 어떤 분은 아이가 책을 좋아한다기보다 좋아하는 척했다는 걸 확인하는 경우도 있습니다. 심지어 어떤 분은 담임의 관찰이 틀렸다면서 아이를 변호합니다. 중요한 건 제 관찰이 맞냐 틀리냐가 아니라 아이의 현재입니다.

짐작하셨을 겁니다. 제가 제시한 기준에 모두 해당되는 아이는 많지 않다는 걸요. 심지어 공부를 잘하는 아이라도 책을 좋아하지 않는 경우가 많습니다. 시험을 위해 읽을 뿐, 마음의 양식으로서는 찾지 않는 거지요. 주변의 어른들을 보세요. 책 좋아하는 어른이 얼마나 됩니까? 신문을 보더라도 사설이나 커버스토리보다 스포츠 연예면을 먼저 펼치는 사람들이 훨씬 더 많습니다. 책을 싫어하는 어머님의 아이는 사실 이상한 게 아니라 평범한 겁니다. 교실에는 보통 아이가 대다수입니다. 그러니 책을 싫어하는 일로 아이를 야단치실 필요는 없습니다. 그동안 애쓰신 게 아쉽긴 하지만요.

자, 그럼 이제 본론으로 들어가 보지요. 어머님의 아이가 조금이라도 책을 더 좋아하게 하는 방법 말입니다.

이야기를 좋아하게 만드세요.

옛날이야기 싫어하는 아이는 없지요? 우리가 알고 있는 단군신화나 그리스 로마 신화를 떠올려보세요. 얼마나 극적입니까? 영웅들과 초자연적인 현상들이 엄청 나오잖아요. 신화가 있다는 건 태초부터 사람들이 이야기를 좋아했다는 증거 아닐까요? 원시시대부터 밤이면 아이들은 모닥불 주위에 모여 앉아서 어른들의 무용담을 들으며 꿈을 키워왔습니다. 누군가가 들려주는 이야기는 실감 나지요. 아이들이 귀신 이야기를 무섭다고 꺅꺅 소리 지면서도 좋아하는 건 그 이유입니다. 제가 처음 책을 읽은 건 초등학교 4학년 때였습니다. 요즘 아이들에 비하면 꽤 늦었지요? 초등학교를 제대로 못 마친 제 부모님은 전형적인 시골 농사꾼이셨어요. 집에 책이 있을 리 없지요. 하지만 어릴 때 들은 동네 뒷산에서 가끔 나타난다는 구미호의 이야기는 아직도 생생합니다. 엄마 무릎을 베고 누워 듣던 이야기였지요. '구미호 이야기'에는 구미호가 한을 품게 되는 과정, 구미호의 공격을 받는 사람의 사연, 도저히 해결될 수 없을 것 같은 복잡한 인생 역정들이 가득합니다. 하지만 끝에 가서는 시원하게 마무리되지요. 이야기에는 많은 삶이 들어 있습니다. 어른들에게 듣는 전래 동화의 힘은 그래서 막강합니다. '해와 달 이야기'(모성애, 오누이 간의 우애, 권선징악의 교훈)나 '곶감과 호랑이 이야기'(해학, 미련한 호랑이가 혼나는 장면에서 느껴지는 카타르시스)는 정말 최고죠. 어머님 또한 옛날이야기를 듣던 세대일 겁니다. 그럼 점에서 아이에게 무조건 책을 읽으라고 하실 게 아니라 할아버지 할머니에게 옛날이야기를 부탁해보면 어떨까요?

하늘이 어두워지고 비가 부슬부슬 내리는 날이면 저는 교실의 불을 끄고 아이들을 구석에 모여 앉게 합니다. 무서운 이야기를 들려주려고요. 실감 나게 하려고 적당히 무섭고 음침한 재래식 화장실 사진도 검색해서 보여주고('무서운 화장실'로 이미지 검색), 그걸 선생님 어릴 적 학교 화장실이라고 꾸며서 귀신 얘기를 들려줍니다. 유난히 어둡던 그날… 친구들은 모두 집으로 돌아가고 혼자 화장실 청소를 하고 있는데… 문이 닫혀 있는 화장실 칸에서 우는지 웃는지 모를 신음 소리가 들려옵니다… 이히히히히히히! 그곳으로 살살 다가가는데… 갑자기 바람이 불어서 출입문이 쾅!!! 닫힙니다(문이 '쾅' 할 땐 일부러 발을 세게 굴려서 효과음). 아이들이요? 네, 짐작하신 대로 아주 난리가 납니다. 그 표정도 가관입니다. 공포에 질린 아이, 무섭다고 우는 아이. 무서운데도 안 무서운 척하는 아이… 숨 쉬는 소리도 안 내고 눈을 동그랗게 뜨고 빠져드는 이야기. 재미가 없을 수 없지요. 이런 이야기를 해주면 다음 날엔 아이들이 공포 이야기책을 가지고 옵니다. 선생님이 들려준 귀신 이야기의 여운을 그렇게 즐기는 거지요. 이런 이야기를 듣고 자란 아이는 이야기를 좋아합니다. 어른이 되면 더 나은 이야기를 쓰겠지요. 영화로도 만들고요. 이야기의 힘은 강력합니다.

요즘 불륜이나 범죄 이야기가 유행입니다. 사람들이 그런 일에 관심을 가지는 까닭이 뭘까요? 이야기를 좋아하기 때문입니다. 티브이 드라마, 영화를 좋아하는 것도, 책도 마찬가집니다. 이 중에서 사람들은 특히 책보다 드라마, 영화를 좋아합니다. 책과 달리 그냥 보거나 들으면 바로 이해가 되거든요. 책을 통해 이야기를 접하려면 책을 펴고 활자를 읽고 의미를 이해하고 이해한 내용을 바탕으로 상상 속 장면을 떠올리는, 복잡하고 힘든 과정을 거쳐야 합니다. 어지간한 참을성으로는 이 과정을 넘기기 어렵습니다.

그래서 아이들은 차라리 이야기를 포기합니다. 그 좋아하는 이야기를 말입니다. 그런 점에서 다른 책은 다 사줬어도 만화책은 안 사주셨다는 말이 마음에 걸립니다. 만화책은 그나마 좀 보기 쉬우니까요.

만화책이든 동시집이든 가리지 마세요.

만화책은 줄글보다 읽기 쉽고 그림을 통한 직관적인 이해가 가능합니다. 줄글을 읽기 벅찰 때 아이들이 선택할 수 있는 중간 돌다리인 셈이지요. 안 사주신 까닭이 궁금해서 여쭤봤을 때, 줄글 읽는 습관을 들이게 해주고 싶어 그랬다고 하셨지요? 하지만 책을 좋아하는 사람은 만화책이라서 더 좋아하거나 줄글이어서 덜 좋아하지 않습니다. 또 이야기의 소재에 따라 오히려 만화가 더 적절할 때도 있습니다. 이원복의 《먼 나라 이웃나라》나 박시백의 《조선왕조실록》, 허영만의 《식객》 같은 책이나, 일본 만화 《갓 핸드 테루》, 《닥터 K》, 《초밥

왕》은 얼마나 훌륭합니까. 만화든 웹툰이든 그 안에도 있을 건 다 있습니다. 혹시 만화책이 아이의 시간을 뺏는다고 생각하시나요? 책이라는 게 좋아하려면 시간이 많이 걸리지만, 한번 손에서 놓으면 다시 잡기가 어려워요. 만화책은 아이들이 성인이 되어도 책을 꾸준히 즐기게 하는 수단이 되기도 합니다. 아이에게 이렇게 말해보세요.

"엄마는 만화책이 나쁜 줄 알았어. 그런데 얼마 전에 좋은 만화책도 많다는 걸 알았어. 앞으로는 네가 원한다면 구해주고 싶어. 늦게 알아서 미안해."

아이가 만화책을 좋아하는 것 같으면 아이가 즐겨 보는 만화책 사이에 엄마가 읽히고 싶은 책을 슬쩍 끼워보세요. 처음부터 그걸 집지는 않겠지만 그래도 아이가 지금 읽기 싫어하는 책보다는 먼저 읽어볼 겁니다.

왜 책을 읽히고 싶으신지 생각해보세요.

어머님은 아이에게 왜 책을 권하시나요? 고대 그리스의 철학자들처럼 진리를 탐구하고 세상의 이치를 알아내기 위해? 플라톤이나 스피노자를 읽고 이상적인 사회를 만들거나, 니체나 비트겐슈타인을 읽고 인간의 나약함을 깨달아 겸손해지라고? 보통 여기까지 생각하는 어른들은 많지 않지요? 대부분 공부를 목적으로 권합니다. 국어 시험 잘 보려고 시험공부 하기 좋게 요약해 놓은 책을 읽는 수험생들을 보세요. 요약본을 읽으니 아이들이 책을 좋아하게 될 리가 없죠. 입학 사정관들이 좋아할 만한 책(예컨대 '서울대 권장도서')만 읽잖아요. 요즘 서점에서 잘 팔리는 책들은 대부분 이런 책들입니다. 어떤 학부모님은 단테의 《신곡》과 헤르만 헤세의 《데미안》을 6학년 아이 가방에 넣어 보냅니다. 이런 책을 읽는 독서 모임에 억지로 보내거나, 설명도 없이 혼자, 그것도 친구들은 노는 시간에 읽으라고 하잖아요. 이렇게 독서 고문을 당한 아이들은 성인이 되면 책을 마음껏 싫어합니다.

책을 통해 깊은 사색을 하고, 그 속에서 영감을 얻어 자신의 가치관을 공고히 세우는 독서법은 없을까요? 있습니다. 아이가 무엇에 관심 있는지 눈여겨보시고 그 책을 구해주는 거지요. 아이가 책을 가까이하고, 이를 바탕으로 사람들과 대화하고 토론하면서 삶을 여유롭게 느낄 수 있게 말입니다. 그게 진정한 독서의 목표니까요.

책을 좋아하게 되는 계기를 마련해주세요.

1학년인 우리 반 아이들도 책을 읽어야 한다, 그래야 공부도 잘하고 엄마도 기쁘게 하는 훌륭한 사람이 된다는 걸 압니다. 그런데도 왜 책이 싫으냐고 물으면 아이들이 하는 답이 있습니다. 이 녀석들이 괜히 핑계 대는 것 같아 보이지만, 일리가 있어요. 아이들에게 책을 읽히는데 어떤 조건이 필요한지 짐작할 수 있지요.

"너무 어려워서 읽어도 무슨 말인지 모르니까 읽기 싫잖아요."

아이들 말이 맞습니다. 글씨를 읽을 수 있다고 해서 책 내용을 모두 이해할 수는 없습니다. 아무리 쉬운 책이라도 아이들이 모르는 어휘가 있지요. 요즘 우리 반(1학년) 아이들이 가장 좋아하는 책《똥벼락》을 예로 설명해보지요.

"엄마, 새경이 뭐야? 진똥은 어떤 똥이야? 배내똥은? 피똥? 이렇게 무서운 똥도 있어? 무서운 도깨비는 왜 나와? 도깨비는 좋은 편이야, 나쁜 편이야? 우리 집에 설마 도깨비 있는 건 아니지?"

이 책에는 '새경'이 자주 나옵니다. '머슴이 주인에게서 한 해 동안 일한 대가로 받는 돈이나 물건(출처_표준국어대사전)'을 아이에게 어떻게 설명하시겠습니까? 새경을 설명하려면 봉건제부터 설명해만 합니다. 그것도 아이가 이해할 수 있는 언어로요. 아이가 책을 재미있게 읽게 하려면 배경지식을 먼저 쌓아줘야 합니다. 그냥 책을 던져주고 읽으라고 하면 아이에게는 고통일 수밖에 없어요. 하지만 대부분의 아이들은 사전 설명 없이 읽기를 강요받습니다.

아이로 하여금 책을 좋아하게 하려면 잘 이해할 수 있게 도와야 합니다. 아이에게 일일이 설명하시기 어렵다면 아이가 어느 정도 책을 소화할 때까지 기다려줘야 합니다. 언제까지 기다려야 할지는 담임교사와 의논하면 됩니다.《똥벼락》은 역사를 공부한 아이들이 읽어야 하는 책입니다. 고학년용 책인 거지요. 하지만 이 책은 '저학년 권장 도서'로 분류되어 있습니다. 그림이 많기 때문이라는군요. 제가 이 책을 읽어주었을 때 아이들이 이런 질문을 했습니다. 들어보시면 앞으로 책을 권하실 때 참고가 되실 겁니다.

- 헐. 30년? 와, 쩐다. 어떻게 사람을 30년이나 머슴으로 부려 먹나요. 김부자 완전 나쁜 놈이구만.
  ➡ 봉건사회의 경제 시스템을 알고 싶어요.
- 돌쇠 아버지가 손에 피가 나도록 돌을 골랐다고요? 헐. 왜 손으로 하지?
  ➡ 조상들이 사용한 농기구를 알고 싶어요.
- 똥이 거름이라고요? 으, 더러운 걸 어떻게 써요?
  ➡ 미생물에 의해 분해된 생물의 사체가 거름이 되는 원리를 알고 싶어요.
- 도깨비는 원래 없잖아요. 그리고 똥이 어떻게 날아가요. 완전 개뻥이죠?
  ➡ 우리 민담 속 자주 등장하는 도깨비 신화에 대해 더 알고 싶어요.
- 김부자가 경찰도 아닌데 왜 돌쇠 아버지를 막 잡아가요? 또 막 때렸잖아요. 엄청 아프게.
  ➡ 과거 우리나라의 신분제도와 사회 유지 기능에 대해 알고 싶어요.

아이들이 이런 질문을 하며 기꺼이 배우겠다고 하면 우린 고맙지요. 아이들이 궁금증을 해소하는 동안 자연스레 공부가 됩니다. 가정에서도 할 수 있는 것들이 많답니다. 아이를 데리고 농업 박물관에 가서 농기구를 봐도 되고 좀 더 나아가 균전제, 과전법 같은 고려·조선 시대의 토지 사용에 대해(어차피 중·고등학교 역사 시간에 배워요) 슬쩍 가르칠 수도 있고요. 민속박물관에 데려가서 우리 조상들이 왜 도깨비를 좋아했는지, 또 신분제도와 복식, 관혼상제는 서로 어떻게 달랐는지를 보여줄 수도 있습니다. 책을 안 읽었을 때보다는 더 집중해서 보겠지요? 공부는 이렇게 공부인 듯, 놀이인 듯할 때가 재미도 있고 효과도 높습니다. 가르치는 엄마 입장에서도 편하고요.

"책을 보면 쉽다고 그러는데 그거 다 거짓말이에요. 유튜브를 보면 더 쉽단 말이에요!"

예전에는 오로지 활자 매체로만 정보를 얻을 수 있었지만 요즘은 동영상 천국이지요. 아이들도 압니다. 과학은 책보다 동영상이 훨씬 쉽습니다. 이럴 땐 동영상을 보여줘야 합니다. 아이들이 책은 안 보고 동영상만 볼까 걱정하실 필요 없습니다. 책이어야만 되는 것들도 많거든요. 천천히 읽고 음미해야 하는 것들은 책을 못 따라갑니다. 《똥벼락》만 해도 그래요. 동영상은 아이가 이해하든 말든 한번 지나가면 끝이지만 책은 여러 번 다시 볼 수 있어요. 또 책은 내가 좋아하는 장면을 더 오래 볼 수도 있습니다. 동영상에 비해 아이가 자기 수준에 맞게 조정하며 보기가 쉽습니다. 이 기회에 아이와 함께 동영상도 검색해서 같이 보세요. 아이 마음이 편하게요.

"그냥 엄마가 읽어주면 되잖아요. 왜 자꾸 우리 보고 읽으라 그래요!"

아이들이 이렇게 말하면 읽어주는 게 맞습니다. 아직 혼자 읽을 수준이 아니라는 뜻이니까요. 아이들은 다양한 이유로 남이 읽어주는 걸 더 좋아합니다. 엄마는 등장인물에 따라 다양한 목소리로 연기하면서 읽어주잖아요. 또 어려운 낱말도 엄마가 읽어주면 덜 어렵게 느껴집니다. 엄마 입장에서는 참 고단한 일입니다. 하지만 이건 무엇보다 중요합니다. 아이가 그만 읽어달라고 할 때까지 읽어주셔야 합니다. 걱정 마세요. 앞으로 길어봐야 1, 2년 안에 혼자 읽을 테니까요. 3, 4학년이 되면 혼자 읽을 때 더 빠르다는 걸 알게 되기 때문입니다.

"나하고 누나는 책을 다 읽어야 테레비를 볼 수 있단 말이에요. 그런데 책 하나를 다 읽을라면 시간이 많이 걸리잖아요. 그럼 내가 볼라 그러는 만화가 벌써 끝난다니까요. 그래서 제가 일부러 얇은 책을 고르잖아요? 그럼 우리 엄마가 모라 그러는지 알아요? 그건 너무 얇으니깐 두 권 읽으라 그런단 말이에요. 진짜 짱나요!"

말하는 아이의 표정이 상상되시나요? 분기탱천, 붉으락푸르락. 그런데 이 말에 동조하는 아이들이 은근히 많네요? 독서를 두고 아이와 부모님이 어떤 실랑이를 하는지 보여주는 장면이지요. 아이는 책 읽기를 벌로 생각하고 있습니다. 좋아하는 만화영화를 못 보게 하려는 방해처럼요. 이런 방식으로는 성공할 수 없습니다. 혹시 이게 학부모님의 이야기라면 당장 멈추세요. 독서는 양보다 질이니까요.

"책 보다 마크(마인크래프트 게임)가 더 재미있으니까 책은 가끔만 보라 그러고 게임을 시켜주면 되죠!"

아, 스마트폰! 스마트폰를 이길 수 있는 건 세상에 없습니다. 스마트폰이 주는 즉각성, 눈을 동그랗게 만드는 수많은 콘텐츠들은 못 이겨요. 괜히 힘 빼지 마세요. 가능한 한 늦게 접하게 하는 게 유일한 해결책입니다. 이미 사주셨나요? 그럼 차라리 타협하세요. 지금 이 아이는 책을 안 보겠다는 게 아니니 다행입니다. 아이가 원하는 건 시간을 정해달라는 겁니다. 독서 시간을? 아뇨. 자유시간 말입니다. 내 아이에게 한 시간 동안 독서를 시키고 싶으시면 그 시간만큼 놀게 해 주세요. 먼저 놀고 싶은 시간과 책 읽을 시간을 아이에게 정하게 하세요. 아이들은 자기가 정하면 더 잘 지켜요. 보통 아이들이 하루에 두세 시간은 놀지요? 그럼 그 시간만큼 책 읽을 시간을 버는 셈입니다. 억지로 시키는 독서는 망하게 되어 있어요. 아이 스스로 독서를 주도하게 하는 게 핵심입니다.

"난 《똥벼락》이 재미있지 《엄마 까투리》는 불쌍해서 보기 싫단 말이에요. 그런데 우리 엄만 자꾸 보라 그래요!"

아이들도 독서 취향이 있습니다. 이 아이는 슬픈 이야기를 싫어하네요. 사실은 슬픈 이야기를 읽으면 마음이 아파서 괴롭다는 의미겠지요. 참 부러운 감성이네요. 어릴 땐 아이가 한쪽 분야의 책만 좋아하기도 합니다. 부모님 입장에선 답답한 일이지요. 상담 때 부모님으로부터 자주 듣는 하소연이기도 합니다. 하지만 시간이 지나면 점차 분야가 확대됩니다.

"책을 읽을라 그러면요. 이상하게 읽기가 싫다요? 레고가 하고 싶어서 엄마한테 물어보면 책이나 보래요. 그런데 그림 그려도 되냐 그러면 된요. 그래서 전 그림 그려요. 야, 니네도 책 보기 싫으면 그림 그린다 그래 봐."

이 아이의 부모님은 책 읽기와 그림 그리기를 같은 선상에 놓으셨네요. 화가로 키우려고요? 아이 입장에서는 그림을 그리기만 하면 책을 안 읽어도 되는 셈입니다. 엄마가 아이에게 책을 싫어해도 되는 면죄부를 주었습니다. 중요한 건 본질(책 읽기)을 두고 주변의 소소한 걸로 자꾸 아이를 괴롭히면(?) 아이가 지친다는 겁니다.

"우리 집엔 책이 엄청 많단 말이에요. 그런데 엄마가 이모한테 또 책을 받아 왔잖아요? 그거 다 볼라면 인제 못 놀 거 아니에요? 우리 엄마가 책꽂이에 엄청 꽂아놨죠. 그거 뺄라 그러면 손톱 아파요. 다시 꽂을 때도 잘 안 들어간단 말이에요!"

부모님이 아이에게 물어보지도 않고 책을 구해오셨어요. 이 아이는 책을 좋아할 가능성이 낮습니다. 책을 읽기도 전에 빼고 넣는 걸로 시비를 걸고 있잖아요. 이럴 때 방법이 있어요. 책이 아깝더라도 아이로 하여금 마음에 드는 책과 안 드는 책을 나누라고 한 다음, 아이의 선택을 못 받은 책들은 창고든 어디든 아이 눈에 안 보이는데 넣어두었다가 나중에 아이에게 또 고르라고 하는 겁니다. 중요한 건 책을 선택하는 과정을 아이가 주도하게 하는 겁니다.

"내 방에서 책을 읽다 보면 문을 닫아도 자꾸 테레비 소리가 들리잖아요. 그래서 자꾸 귀가 테레비로 간다구요!"

이 아이는 두 가지를 비판하고 있습니다. 책을 아이 방에서만 보게 하는 일, 책에 집중하는 걸 방해하는 일. 책은 자기 방에서 책상에 바르게 앉아 읽어야만 할까요? 이 아이의 부모님은 책이나 장난감이 집안 여기저기에 널려 있는 걸 못 참으시나 봐요. 깔끔한 집과 책 읽히기 중 하나는 포기하셔야 합니다. 문 닫힌 방에 갇혀 책을 읽으라니… 아이고, 저라도 읽기 싫겠네요. 화장실이든 거실이든 방이든 어디서나 손만 뻗으면 책이 잡히게 아무 데나 늘어놓아 주세요. 또 하나, 다른 가족은 티브이를 보면서 아이더러 책을 읽으라고 하는 건 고문입니다. 티브이를 없애면 더없이 좋겠지만, 그게 아니더라도 아이가 책을 볼 땐 분위기를 만들어주어야 합니다. 그래야 아이도 책 읽는 생색을 내지요. 조용한 분위기, 적당한 조명으로 아이가 부모의 극진한 정성을 느낄 수 있게 해 주세요.

의식만 늘어나요. 이런 이론에는 '세상의 모든 아이는 공부를 잘하도록 태어났는데, 부모가 잘못 키워서 아이를 망친다'가 전재되어 있는 거잖아요. 세상에! 아이를 망치려고 키우는 부모가 어디 있습니까? 세상 모든 부모는 할 수 있는 최선을 다해 아이를 키우게 마련입니다. 저학년 때는 공부를 좋아하는 아이가 공부를 잘 합니다. 공부를 좋아하게 만드는 게 먼저라는 의미지요. 하지만 고학년이 되면 좀 다릅니다. 공부를 좋아하고, 또 열심히 하는 아이들이 잘 해요. 그럼 공부를 싫어하는 고학년은 어떨까요? 당연히 공부를 못하는 아이가 되죠. 달리기든 야구든 좋아하면서 열심히 해야 잘하지요? 공부도 마찬가지입니다. 그럴만한 이유가 있어요. 공부도 하나의 기능이기 때문이지요. 세상 모든 배움은 어느 정도 수준에 이르면 더 이상 쉽게 늘지 않습니다. 슬럼프처럼요. 하지만 그 단계를 넘어서면 그다음부터는 배움에 가속도가 붙습니다. 예를 들어 사칙연산만 제대로 하면 그 다음 단원은 쉽게 빨리 배웁니다. 그러려면 그 '단계'를 넘어서야 하겠지요? 그 단계를 우리는 '기초 학습'이라고 합니다. 기초 학습을 충실히 다지면 그다음부터는 쉽습니다. 사칙연산을 이용해서 풀기만 하면 되거든요. 사다리꼴 넓이를 구하는 4학년 수학 문제를 푼다고 가정해볼까요? 사칙연산이 가능한 아이는 '(윗변+아랫변)×높이÷2'라는 공식만 알면 됩니다. 마찬가지로 중학교 수학은 인수분해와 방정식이 기초 학습에 해당합니다. 아이들이 수학을 어려워하는 건, 이 기초 학습 단계를 넘기 전에 흥미를 잃기 때문입니다. 초등학교 3학년까지만 수학을 제대로 배워놓으면 그리 어렵지 않게 나머지 수학을 할 수 있는데 왜 그 단계를 넘지 못하는 걸까요? 아이 스스로 덤벼들어야 하거든요. 그런데 아이들이 그러길 싫어해요. 이 단계에서 1차로 아이들이 수학으로부터 멀어집니다. 공부라는 게 중간에 공백이 생기면 그다음 단계로 이어지기 어렵습니다. 결국 공백이 늘수록 아이는 다시 해보려고 해도 어려워서 못 하는 상황이 됩니다. 그러면 진짜로 공부를 잘하는 아이들은 어떤 모습일까요?

마음이 편합니다.

우리 반에서 공부를 잘하는 아이는 성격이 둥글둥글합니다. 급한 것도 없습니다. 친구들이 장난을 걸어도 허허 웃고 넘어갈 뿐, 화를 잘 내지 않습니다. 재미있는 상황을 봐도, 화가 나도 과민 반응하지 않습니다. 감정의 동요가 적습니다. 그런데 수업이 끝날 때마다 치르는 형성평가 문제를 풀 때는 신들린 아이가 돼요. 답을 맞추면 좋아하고, 답이 틀려도 가볍게 넘어갑니다. 한마디로 예민하지 않은 거죠.

가족과 사이가 좋습니다.

이런 아이들의 일기를 보면 일상이 평온해보입니다. 형제간 다툼도 거의 없습니다. 양육자가 그들의 관계를 잘 조절해주기 때문입니다. 그래서 주主 양육자인 엄마와의 관계는 중요합니다. 아이 삶에서 가장 많은 부분을 차지하는 게 엄마와의 관계니까요. 자의식이 생기는 초등학교 3학년 이후에는 엄마와 관계가 나빠도 자기 의지대로 긍정적 방어가 가능하지만, 그보다 어린 아이들은 아직 삶 전체를 엄마에게 의존하기 때문입니다. 아이나 어른이나 일단 마음이 편해야 일이든 공부든 잘 할 수 있잖아요. 지금, 어머님과 아이의 관계는 종적縱的 관계로 보입니다. 아이는 뭔가를 잘못하고 야단맞는 역할을, 엄마는 판단하고 평가하는 역할이다 보니 아이가 항상 밀립니다. 집안에서 엄마에게 억눌려 있는 아이가 학교에서 당당하게 발표할 수 있을까요? 내가 어떻게 해도 엄마가 지지해줄 거라는 확신이 있어야 마음 놓고 놀고 친구도 사귀지요. 잘 못 하면 엄마에게 혼날지 모른다는 불안이 있는 아이는 이게 안 됩니다. 아이들과 이야기하다 보면 엄마와 편한 관계로 지내는 아이가 의외로 많지 않습니다. 2학년 아이의 말입니다.

선생님, 오늘 받아쓰기는 받침 없는 글자로 불러줘요. 나 80점 넘어야 된다고요. 안 그러면 엄마한테 디져요.

수학 익힘을 여기서 하면 안 돼요? 집에서 하면 엄마가 쳐다봐요. (모르는 거 엄마한테 물어보고 더 좋을 거 같은데?) 헐. 내가 틀리면 우리 엄마가 막 뭐라 그러니까요. 지난번에도 틀려서 테레비 못 보고 계속 공부만 했잖아요.

내가 어제 〈파워레인저〉 볼라고 숙제를 엄청 빨리 했단 말이에요. 그런데 우리 엄마가 "허이구, 뭐 그렇게 빨리해. 또 대충 했지?" 그랬단 말이에요.

상황이 이렇다 보니 어떤 아이는 점수를 고치기도 합니다. 그렇게 해서라도 엄마의 야단을 피하고 싶은가 봐요. 집에서 엄격하게 점수 관리를 하면 아이가 공부를 잘할 거라 생각하시지만, 아이는 엄마에게 혼날 일을 걱정하느라 문제 풀이에 집중을 못하는 부작용이 있어요.

아이가 부모님과 관계가 좋아야 하는 또 다른 이유는 아이의 어휘력 때문입니다. 부모님과 관계가 좋은 아이는 대화도 많이 합니다. 또래들보다는 어른들과 나누는 대화에 사용하는 어휘들 수준이 더 높겠지요? 아이는 어른과 대화를 나누는 과정에서 어른들의 생각과 어휘를 경험합니다. 그게 반복되면 아이의 언어가 되는 거지요. 고급 언어를 알게 된 아이는 친구들과의 대화에서 그 언어를 사용하겠지요? 자연스럽게 '유식한 친구'라는 인상을 받습니다. 문학 시간에는 본문을 읽고 내용을 파악하는데 그때 작품 속 등장인물이 어떤 사람인가를 알아보는 시간을 갖습니다. 아이들을 상대로 《흥부 놀부》를 읽어 주고 흥부와 놀부가 어떤 사람인지, 그렇게 생각하는 까닭을 발표해 보았습니다.

흥부는 착해요. (왜?) 음… 흥부는 착하니깐 그렇죠. 형이 나가라고 하면 나가고요.

놀부는 우리 집 강아지 돌순이처럼 못됐어요. 사료도 다 뺏어 먹어서 멍순이는 맨날 못 먹구. 그래서 우리 엄마가 멍순이한테만 간식을 줘요.

흥부는 마음이 약한 사람입니다. 잘못을 안 했는데도 돈을 받을라구 매를 대신 맞잖아요. 엄마가 그러는데 아빠도 마음이 약하대요. 작은아빠한테 돈을 줬는데 안 갚아도 된다 그랬대요. 그런데 저는 아빠가 마음이 약한 사람인 게 좋아요. 작은아빠를 도와줬잖아요.

엄마와의 유대 경험이 많은 아이는 발표가 풍성하지요? 재미도 있고요. 엄마의 말과 행동을 마치 자기의 생각인 양 말하잖아요. 저학년 아이의 특성입니다. 저학년의 공부는 뭔가 새로운 지식을 다루는 게 아닙니다. 아이들 생활에서 답이 이미 나와 있는 것들을 공부해요. 예를 들면, '사람들이 봄에 하는 일', '추석 때 하는 일' 같은 거죠. 아이들은 발표를 하기 위해 새로운 것들을 생각할 필요가 없습니다(하라고 해도 못 할 나이니까요). 경험만 있으면 됩니다. 그런데 어떤 아이에게는 이 문제가 쉽고 어떤 아이에게는 너무 어려워요. 가족 구성원과의 관계가 원만하지 않기 때문입니다. 야단을 자주 맞는 아이는 엄마와 있었던 일을 사람들 앞에서 감추는 경향이 있습니다. 부끄러운 일이라고 생각하거든요. 발표하다가 자기도 모르게 엄마에게 야단맞은 일을 말할까 봐 걱정하는 겁니다. 2학년 무렵의 아드님은 어떤 발표를 했을까요? 이걸 생각해보면 아이가 지금 왜 공부에 대해 삐딱하게 되었는지 알 수 있을지도 모릅니다.

아이가 4살 때 한글을 뗐는데 왜 공부를 못할까요?

부모님들이 담임에게 자랑하는 것 중 하나가 아이가 한글을 일찍 뗐다는 말입니다. 요즘은 글자가 주변에 흔하지요. 티브이, 간판, 과자봉지에도 글자투성이입니다. 일부러 가르치려 애쓰지 않아도 때가 되면(대략 7살~8살 무렵) 한글을 알고 싶어 합니다. 그전까지는 과자를 먹는 것만으로도 욕망이 채워지고도 남았는데 이제는 과자 껍질에 뭐라고 적혀 있는지 궁금해지거든요. 한글의 조형 원리도 은연중에 알아챕니다. 이 무렵, 아이가 친구나 부모님을 설득하려면 말을 잘해야 하기 때문에 빠르게 어휘를 늘려 갑니다. 그래서 글자를 익히기에 딱 맞는 시기인 거지요. 이미 어휘를 많이 알고 있기 때문에 책을 봐도 어려워하지 않습니다. 아이는 일상생활에서뿐만 아니라, 책(특히 동화, 동시)에 있는 어휘도 보는 대로 자기 것으로 만듭니다. 그래서 2, 3학년이 되면 세련된 문장을 구사하면서 엄마의 논리를 이길 만큼 자기주장을 할 수 있는 단계로 성장합니다.

그런데 어머님의 아이처럼 한글을 너무 일찍 뗀 아이는 상황이 좀 다릅니다. 4살은 이해할 수 있는 어휘가 아직 너무 적은 시기잖아요. 아이 눈에 글자는 너무 많이 보이는데 뜻을 아는 건 거의 없으니… 어떻게 생각할까요? 자기는 읽을 수 있으니 그걸로 됐다고 생각하는 겁니다. 이미 힘들게 글자 읽기를 공부했으니 더 이상은 그만이라는 거지요. 그래서 어휘의 의미를 아는 것에 흥미를 잃어버립니다. 글자는 읽는데 글을 못 읽다니! 이해가 안 가실 수도 있지만 이런 일은 흔합니다. 유아기에는 구체적인 대상, 즉 주양육자와 웃고 울고 대화하는 시간만큼 어휘가 늘어요. 4살 무렵이면 엄마 말을 제법 알아듣고 빠른 속도로 말이 느는 시기입니다. 이 시기에는 아이가 어휘를 폭발적으로 늘려가는 환경을 만들어주어야 합니다. 이 시기에 티브이나 동영상, 게임처럼 일방적으로 아이에게 노출되는 매체는 위험합니다. 그런데 어떤 가정에서는 이 시기에 〈애 봐주는 비디오〉를 틀어주더군요. 위험합니다. 이 시기에 동영상의 화려하고 빠른 전개에 익숙해진 아이는 나중에 게임 같은 자극적 영상에 훨씬 더 쉽게 빠져들거든요. 유아기 아이 양육법이 아이의 남은 삶에 미치는 영향을 생각하면 오싹합니다. 지금 아이가 게임에 빠져 있다면, 지나온 양육 환경을 곰곰이 돌아보세요. 아이를 키워오는 과정에서 게임에 쉽게 빠져들게 만든 어떤 요소가 있었을지 모릅니다.

글자를 읽을 수 있으니 혼자 책을 읽으라는 건 아직 어린 아이에게는 황당한 일입니다. 책을 읽어도 뜻이 너무 어려우니 아이는 안 읽으려 합니다. 그래도 어머님은 아이에게 책을 읽게 하셨다지요? 자꾸 읽다 보면 알게 될 거라는 믿음 때문에요. 그런데 이건 좀 자란 아이에게나 통하는 이론입니다. 뜻을 몰라 책이 재미가 없는 상황이 오래 이어졌습니다. 결국 아이는 엄마가 시키면 그때만 읽는 척(글자는 아니까)했을 겁니다. 글자를 일찍 익혔지만, 보람은 없어진 거지요. 오히려 지겨워지게 만들었습니다. 그 결과, 그 많은 독서의 경험이 무쓸모해졌습니다. 아이의 어휘력이 부족하다는 담임 말씀이 증명하지요.

심지어 이런 경우도 있습니다. 4살은 한참 뭔가를 조몰락거리고 놀 때지요. 소근육을 이용한 '구체적 조작기'가 시작되는 시기입니다. 아이는 글자보다 블록놀이를 더 좋아했을 겁니다. 그런데 글자 공부를 하자고 하셨다면, 아이는 좋았을까요? 조기교육이라는 이름으로 말도 떼기 전에 한글, 영어, 심지어 한자까지 배우는 아이들의 폐해가 많습니다. 공부 잘하는 조건 중 글자를 읽는 것도 분명히 포함되지만 더 자세하게 말하면 글자가 아니라 글자의 '의미'입니다. 아시다시피 한글이 쉽잖아요. 문제는 그렇게 술술 읽는 글자의 의미를 파악하는 능력은 별개라는 겁니다. 글자를 다 읽어도 정작 수능 시험에서 국어 만점을 받기가 어려운 것도 이런 까닭입니다. 국어 시험의 대부분은 문장을 독해하여 주제를 찾는 형식이잖아요. 이런 문제를 풀려면 어휘에 대한 정확한 이해가 필수입니다. 낱말 하나라도 의미 파악이 덜 되면 문제를 못 풀어요. 공부를 잘하는 아이는 지문을 빨리, 정확하게 파악합니다. 이왕 공부 이야기가 나온 김에 공부 잘하는 아이의 특징을 더 말씀드려볼까요? 아이가 달리기를 잘하려면 타고난 신체 조건과 승부욕, 슬럼프를 이기는 근성이 필요한 것처럼 **공부를 잘하려면 머리뿐 아니라 호기심, 오래 앉아 있을 수 있는 지구력, 승부욕이**

있어야 합니다.

어머님의 아이는 결정적으로 호기심과 지구력, 승부욕이 크지 않습니다. 아마 처음엔 있었을 겁니다. 피아노가 진도가 빠르다, 한글을 쉽게 익혔다, 영재 교육 테스트를 받았다는 것은 지적 호기심을 증명하고, 어린 나이에 피아노·한자·영어를 배웠다, 유치원 무렵에 초등학생용 도서를 읽었다는 것은 지구력을 증명합니다. 엄마가 읽으라고 한 책을 저항 없이 읽었다는 건 승부욕이 있다는 걸 의미합니다. 이 시기가 아이로서는 가장 공부를 좋아하고 열심히 했던 시기일 것 같습니다. 아이는 자기가 조금만 공부하면 엄마가 좋아하는 모습에 행복했을 겁니다. 엄마를 계속 기쁘게 해 주고 싶어서 힘든 것도 참고 순순히 공부를 했지요. 그런데 시간이 갈수록 엄마가 점점 더 수준 높은(아이가 감당하기 힘든) 과제를 계속 줍니다. 아이가 결국엔 지쳐 나가떨어집니다. 우리나라의 많은 아이들이 이런 과정을 겪습니다. 저학년 때는 시키는 대로 너무 잘해서 천재인 줄 알았던 아이가 고학년이 되면서 유독 저항해서 고민이라는 학부모님들과 상담하다 보면, 유아기 때 아이에게 과도한 학습 부담을 준 사례가 나옵니다. 엄마의 잘못이라고 할 수는 없습니다. 잘하니까 아이의 재능을 키워줘야겠다고 생각한 것뿐입니다. 다만 아이가 어느 선에서 힘들어 그만하고 싶은지를 세심하게 알아채지 못한 게 문제라면 문제입니다. 전문가들 말로는, 아이가 힘들면 어떤 식으로든 '힘들어요. 쉬었다 하고 싶어요!'라는 신호를 보낸다고 합니다. 하지만 가르치는 입장에서 교육을 멈춰야 할지, 좀 더 밀고 나가야 할지를 결정하는 건 쉬운 게 아닙니다. 멈춰야 하는 아이가 있고, 격려해서 좀 더 끌고 나가면 잘하는 아이도 있으니까요. 다들 그렇게 시행착오를 겪으며 아이를 키웁니다. 중요한 건 아이가 스스로 감췄을 그 세 요소를 다시 깨어나게 돕는 일입니다. 그 방법은 이미 아시죠? 지금까지 아이에게 공부를 강요하느라 포기한 것들을 하면 됩니다. 저는 아이들이 공부에 대해 가지는 트라우마와 고민을 매일 대합니다. 실제로 공부를 '못한다'는 표현은 옳지 않습니다. 싫어할 뿐입니다. 머리도 좋고 공부도 어느 정도 하지만 하기 싫어하는 아이들의 말은 우리가 귀담아 들어야 합니다. 오해가 있다면 풀어주고, 다시 시작하게끔 격려도 하고요. 매해 공부가 '지겨워서' 학교를 그만두는 아이가 수 천 명이나 됩니다. 학교를 떠나지 않고 수업 시간에 엎드려 자는 아이들까지 포함하면 몇만 명은 되겠지요?

아이의 학습 적령기를 잘못 이해해서 그렇습니다.

해당 학년이 되기 직전, 또는 학년 중에 학교에서 배우는 것과 관련된 경험을 살짝 제공해주세요. 예를 들어 5학년 1학기 때 역사를 배우잖아요. 그러면 아이가 5학년이 되는 그해 겨울방학쯤 경주나 공주, 부여 같은 유적 도시를 여행하는 겁니다. 이런 역사 관련 답사를 한 아이는 교과서에 나오는 다보탑이나 첨성대를 친숙하게 느끼겠지요? 제가 이렇게 안내를 해도 어떤 부모님은 더 일찍 서두르시더군요. 답사를 4학년 학기말 방학이 아닌, 2학년이나 3학년에 하는 겁니다. 나름 조기교육이지요. 하지만 각 나이에 해당하는 지적 수준이 있게 마련이라서 이른 역사 답사는 의도한 교육 효과를 얻기 어려워요. 똑같은 경주 답사를 가도 5학년 아이와 3학년 아이는 차이가 큽니다.

모든 학습에는 적령기가 있습니다. '학습 적령기'는 어떤 지식에 대해 아이가 알고 싶어 하는 시기, 약간의 설명만 해줘도 이해할 수 있는 시기를 말합니다. 3학년 아이를 일 년 내내 박물관에 데리고 다녀도 원하는 교육은 시킬 수 없습니다. 제 경험을 말씀드리면, 전시물을 보지 않고 이런저런 스위치를 마구 누르며(누른 다음에는 설명을 듣지도 않고) 돌아다니거나, 박물관 안을 뛰어다니면서 다른 사람의 관람을 방해하거나, 들어가자마자 몇 분 안 되어 기념품 가게에 가는 아이들이 이런 경우입니다. 5학년이면서 역사를 어느 정도 이해하는 아이에게 박물관은 세상에서 가장 재미있는 곳입니다. 어떤 아이는 주어진 관람 시간보다 훨씬 더 많은 시간을 보내고 싶어 합니다. 보통 경주로 수학여행을 가면 박물관도 꼭 가게 되는데, 그럴 경우 저는 아이들에게 "첨성대, 월성, 성덕 대왕 신종(에밀레종), 박물관을 알아서 돌아보고 ○○시까지 박물관 앞 광장으로 모여!"라고 말합니다. 역사 공부가 재미있는 아이는 자기가 특별히 오래 보고 싶은 장소에 더 많은 시간을 분배하겠지요? 그런 아이는 조금이라도 더 많이 보려고 주차장에서부터 뛰기도 합니다. 어떤 아이는 볼 생각도 안 하고 고분 주변에서 아이스크림을 사 먹고요. 여기서 우린 분명히 알 수 있습니다. 아이스크림을 먹는 아이는 전시관으로 뛰어가는 아이를 공부로는 이기지 못한다는 사실을. 학습 적령기에 비해 너무 일찍, 너무 자주 이런 활동을 하면, 아이는 박물관을 아이스크림처럼 가볍게 여깁니다.

아이 마음이 편치 않기 때문입니다.

아이들은 대부분 1, 2학년 때 글자 익히기가 완성됩니다. 그런데 이 시기의 아이들은 정서적으로 아직 성숙되지 않았거든요. 정서적으로 불안이나 문제가 있으면 공부에 신경 쓸 여유가 없습니다. 어떤 아이가 1학년인데 친구에게 괴롭힘을 당한다면, 신경이 곤두서 공부가 머리에 안 들어오겠지요? 또 아이의 신변에 어떤 큰 변화(양육 환경의 변화, 신체적 질병)가 생기거나, 어머님의 경우처럼 아이가 '공부 그 자체'보다 부모님의 '압박'을 더 신경 쓴다면? 이렇게 한 번 학습이 뒤로 늦어지면 그다음 학습에도 문제가 누적되겠지요.

공부 머리가 아니라는 답에 실망하셨습니까? 공부라는 재주는 달리기나 그림 그리는 재주처럼 아이가 지닌 수천 가지 재주 중 하나에 불과합니다. 모든 재주를 다 지닌 아이는 없어요. 그림을 잘 그리면서 달리기도 잘하고 공부까지 잘하는 그런 아이 말입니다. 그런데 우리나라의 엄마들은 공부라는 재주를 으뜸으로 여깁니다. 여기에서 비극이 시작됩니다. 우리나라는 왜 공부에 목을 맬까요? 오랫동안 공부가 중시되던 문화 때문입니다. 공부를 해서 과거를 통과해야 했던 왕조의 문화가 너무 깊게 우리 사회에 깃들어 있어요. 공부를 잘해야 사회에서 먹고살기 좋다고 하는 부모님의 걱정도 옳지 않습니다. 주변을 보세요. 주변 사람들 중 학창 시절에 공부 잘하던 사람이 지금 다 잘 삽니까? 제 제자들을 봐도 공부보다 사회성 좋고 매사에 적극적이던 제자들이 더 즐겁게 삽니다. 그런데 잘 되지도 않는 공부에 매달려 있는 아이가 너무 많아요. 왜 우리는 아이들에게 공부를 강요할까요? 쉽기 때문입니다. 잔소리하면서 학원이든 어디든 보내버리면 의무가 끝나잖아요. 힘드시겠지만 공부 대신 죄책감을 줄여주는 노력을 해보시면 어떨까요? 그동안 아이 공부를 위해 하신 노력을 보면 충분히 해내실 수 있습니다. 우린 내 새끼가 최고인 부모니까요. 그러다 보면 아이가 공부를 다시 하게 될지도 모르고요. 어차피 아주 소수의 아이들 외에는 공부로 성공하기 어렵습니다. 공부에 매달리다가 지치는 아이의 삶을 지금 구할 수 있습니다. 공부를 싫어하더라도 머리 좋은 건 누가 뺏어가는 게 아닙니다. 언젠가 아이는 그 좋은 머리를 빛내는 날이 올 겁니다.

강남으로 이사하려 합니다

Q. 4학년 아들, 1학년 딸을 키우고 있습니다. 우리 가족은 지방에 사는데 아이 교육 때문에 서울 강남으로 이사를 할 생각입니다. 저는 강남에서 나고 자라서 그곳 교육 환경에 익숙합니다. 강남은 아이들 키우기도 안전하고 무엇보다 학습을 도와줄 학원이 많아요. 남편은 아이가 힘들어할까 봐 염려합니다. 안 그래도 숫기가 없는데 다른 아이들에게 더 치일지도 모른다고요. 지금 사는 곳에도 학원이 많은데 굳이 강남까지 가야 하느냐고 합니다. 그동안 엄마로서 한다고 했는데 아이가 자라면서 조금씩 한계를 느낍니다. 그러다 제 고민을 해결해줄 강남의 교육 환경을 생각하게 되었습니다. 지금 사는 동네에 애착이 많은 남편과 아이들의 의견을 존중해서 여태껏 참았지만 곧 고학년이 되는 큰아이가 늦어버린 것 같아 걱정입니다. 주변에서는 제가 유난하다, 치맛바람이다 하지만, 저에게는 중요한 문제입니다. 맹모삼천지교만큼은 아니더라도 현명한 선택을 해서 제 아이들에게 더 나은 기회를 주고 싶습니다. 아이는 부모 하기 나름이라는데, 아이 교육

에 제대로 집중하지 않으면 두고두고 후회할 것 같습니다. 지금 강남으로 이사하기엔 너무 늦었을까요? 차라리 지금 사는 곳에서 교육하는 게 더 나을까요? 또, 그냥 이 동네에서 살고 싶다는 아이들에게 뭐라고 설명하면 좋을까요?

A. 아하, 맹모삼천지교! 네, 강남으로 이사하세요. 이유는 단순합니다. 강남으로 가지 않으면 후회할 것 같다고 하시니까요. 아이들이 반대한다고요? 아이들은 어떤 상황에서든 다 자라게 되어 있으니 염려 마세요. 학부모님이 강남에 살지 않아 생기는 고민이 더 크다면 가는 게 맞습니다. 하지만 그 이유를 두 아이에게 떠넘기지는 마세요. 그리고 혹시라도 나중에 너희 때문에 강남으로 이사까지 할 정도로 엄마는 최선을 다했다는 공치사도 마시고요. 어머님의 고민을 처음 들었을 때, 강남으로 곧 이사 가실 것 같다고 생각했습니다. 지금까지 아이들에게 시킨 교육(영어, 한자, 독서 등등)에 대한 내용이 가득하더군요. 그리고 강남에 이사 갈 경우 아이들이 받을 수 있는(아이에게 시키고 싶은) 교육도 치밀하고 구체적으로 나열되어 있었습니다. 정작 제가 알고 싶었던 것들(아이들의 의견, 학습 성향, 학습 능력)은 빠져 있었습니다. 그래서 제가 아이들에 대해 다시 여쭈었을 때, 사실 아이들은 이사를 원하지 않는다고 하셨습니다. 자신이 받을 교육을 판단하고 결정하기에 4학년, 1학년은 어린 나이가 아닙니다. 아주 어릴 때는 어른이 이끌어주는 게 맞습니다만 어느 순간이 지나면 아이들

을 설득하는 과정을 항상 거쳐야 합니다. 공부는 결국 아이가 하는 거니까요.

도대체 강남 학부모님들은 아이를 어떻게 키우길래 전국의 엄마들이 그곳을 선망하게 되었을까요? 강남에 가면 교육 문제가 기적처럼 해결될까요? 그곳의 전문가들에게 아이를 맡기면 아이가 저절로 잘 자랄까요? 그렇기만 하다면 우선 저부터 우리 반 학부모님들께 강남 이사를 권할텐데 말입니다. 제가 만난 학부모님들 중에도 아이 교육을 위해 강남으로 이사하신 분들이 있습니다. 이사 가는 대신 매일 강남으로 아이를 실어날랐던 분도 있고요. 그렇게 강남에서 공부시킨 아이들은 어떻게 되었느냐고요? 부모님의 기대와는 조금(?) 다르지만 잘 자랐습니다. 어머님의 마음이 이해는 됩니다. 학벌이 신분처럼 인식되는 문화가 아직 남아 있는 우리나라에서 학부모라면 강남으로 상징되는 '교육하기 좋은 동네'에 대한 꿈을 품지 않을 수 없지요. 하지만 학부모들이 강남에 대해 하는 말들을 들어보면 현실과 다른 부분도 있어요.

"우리 애는 지금 겨우 6학년 수학하는데 강남 애들은 벌써 중학교 다 떼고 고교 과정에 들어간대요."

"강남 사는 애들이야 공부하기 쉽죠. 부모가 돈 많으니 자가용으로 학교-학원으로 실어나르잖아요. 그리고 걔네들처럼 우리 애들도 비싼 독선생 붙여봐요. 금방 따라잡지."

"강남에는 학원이 많다면서요. 그러니 애한테 꼭 맞는 걸 고를 수 있을 거고, 당연히 성적에 도움이 되겠죠."

이런 말들에 깃들어 있는 뉘앙스를 보면 사람들이 강남을 어떻게 인식하는지가 보입니다.

돈이 많으면 아이 교육이 나아질까요? 돈이 많은 걸 좌지우지 하지만 자녀 교육에 있어서는 돈이 절대자가 아니라는 건 자식 키워본 사람은 다 압니다. 하지만 다들 그렇게 생각하는 건 아닌가 봅니다. 특히 아이가 어린 부모님들은요. 이분들은 강남에 가면 마치 아이 잘 키우는 마법의 약이라도 얻을 수 있는 것처럼 생각합니다. 강남이 아닌 곳에 살고 있는 지금 나의 환경에서는 불가능한 공부가 강남에서라면 단박에 가능할 거래요. 하지만 어떻게 가능하겠습니까? 공부를 좌우하는 건 아이의 상황이잖아요. 공부를 잘하는 요소는 수십 가지이고, 제가 아는 강남 학부모들 대부분은 지극히 평범한 분들입니다. 이분들도 어머님과 똑같은 고민을 합니다. 물론 그중엔 좀 별스러운 분도 있기는 하겠지만, 그런 분들이야 전국 어디에나 있지요.

강남 아이라고 다 잘하는 건 아닙니다.

뉴스를 보면 서울대 신입생 중 40퍼센트가 서울과 경기도에 사는 아이들이라고 합니다. 수도권 학부모들이 사교육 시킬 돈이 많아서 서울대를 많이 보내는 게 아니라, 원래 학생 수가 많은 동네라 그런 겁니다. 그럼 강남 아이들의 학력이 타 지역 학생에 비해 높은 까닭은 뭘까요? 이유는 간단합니다. 아이들 학력에 신경을 많이 쓰는 학부모들이 강남에 많거든요. 어떤 아이든 간에 부모가 신경을 많이 쓰면 반대의 경우보다 잘합니다. 특히 미성숙한 시기인 초등학생 시기에는 조금만 바로 잡아줘도 아이 성장에 영향을 미치거든요. 저는 정기적으로 학교를 옮겨 근무했기 때문에 다양한 동네의 아이들을 경험했습니다. 제 경험상, 부모님이 신경 써줄 형편이 되는 집 아이들은 정신적으로 더 안정적이고 공부도 잘했습니다. 형편이 좋아도 부모가 바빠 아이에게 등한한 경우는 반대였습니다. 아이가 지금 뭘 배우는지, 학교생활은 어떤지, 누구랑 뭘 하고 노는지 모르는 집의 아이는 그 반대의 가정에서 자라는 아이를 따라가기 힘듭니다. 아이들 돌볼 시간이 모자라는 부모님들에겐 잔인한 말이지만, 사실입니다. 또 아이를 위한 지출이 자유로운 가정이라면 아이에게 돈이든 시간이든 더 집중하겠지요? 가난한 부모가 아이를 가난에서 구하기 위해 온 힘을 다해 공부시키는 것처럼, 강남 학부모들 역시 자신이 누리는 부와 기득권을 물려받게 하려고 돈의 힘을 이용합니다. 심지어 돈만 주면 숙제도 대신해주고 공부 스케줄도 별도로 관리해준다면서요? 이런 비즈니스와 돈 있는 학부모가 만나면 독특한 교육 시장이 만들어지는 건 당연합니다. 문제는 이런 현상 때문에 갈수록 교육의 기회가 불평등해진다는 겁니다. 돈 많은 부모가 아이를 더 쉽게 대학에 보낼 수 있다면, 그래서 같은 노력을 기울인 시골 아이보다 유리한 삶을 산다면, 이건 공정한 경기가 아닙니다. 기울어진 운동장에 있는 우리 아이들에게 무조건 노력으로 극복하라고 할 수는 없지요. 그냥 두면 안 됩니다. 국가에서도 교육의 불평등을 해소하기 위한 대책을 내놓고 있습니다. 유명 강사의 수업을 EBS 동영상 강좌로 제공하고, 선행 학습 금지법도 만들었지요. 대학에서도 지역 균형 선발 제도를 시행하고 있습니다. 하지만 이런 제도가 아무리 많아도, 교육 불평등이 해소되기엔 역부족입니다.

이미 강남 학부모 수준이세요.

사람들이 강남 학부모의 교육열에 대해 이야기할 때 '강남 엄마=치맛바람'이라는 부정적인 이미지를 꼭 언급합니다. 하지만 치맛바람 교육열의 이면에는 치마에 바람이 일도록 학교에 자주 가서 담임과 상담을 한다는 의미도 있습니다. 그 대화 중엔 공부에 대한 것도 있고, 아이의 정서에 대한 것도 있을 겁니다. 결국 강남 아이들이 공부를 더 잘 한다면, 그건 치맛바람 때문이라기보다 아이에 대한 관심 때문이 아닐까요? 어머님에게서 강남 못지않은 관심과 열정의 치맛바람이 느껴집니다. 예전엔 '치맛바람'에 '촌지'의 의미가 내포되어 있었죠. 요즘은 촌지로 교사를 매수하는 학부모는 없습니다. 하지만 여전히 학교에 자주 방문해서 상담하는 부모님들은 많습니다. 제 경험상, 경제적 여유가 있는 동네의 학부모는 그 반대 동네 학부모보다 학교에 더 자주 상담하러 오십니다. 시간 여유 때문이겠지요. 결국 아이를 위한 대화를 많이 하게 되고 결과적으로 아이를 더 잘 키우게 됩니다. 또 강남에는 소아 정신과 병원도 많다고 합니다. 그 동네에 정신과 진료가 필요한 아이들이 많아서일까요? 아이가 조금만 힘들어해도 전문가의 도움을 받아서 해결해주려는 부모가 많기 때문입니다. 그저 시간이 지나면 나아지겠지, 하며 아이의 문제 행동을 모른 척하는 부모가 적다는 의미고요. 어릴 때 섬세한 도움을 받는 아이는 더 일찍 문제 행동을 고치고 편안하게 크겠지요? 어머님 역시 지금 두 아이를 이렇게 키우고 계십니다. 지금 사시는 동네에서도 가능합니까? 그렇다면 이사를 다시 생각해보세요.

맹모 컴플렉스와 헤어지세요.

상담하다 보면 아이에 대한 교육열이 유독 높은 부모님들을 만납니다. 문제는 아이가 힘들어하는 경우인데요. 아이의 능력에 비해 수준이 너무 높은 교육을 시키거나(선행 학습, 과도한 학습량) 아이의 성향을 고려하지 않은 교육(아이의 적성을 무시한 진로 설정)때문입니다. 교사 입장에서 보면, 아이에게 관심이 적은 부모님보다 오히려 더 걱정스러워요. 제가 이렇게까지 말씀 드리는 이유는 '아이는 부모가 하기 나름'이라는 생각의 위험성 때문입니다. 특히 저학년 학부모들 중에 이런 분들이 많아요. 아이가 어리니 엄마가 얼마든지 '조종'해서 아이들을 원하는 대로 키울 수 있다고 믿습니다. 그 마음이 가상하기도 하고 애처롭기도 합니다.

다시 맹모삼천지교를 떠올려봅시다. 이 교훈적인 성공 사례의 핵심은 잦은 이사가 아닙니다. 맹자는 공동묘지에 살 때는 곡소리를, 시장에 살 때엔 장사꾼 흉내를 잘 냈다지요? 당시는 곡만 잘해도, 장사만 잘해도 먹고사는데 어려움이 없었습니다. 하지만 맹자의 어머니는 맹자가 가진 흉내를 잘 내는 재능에 과감하게 투자합니다. 그래서 공동묘지에서 시장으로, 시장에서 서당 옆으로 이사를 갔지요. 가난한 맹자 어머니로서는 대단한 모험이었습니다. 공동묘지에 비해 시장은 집값도 비싸고 생활비도 많이 들었을 테니까요. 그다음에 이사 간 서당 옆은 더 비쌌겠지요? 하지만 맹자 역시 아이인지라 공부하던 중 게으름을 피웁니다. 멀리 공부를 떠났던 맹자가 어머니가 보고 싶다는 핑계를 대며 중간에 그만 집으로 와버린 거지요. 어머니는 그런 맹자를 훈계하기 위해 긴 시간 동안 짜왔던 귀한 옷감을 싹둑 잘라버립니다. 공부를 중간에 멈추는 것과 옷감을 짜다가 마는 걸 동일한 가치로 치환한 거지요. 한 성깔 하던 맹자는 어머니의 이 가르침에 충격을 받고 다시 공부에 정진합니다. 유명한 '단기지교斷機之敎 이야기'입니다. 즉, 강남에 이사 가는 것보다 아이를 훈육하는 태도가 더 중요합니다.

우리 아이가 맹자처럼 남의 흉내를 낸다면? 야단쳤겠지요. 그런데 맹자 어머니는 맹자의 성향을 읽었습니다. 새로운 환경을 만나도 두려워하지 않고 흥미롭게 받아들이고 모방하는 성향 말입니다. 맹자 어머니는 장점을 발견하는 혜안을 지니고 있었습니다. 맹자 어머니는 자신의 욕망을 위해서가 아니라 아이의 재능에 따라 이사를 갔습니다. 후대에게 현모라는 칭송을 듣고 싶어서도 아니었습니다. 상담하다 보면 가끔 이른바 맹모 콤플렉스를 만납니다. 아이를 잘 교육해서 훌륭한 사람을 만들겠다, 정확히 말씀드리면, '훌륭한 사람을 내가 만들어야 한다'는 결심으로 똘똘 뭉친 부모님이지요. 이분들을 잘 들여다보면 아이를 위해서라기보다 부모 본인의 욕망인 경우가 많습니다.

어머님의 큰아이 정도면 엄마가 투사하는 욕망의 정체를 압니다. 그리고 저들끼리 모여 엄마를 성토합니다. 교실에서 아이들끼리 나누는 대화를 들어보세요.

난 그냥 웹툰 작가가 되고 싶은데 우리 엄마는 그런 건 미대 가서 하고 지금은 공부하래. 싫음 때려치우래.

난 피아노 그만 칠라 그러는데 우리 엄마가 무조건 6학년 때까지는 하래. 돈 다 냈다고. (이 말에 옆 아이가) 야, 그거 뻥이야. 피아노 학원은 원래 한 달에 한 번 돈 내거든.

난 이번 방학 때도 죽음이야. 학원 존나 가야 돼. 아빠처럼 교수 되래. 우리 아빤 괜히 교수라서 나만 맨날 갈굼당하고. 아, 빡쳐.

엄마는 하나라도 더 시켜주려고 애를 쓰는데, 이 녀석들 말하는 것 좀 보세요. 부모가 자기 교육에 들이는 정성을 비꼬고 있습니다. 엄마들 또한 이런 걸 모를 리 없겠지요?

아직 우리 사회는 은근히 부모, 특히 엄마에게 아이 교육을 위해서라면 뭐든지 해야 한다고 부추깁니다. 그걸 하지 않으면 나쁜 엄마, 책임을 다 하지 않은 엄마라고 공격합니다. 정작 엄마 이전에 여자로서, 인간으로서 누릴 것들을 못 누리면서 자식을 위해 모든 걸 포기한 '엄마'라는 감옥에 스스로 갇히게 합니다. 이쯤이면 맹모삼천지교는 집단 최면이지요. 이걸 만들고 유포한 건 가부장 문화일 겁니다. 부모가 같이 낳았는데 양육과 교육, 입신양명은 엄마의 역할로 몰아가는 문화 말입니다. 다행히 자식이 잘 되면 좋지만 자식이 잘 안 된다 해도 그냥 '할 수 없는' 일인 겁니다. 엄마 잘못이 아니에요. 학부모님들과 상담할 때, 이 '할 수 없음'을 이해시켜 드리기가 너무 어렵습니다. 아이가 말썽 피워서 학교에 '불려'오신 학부모님은 항상 '죄인 모드'이십니다. 그럴 필요가 없는데도 말이죠.

언젠가 한국계 미국인 젊은이가 미국의 대학에서 총격을 가해 많은 희생자가 났었지요? 우리나라에서는 그 젊은이의 부모가 아이를 어떻게 키웠는지 관심이 많았습니다. 반면, 미국 사회에서는 아이를 외톨이로 자라게 한 사회 시스템을 살피더군요. 가해 젊은이의 부모를 오히려 위로하는 여론도 많았습니다. 자식이 잘못하면 무조건 부모부터 탓하고 보는 우리나라와는 다른 문화지요? 우리나라는 부모와 자식을 지나치게 동일시합니다. 자식 잘못은 곧 내 잘못이고 자식이 공부 못하면 내 죄라고 생각해요.

부모님 품을 떠나 독립한 뒤, 자식을 보낸 상실감으로 고통받는 부모 때문에 고민하는 제자들이 있습니다. 자식 양육에 평생을 바친 부모라면 그럴 만하지요? 그런데 자식들은 어디 그런가요? 빨리 독립해서 자기만의 인생을 꾸리려고 하지요. 이걸 상실로 받아들이는 부모가 주로 하는 말은 "내가 너를 어떻게 키웠는데"가 되겠네요. 자식 또한 죄책감에 시달립니다. 우리 사회에서 '잘 되는 자식'(명문대 나와 안정된 직장을 갖는 자식)의 비율은 고작 5퍼센트 안쪽입니다. 나머지 95퍼센트는 어떻게 되었을까요?

아이가 기대와 다른 것에 대한 걱정도 이제는 접으세요.

지금까지 아이를 위해 최선을 다해 오셨잖아요. 아이 스스로 할 만큼 하고 있다고 생각하면 지금 이상의 뭔가를 해내기는 어려워요. 강남에는 학원이 많고 다양하다고 하니 아이에게 좀 더 맞춤으로 교육할 수는 있겠지만, 당사자인 아이의 의지가 엄마의 욕망에 부응하지 못한다면, 부모님은 아이를 압박하게 돼요. 아이에게는 고통입니다. 그런 점에서 저는 어머님의 편을 들지 못하겠습니다. 그렇다고 아버님의 편을 들고 싶지도 않아요. 아이 교육 문제를 모두 엄마에게 미루고 있잖아요. 심지어 유난 떠는 엄마로 매도까지 하고 있습니다. 아이 양육에 신경 쓰지는 않으면서 영향력만 유지하려는 아빠를 보고 아이가 뭘 배울 수 있을지 생각해보세요. 만약 아버님이 '오죽하면 아이 엄마가 강남 이사를 생각할까, 참 애쓰는구나'라고 생각한다면 어머님을 존경하지 않을 수 없을 겁니다. 부모의 교육관이 서로 다른 경우 아빠를 '꼰대'라고 흉보는 아이들이 많아요. 이 기회에 남편과 진지하게 다른 대안을 논의해보시면 어떨까요? 강남에 가지 않더라도 지금 상황에서 아이의 교육을 위해 개선할 수 있는 건 없는지 말입니다. 물론 가장 먼저 하셔야 할 건 아이의 상황 파악입니다. 아이가 이사를 가고 싶어 하는지(어떤 아이는 친구들과 헤어지기 싫어서 이사를 두려워합니다), 강남에 가서 아이에게 적용시킬 교육은 어떤 것들인지, 그걸 아이가 저항 없이 받아들일지(아이의 성향과 맞을지) 따져보셔야 합니다. 물어보나 마나 아이들은 지금보다 공부를 더 해야 하는 상황을 거절하겠지만, 간혹 어떤 아이는 꿈을 위해 기꺼이 부담을 감수하겠다고 하기도 합니다. 정말 그런 아이가 있을까 싶지만, 맘껏 공부하고 싶어 하는 아이들도 있거든요. 이런 아이에게 학부모님 같은 엄마는 선물일 겁니다.

학부모들이 강남을 욕망하는 이유는 결국 교육 기회의 불평등에 대한 불안 때문입니다. 그곳에 가지 않아서 내 아이가 기회균등에서 밀려나 손해를 보게될까 봐 걱정하는 겁니다. 하지만 모든 사람이 그곳에 살 수는 없습니다. 그곳으로 가는 대신 지금 있는 곳을 내 아이가 원하는 교육을 받고, 다른 아이들과 공정하게 경쟁할 수 있는 곳으로 만들면 어떨까요. 저도 기울어진 운동장을 반듯하게 만들기 위해 힘을 보태겠습니다.

학원은 몇 학년부터

Q. 6학년 남자아이를 키우는 직장맘입니다. 아이 학원 문제로 고민입니다. 지금까지 받은 교육을 말씀드리면, 5살 때 한글 교실, 가베, 유아 수영을 했고요. 초등학교 들어가면서 주중엔 피아노, 미술, 태권도, 그리고 주말엔 체험과 답사를 해주는 프로그램을 다녔습니다. 그런데 그게 힘에 부쳤는지 아이가 자주 아파서 피아노, 태권도를 정리했습니다. 체험 프로그램은 아이도 좋아하고 다녀오면 잠도 잘 자서 건강관리 차원에서 시켰는데, 3학년 때 이것도 힘들어해서 모두 정리하고 영어와 바이올린을 시작했습니다. 바이올린을 3년 정도 하다가 레슨 선생님과 문제가 있어서 학원을 바꾸는 김에 첼로로 바꿨습니다. 4학년 때 수학을 어려워해서 수학 학원을 추가했고, 5학년이 되면서 독서 논술 학원을 새로 등록했습니다. 아이가 평소 책을 잘 읽지 않는 편인 데다 아이와 대화하다 보면 논리가 부족한 것 같아서요. 제가 직장 생활을 하다 보니 학원 오가는 길은 할아버지 할머니가 함께해주십니다. 가끔은 아프다고 거짓말을 하며 빠집니다. 그럴 때마다

저와 마주 앉아 대화하면 다시 잘 다녔고요. 저는 아이에게 공부 스트레스를 안 주려고 노력하는 편이거든요. 그래서인지 아이의 공부가 별로 나아지지 않습니다. 차라리 안 하겠다고 하면 안 시킬 텐데… 힘들면 공부 포기하라고 하니 더 열심히 하겠다고 해서 끊지도 못하겠습니다.

제 고민은 내년에 시작되는 중학교 공부입니다. 가정에서 공부를 봐주기 어려워서 학원에 보낼 수밖에 없는데 중학교를 대비해서 영어, 수학 시간을 얼마나 늘려야 할지 모르겠습니다. 욕심 같아서는 많이 늘리고 싶은데 그런다고 교육 효과가 날 것 같지도 않습니다. 또 영어, 수학 공부의 경우 지금 6학년 수준의 공부를 더 하는 게 좋을지, 중학교 과정을 미리 공부시킬지도 고민입니다. 수학이 스토리텔링으로 바뀌면서 이를 가르치는 과정이 많이 개설되어 있던데 거기도 보내야 하는지도요. 아이는 차라리 6학년 과정을 공부하겠다고 하는데 제 생각에는 이왕 하는 거 중학교 과정이 효과가 좋을 것 같은데 어떤가요? 아이가 공부에 적극적인 편이 아닙니다. 좀 엄격한 분위기의 학원을 보내면 나아질까요? 개인 과외도 잠깐 해봤는데 과외는 싫고 학원에 가겠다고 합니다. 왜 그러는 걸까요? 공부는 최상위권은 아니고 중상위권(학원에서 평가한 결과, 수학은 15명 중 5등, 영어는 8등)입니다. 지금 중상위권인 제 아이가 학원에 다니며 열심히 하면 언제쯤 상위권이 될 수 있을까요? 제가 사는 동네는 우리나라 사교육 1번지라 불리는 곳입니다. 여기서 이 정도 실력이면 전국적으로 비교할 때 몇 등이나 될까요?

A. 짧은 글을 통해 그동안 어머님과 아드님이 걸어온 고난의 공부 길을 돌아봤네요. 한다고 했는데 원하는 단계에 이르지 못하니 답답하시군요. 어떤 학원을 보내서 어떤 공부를 더 시키면 좋을지 고민이시고요. 사실 그건 저에게 물으실 게 아닙니다. 아이에게 직접 물어보세요.
학원 공부든 학교 공부든 아이가 스스로 마음을 먹어야 자기 공부가 됩니다. 그런데 아이는 지금 거부하고 있어요. 클수록 거부는 더 완강해집니다. 6학년 남자아이면 엄마가 억지로 끌고 가는 건 어려워요. 더 강하게 이끌면 나아질까요? 두들겨 패서라도 억지로 시키면 공부할까요? 6학년이면 매 맞는 걸 더 이상 무서워하지 않아요. 이런 아이와 싸워서 이기는 엄마를 본 적이 없습니다.

사교육 1번지에서 이 정도 실력이면 전국에서 몇 등?

이 답을 위해 간단한 숫자 놀음을 해보겠습니다. 현재 우리나라 초등학교는 약 5,600여 개입니다. 전교 1등인 아이는 약 5,600명 이겠지요? 중학교는 대략 2,900개, 대학 진학을 목표로 하는 일반계 고등학교도 1,200여 개 정도 있습니다. 고등학교 한 학년에 보통 10여 개의 학급이 있다면 반에서 1등인 아이는 12,000 명으로 계산할 수 있겠군요. 반에서 1~3등, 그러니까 전교 1~30등 수준의 아이는 총 3만여 명입니다. 고3 때 3만 명 안에 들려면 초등학교 6학년일 때에 전교 5등 이내에 들어야 합니다. 아이가 고3이 될 무렵에는 전국에 약

60만 명의 아이들이 동급생으로 있을 테니 5퍼센트쯤 되는 아이들이 상위권이네요. 그럼 부모님들이 보내고 싶어 하는 좋은 대학의 신입생 수는 얼마나 될까요? 서울대, 연세대, 고려대 같은 학교 말입니다. 이들 학교에서 수용 가능한 학생 수는 상위권인 3만여 명에 못 미칩니다. 결국 고등학교에서 반에서 1등을 하더라도 무조건 갈 수는 없다는 뜻입니다. 명문대 합격이 얼마나 힘든지 알 수 있는 통계지요. 아이들은 이 통계를 대부분 알고 있어요.

초등학교 때 아이가 공부를 곧잘 하면 부모님들은 아이가 명문 대학을 갈 거라고 생각합니다. 그래서 제법 높은 목표를 잡고, 심지어 조금만 시키면 서울대도 우습다고 생각하지요. 그러면서 뿌듯해하지요. 어쩌면 이때까지가 부모로선 가장 행복한 시기인지 모릅니다. 아이가 고3이 되고 수시 전형을 준비할 때가 되면 우리나라에 공부 잘하는 학생들이 얼마나 많은 지를 알게 되거든요. 이렇게 입시를 치른 엄마들은 '우리나라에 이름을 처음 들어본 대학교가 그렇게 많은 줄 이번에 알았다'고 토로합니다. 어머님은 아이가 중상위권이라고 하셨습니다. 어떤 대학을 가게 될지 짐작되실 겁니다. 아이가 고3까지 현재의 중상위권을 잘 유지해도 설명해드린 것처럼 서울 소재 대학은 힘듭니다. 수도권 대학 또한 선택의 여지가 많지 않습니다. 지금부터 죽어라 공부시켜서 5퍼센트 안에 들어가면 될거라 생각하시는데 제가 너무 슬픈 답을 드리는군요.

학원에 다니며 열심히 하면 상위권이 될 수 있을까요?

어렵습니다. 잔인한 답이지만, 그런 예가 없어요. 당장 맡겨만 주면 몇 개월 안에 상위권에 올려놓겠다는 사교육 전문가들이 많지요? 엄마의 희망을 볼모로 돈을 요구하는 사람을 믿지 마세요. 그들도 그게 불가능한 걸 잘 압니다. 결국 돈만 쓰게 되고, 기대에 못 미치는 결과에 아이를 미워하게 됩니다. 공부는 마라톤과 같습니다. 6학년이면 전체 12년 중 절반을 이미 달려온 셈이지요. 아이가 나머지 6년을 위한 힘을 비축해뒀나요? 아니면 그동안 전속력으로 달려와 힘이 빠지기 시작했나요? 왠지 후자일 것 같아 보입니다. 그것도 어머님이 앞에서 끌고 뒤에서 민 결과입니다. 초등학교는 마라톤 구간에서도 평지에 해당합니다. 아이는 앞으로 중·고등학교라는 오르막 구간을 달려야 하는데, 남은 힘이 별로 없으니 속도가 더 늦어지겠지요? 물론 다른 아이들도 비슷한 상황이니 더 떨어지지는 않겠지만, 극적으로 올라갈 수도 없어요. 성적이 오르려면 지금까지 해왔던 것보다 훨씬 더 많이 공부해야 하는데 아이는 지금 그럴 상황이 아닙니다. 마라톤을 싫어하는 아이라면 마라톤 대신 좋아하는 걸 찾아줘야 하고 페이스 조절이 문제라면 코치가 전략을 바꿔야 합니다.

과외는 싫고 학원에 가겠다고 합니다.

아이들은 왜 자기가 학원에 가야 하는지, 학원과 과외에 각각 어떤 장단점이 있는지를 압니다. 다만 공부가 싫은 거지요. 아이들에게 학원이냐 과외냐가 아니라 왜 학습을 보충해야 하는지를 설명하는 게 먼저입니다. 아이들은 학원을 학교의 연장으로 생각합니다. 좋아하는

표를 받으셨다면, 아이가 아버님의 생각보다 더 심각한 상태일까 봐 걱정입니다. 서운한 마음은 잠시 접고, 지금부터라도 아이를 좋은 쪽으로 성장시키는 일에만 집중해보시면 어떨까요? 아이가 어려서 가능성은 충분하니까요. 그게 담임이 진짜 하고 싶었던 말인지도 모릅니다. 솔직히 같은 교사 입장에서 보면, 그 담임선생님은 저보다 훨씬 훌륭하신 분입니다. 부모님께 좋은 소리 못 들을 걸 각오하고 아이의 현재 상황을 사실대로 알렸으니까요. 그러려면 아이에 대한 관찰과 생각을 훨씬 더 많이 해야 합니다. 아이에 대한 애정 없이는 불가능합니다.

혹시 아이가 학교에서 좋은 평가를 받지 못한 것이 아버님의 책임이라고 느끼십니까? 통지표 내용을 받아들여야 하는 현실이 불편하신 것 같아서요. 혹시 그렇다면 이 말씀을 드리고 싶습니다. 교사의 적나라한 평가와 학부모님의 불편한 감정 모두 내 소중한 아이에 의해 생겨난다는 것을요. 일단 담임의 조언을 바탕으로 교육을 시작해 보십시오.

담임이 먼저 그런 식으로 통지표를 보내오셨다면, 이제는 학부모님께서 담임을 만나 자세한 설명을 들으실 차례입니다. 담임 또한 마음이 편치 않을 겁니다. 자기가 한 학기 내내 가르친 아이에 대해 부정적인 내용을 쓰고 편안할 담임은 없거든요. 가정에서 어떻게 도와주시면 되는지도 알고 있을 겁니다. 아무래도 아이들 가르치는 게 전공인 교사가 그런 정보는 더 많이 갖고 있겠지요? 가정에서 아이에게 적용할 수 있는 생활 규칙이나 도움 되는 책들, 교우 관계 향상을 위한 상담 방안도요. 담임 또한 상담을 하고 나면 아이를 더 신경 써서 지도하게 됩니다. 결국 아이에게 좋은 일입니다. 담임과 아이에 대해 깊은 내용까지 공유할 수 있는 좋은 기회입니다. 항상 강조하는 거지만, 학부모-담임의 유대가 깊고 상담이 잦을수록 아이의 성장에 이롭습니다.

담임선생님이 우리 아이를 미워해요

Q. 6학년 여자아이를 키우는 워킹 싱글맘입니다. 담임선생님이 우리 아이를 미워하는 것 같아요. 선생님이 자꾸 트집을 잡으시는지 아이가 집에만 오면 학교에 가기 싫다고 투덜거립니다. 선생님 말씀을 잘 듣지 그랬냐고 하면, 담임선생님이 대놓고 차별하고 짜증나게 말해서 이젠 더 이상 굽신거리고 싶지 않대요. 직장 생활을 하다 보니 아이를 맡겨 놓고도 학교에 거의 가지 못합니다. 제가 교육에 신경을 많이 못 써서 그런지 아이가 학업이 좀 부족하거든요. 그래도 예의 바르고 밝은 아이라고 생각했는데 선생님은 다르게 보셨나 봐요. 학기 초에 딱 한 번 상담하러 갔는데, 아이가 선생님 말에 고분고분하지 않고, 보스 기질이 강해서 아이들을 선동해 문제를 일으킨다는 말씀을 하시더라고요. 가정에서 엄마가 신경 좀 써야겠다는 충고만 듣다 왔네요. 모처럼 상담 가서 지적만 받으니 속이 상했습니다.

얼마 전에 아이에게 좀 짧은 반바지를 사줬는데 그걸 학교에 입고 갔다가 선생님에게 혼났다고 불평합니다. 옷이 좀 야하다는 게 이유

였대요. 제가 보기엔 보통 여자애들이 입는 수준의 스키니 반바지인데, 선생님이 제 아이를 찍어서 미워하시는 것 같아요. 선생님께 전화를 드려서 솔직히 서운하다, 앞으로 잘 부탁드린다고 말씀드리며 전화를 끊었습니다. 그 뒤로 일이 생길 때마다 저에게 전화하셔서 아이한테 신경 쓰라는 말을 하시는데, 야단치셔도 뭐라 안 할 테니 알아서 마음껏 혼내시라고 웃으며 통화를 하긴 했지만… 이런 일이 잦으니 솔직히 좀 힘들어요. 결국엔 아이에게 화를 내게 되어 아이는 담임선생님을 더 싫어하게 된 것 같아요. 또 학교에서 받은 스트레스 때문인지 세 살 어린 여동생을 들볶네요. 상담을 가긴 가야겠는데, 어찌해야 할지 모르겠습니다.

A. 어머님과 비슷한 고민을 꽤 들었습니다. 담임과 불편한 학부모님이 많은 것 같습니다. 그럴 때마다 담임과의 관계는 직접 찾아가 대화하시라고 답을 드리면서, 찾아가시기 곤란하면 이러이러한 문자라도 보내보시라고 예문을 써드리기도 했습니다. 시간이 좀 지나 담임과 잘 해결되셨냐고 물어보면 답보 상태인 경우가 많더라고요. 우리 사회에서 학부모와 담임의 관계가 참 이상한 관계라 그렇습니다. 갑, 을로 나뉘는 비즈니스 관계도 아니고 그렇다고 갑, 을이 전혀 아닌 관계도 아니라 참 거시기합니다. 어떤 학부모는 담임에게 무조건 굽히시는가 하면, 또 어떤 학부모는 담임을 윽박지릅니다. 저도 사실은 아이들 가르치는 일보다 학부모와의 관계가 더 힘듭니다. 아이들이야 어리

니 제가 하기에 따라 삐쳤다가도 금방 헤헤 웃지만, 학부모는 한번 나쁜 인상을 받으면 학년이 끝날 때까지 잘 안 풀리더라고요.

집에서 아이를 키우다 보면 전문가의 도움이 필요한 상황을 만나지요? 학교에서 아이를 가르치는 담임도 학부모의 협조가 필요한 상황이 있습니다. 학부모와 담임이 서로 소통만 잘하면 문제가 없는데, 쉽지 않아요. 저도 때로는 학부모 민원에 시달립니다. 그 일을 신경 쓰느라 수업할 정신이 없는 날도 있어요. 저의 어떤 말투나 태도 하나 때문에 나쁜 소문이 나기도 하고 더 나아가 원색적인 비난을 듣기도 합니다. 그런 일이 생길 때마다 교사란 아이들 가르치는 선생이기 이전에 학부모를 상대하는 사람이라는 걸 깨닫습니다. 항상 조심하는데도 학부모와의 갈등은 끊이지 않더군요. 저는 아이들끼리 다툴 때 일방적으로 해결하지 않고 아이들의 자정 능력을 유도하는 시간을 갖는 편이에요. 이걸 두고 어떤 학부모는 '아이들에게 해결 능력을 주는 교사'라고 칭찬하지만, 또 어떤 학부모는 '아이들에게 떠넘기고 내버려두는 복지부동 교사'라고 비난합니다. 아침 시간에 글쓰기를 가르치는 경우가 많았는데요, '사고력을 키워주는 교사'라는 말도, '아이들 성적에 더 신경 쓰라'는 말도 들었습니다. 초보 교사일 때는 이런 말을 듣고, 다 그만 두고 산 속에 들어가 숨어 살고 싶다는 생각도 했습니다. 그런데 저도 아이를 키우다 보니 학부모들이 그럴 만도 하다는 생각이 들더군요. 내 아이가 친구들에게 괴롭힘을 당하는 쪽이라면, 담임이 즉시 아이를 보호하고 가해 아이를 혼내주길 바라는 건 당연합니다. 또 공부가 걱정된다면, 글쓰기 대신 수학을 더 가르치길 바라겠지요. 내 아이가 어느 상황에 있느냐에 따라 부모의 기대와 요구는 다를 수밖에 없습니다.

교실에는 다양한 아이들이 있습니다. 아이들은 끝없이 싸우고 학부모는 담임에게 끝없이 요구합니다. 아이들의 갈등을 조절하는 건 그리 어렵지 않은데 그 갈등의 연장선상에 있는 학부모 사이를 조정하는 건 힘들더군요. 제가 이 정도였으니 학부모 입장에선 담임인 제가 얼마나 힘드실까요? 담임-학부모 갈등은 잦은데다 갈등의 성격도 워낙 다양해서 표준화시키기도 어렵습니다. 담임도 사람인지라 교사로서 아이들을 가르칠 때 인품의 한계를 느낍니다. 교사는 사회적으로 높은 도덕성을 요구받기는 하지만, 결국 생겨먹은 대로 자기 일을 하게 됩니다.

담임선생님의 의도가 어떠했든 제자가 주눅 들면 안 되죠. 심지어 아이는 그걸 차별이라고까지 느끼고 교사의 훈육을 억울해하고 있네요. 담임이 헛수고한 거죠. 이런 담임이 평소 교실에서 어떻게 할지 상상이 갑니다. 공부를 많이 강조하시겠지요. 공부 열심히 하는 아이, 옷차림이 조신한 아이는 칭찬할 거고 그 반대의 아이에게는 잔소리를 하실 겁니다. 6학년은 잔소리 몇 번에 행동과 생각을 바꿀 나이가 아닌데도 말이죠.

사실 저도 비슷합니다. 아이들을 불러 잔소리를 하지요. 잘하는 아이는 더 잘하라고 잔소리, 못하는 아이는 보다 더 열심히 하라고 잔소리, 실내화 꺾어 신지 말라고 잔소리, 복도에서 뛰지 말라고 잔소리, 급식 깨끗하게 먹으라고 잔소리, 잔소리… 제 반 아이들도 이런 잔소리를 듣기 싫어합니다. 보통 학년 말이면 저에 대한 설문지를 만들곤 하는데요, 그중엔 선생님이 상처 준 말이나 행동이 있으면 써 달라는 항목도 있습니다. 아이들은 기다렸다는 듯 써 내려가지요. 저는 이걸 아이들 앞에서 하나씩 읽습니다. 미안한 표정으로요. 그러면 아이들은 통쾌해하지요. 실은 그게 목적입니다. 읽은 다음에는 미안하다, 선생님이 잘못했다, 사과를 하고 아이들에게 간식을 쏘는데요(아, 제 돈으로 쏘는 게 아니라 학교마다 학급 운영비라고 해서 담임이 집행하는 10만 원 내외의 예산이 있답니다), 한 해 동안 까다로운 담임 비위 맞추느라 애썼으니 사과하고 간식도 먹으면서 서로 화해하자, 이런 취지입니다. 선생님에게 상처받은 적 없다고 쓰는 아이도 드물게 있지만 대부분의 아이들은 꽤 여러 개를 씁니다. 그중에는 저를 부끄럽게 만드는 말도 많았습니다. 더 민망한 건 제가 했다는 말을 저는 대부분 기억도 못 한다는 겁니다. 어머님의 아이뿐 아니라 대부분 아이들이 이런 이유로 담임과 불화합니다. 하지만 여기서 말씀드리고 싶은 것이 있습니다. 아이 담임의 교육철학 말입니다. 담임교사는 학생들의 생활지도, 학업이 중요하다고 생각하고 공부 열심히 하는 아이, 어린이다운 인성을 갖춘 아이로 키우고 싶어 하는 걸 알 수 있습니다. 6학년이면 공부가 제법 어려워집니다. 더구나 학습 양도 많아지지요. 40분의 수업 시간 동안 집중해야 수업을 따라갈 수 있습니다. 공부를 잘하는 아이라면 별문제가 없지만, 어머님의 아이처럼 공부를 싫어하는 아이에게 이 시간은 괴롭겠지요? 교사는 아이들을 수업에 집중시켜야 합니다. 그러자니 수업 시간 내내 수업하랴 집중 안 하는 아이에게 잔소리하랴 정신이 없습니다. 초등학교에서 어떻게든 기초 학습 능력을 만들어놔야 중학교에 가서 학업 부진을 피할 수 있으니까요. 그런데 이 과정이 쉽지 않아요. 예전엔 이럴 때 회초리를 동원했다지요? 지금 교사가 동원할 수 있는 수단은 '말'뿐입니다. 아이들은 교사의 '말(잔소리)'을 회초리만큼 비중 있게 듣지 않습니다. 책을 펴고 칠판을 보라고 해도 아이가 거부하고 딴짓을 하면 대책이 없어요. 혼자 놀면 그나마 다행인데, 주변 아이들에게 말을 걸어 함께 떠듭니다. 결국 아이를 야단치게 되는데 야단치는 방법도 제한적입니다. 그러지 말라고 '말'하는 수준이지요. 학생의 인권과 교사의 수업권이 애매하게 겹쳐지는 요즘, 교사는 고민이 많습니다. 제 경우 수업 태도가 나쁜 아이는 오후에 남아 그 시간에 배운 내용을 요약하게 합니다. 하지만 아이가 "싫어요" 하고 가버리면 끝입니다. 이런 아이가 정말 있냐고 묻는 분들이 있는데 한 교실에 2~3명 있다면 믿으실까요? 이렇다 보니 조금만 이끌어주면 공부를 잘할 것 같은 아이들도 분위기에 휩쓸려 공부를 안 합니다. 교사가 조금만 엄격하면 이런 아이들을 공부로 이끌 수 있을 것 같은데 말이지요.

여러 아이들을 대하다 보니 아이들에게 본의 아니게 이런저런 상처를 주게 됩니다. 특정 아이 들으라고 하는 말이 다른 아이에게는 지적이 되거든요. 잔소리 한두 번이면 될 것 같은 아이 들으라고 공부를 강조했는데, 공부가 싫고 통제받기 싫어하는 아이에겐 지적으로 들립니다. 그래도 교사는 아이들에게 하루 종일 이래라저래라 잔소리를 해야 합니다. 혹시 어머님의 아이는 공부가 싫고 통제를 참지 못하는 아이가 아닐까요? 지금 교사는 아이를 잘 가르쳐보려고 하는데 정작 아이가 선생님의 말을 무조건 싫어하는 거라면 앞으로도 걱정이잖아요.

이런 학생은 교실마다 서너 명은 있고 저도 해마다 만납니다만, 가르치기가 쉽지 않았습니다. 도와주려는 건데 무조건 싫다고 하잖아요. 아이들을 선동해서 하지 말라는 '날라리' 짓도 하고요. 어머님이라면 이 아이를 어떻게 가르치겠습니까? 잔소리를 해서라도 어떻게든 아이가 공부를 해보게 만드시겠죠? 스스로 알아서 정신 차리는 아이는 세상에 없거든요. 이제 겨우 6학년인데 이러면, 앞으로 어떻게 감당하시려고요? 제 생각에 지금 어머님이 걱정하실 일은 담임의 처사보다 딸아이의 성장입니다. 담임은 내년에 바뀌면 그만이지만 아이는 평생 학부모님 부담이잖아요.

아이는 딱 부러지는 성격입니다. 고집이 세거나 내키는 대로 하는 아이는 매사에 기준이 명확한 편으로 좋고 싫은 게 분명합니다. 그래서 대인 관계에 문제가 있기도 하지만, 대신 어떤 친구들에게는 리더십을 발휘합니다. 아이가 친구들을 선동하는 건 리더십의 증거이기도 합니다. 아이의 성격이 강한 것이 걱정이시겠지만, 한번 하면 끝까지

하는 인내를 지녔다는 말도 됩니다. 아이의 욱하는 성질(분노 조절, 감정 표현)만 다스리면 리더십은 더 두드러질 겁니다. 아이가 리더십이 있다는 건 친구들의 마음을 이끄는 카리스마가 있다는 의미입니다. 그리고 주변 친구들의 요구를 잘 파악하고 있다는 걸 의미합니다. 즉, 머리가 좋다는 뜻이지요. 이런 아이가 어른이 되어 사업을 하면 성공할 가능성이 높고 직장에서도 앞섭니다. 리더십은 어느 상황에서도 항상 그 사람을 빛나게 하거든요. 제 경험상, 이런 아이는 공부를 아주 잘하는 아이만큼이나 드뭅니다. 훌륭한 재목입니다.

친구들을 이끌고 다니면서 교사에게 반항하는 아이들은 대체로 인정 욕구가 강합니다. 인정받고 싶어서 그러는 거지요. 6학년이면 소위 '일진'이 권장되지 않는 행동이라는 걸 압니다. 학교 폭력에 대한 교육을 받았을 테니까요. 또 부모님이나 선생님에게 반항하면 안 되는 것도 알아요. 그런데도 계속하는 속내는 관심을 끌고 싶은 겁니다. 아이가 엄마에게 담임 불평을 계속하는 것도 마찬가지입니다. 담임에 대해 불평하면서 왜 엄마가 담임선생님께 항의하는 건 반대할까요? 그건 아이가 진심으로 원하는 게 아니기 때문입니다. 아이에게 담임과의 문제는 크게 중요하지 않은지도 모릅니다. 담임선생님이 자기를 괴롭히는(아이들 표현대로 '쪼는') 건 싫지만, 자기도 잘하고 있는 건 아니니까 야단맞을 만하다고 생각하는 겁니다. 비슷한 일로 아이들과 상담해보면 대부분이 선생님이 그러실 수밖에 없겠다고 인정하더라고요. 동생을 쥐 잡듯 들볶는 행동도 마찬가지입니다. 자기가 동생을 괴롭히면 엄마가 제일 먼저 관심을 가지는 걸 압니다. 문제는 죄 없는 동생입니다. 3학년이면 자의식이 생기는 나이입니다. 자의식은 언니와의 공포 분위기에서는 잘 안 만들어져요. 굴종과 비굴감만 자랍니다. 3학년 때 건전한 자의식을 못 만들면 다른 친구들에게 당당해지지 못하고 뒤로 빠지거나 겉돕니다. 우울감과 패배감에 휩싸일 수도 있어요. 엄마는 바빠서 무관심하지, 언니는 자기를 못살게 굴지… 이 상태로는 동생도 잘 성장하기 힘들어요. 그나마 언니는 화풀이라도 하는데, 자기는 오로지 괴롭힘만 당하잖아요.

지금 아이 마음속에는 엄마로부터 충분히 받고 싶었던 사랑의 공허가 있어요. 그래서 동생을 괴롭히는 걸로 엄마에게 신호를 더 강하게 보내고 있는지 모릅니다. 그런데 엄마는 그때그때 담임에게 전화해서 항의하는 걸로 아이의 진짜 신호를 비껴나가고 있습니다. 아이는 엄마와 자기의 학교생활에 대해 이야기하고 싶어 하는데 엄마는 아이의 공허한 마음속으로 들어가려 하지 않고 있어요. 전 이쯤에서 어머님께 묻고 싶습니다.

최근에 아이와 속내가 담긴 대화를 나눈 적이 있습니까?

제 생각엔 별로 없으실 것 같아요. 어릴 땐 먹이고 입히고 안아주면 되지만 6학년 정도 되면 아이의 정신세계 속으로 엄마가 들어가야 합니다. 아이가 원하는 옷을 사주고, 담임과 상담은 하지만, 정작 아이가 왜 학교에서 저리 부대끼는지는 모르시지요? 그걸 알려면 평소에 아이와 속 깊은 대화를 해야 합니다. 그 이전에 모녀가 충분히 가까운 사이여야 하고요. 그런데 어머님은 지금 그런 관계가 아닌 것 같아요.

뾰족한 성격으로 학교에서 문제를 일으키는 아이들은 대체로 부모와의 관계가 위태롭습니다. 부모에게 사랑으로 충분히 지지받지 못한 아이가 그 대안으로 부모 아닌 타인(친구들, 담임)의 관심을 얻고자 합니다. 문제는 아이가 아직 어려서 타인의 애정과 관심을 얻는 방법이 서툴다는 겁니다. 그래서 친구들을 힘으로 이끌고 다니는 거지요. 그 결과 보스 기질이 생긴 거고요. 친구들은 따님을 무서워하게 되었습니다. 근데 보스가 되고 나면 그 자리를 유지하는 게 꽤 힘들어요. 자기가 강하다는 걸 끝없이 확인시켜줘야 하거든요. 교실에서 강한 친구임을 확인시키려면 자기에게 도전하는 친구를 주먹이든 배짱으로든 눌러야 해요. 당연히 싸움이 많아지겠지요? 이런 아이들은 교실에서 교사에게 대드는 경우가 잦습니다. 교사를 무서워하지 않는다는 걸 친구들에게 과시해야 인정받으니까요.

"으이구, 이 녀석아. 혼날 일로 관심 끌지 말고 공부를 잘해서 칭찬을 받을 생각을 해야지!"

이런 조언은 효과가 없습니다. 아이 입장에선 공부를 잘하는 게 쉽지 않거든요. "넌 가능성이 없는 아이야"라고 말하는 꼴입니다. 지금이라도 공부를 당장 시작하면 못 할 거야 없지만, 6학년은 쉽지 않아요. 그래도 어머님 고민을 듣고 제 머릿속에 오래 남아 있는 좋은 느낌 하나는 아이의 인정 욕구입니다. 아이가 갖고 있는 인정 욕구를 성장 동력으로 전환하려면 아이를 인정해주고 지지해주어야 합니다. 그게 부모의 역할이지요. 인정 욕구라는 게 타인이 나의 장점을 알아주면 채워지는 거잖아요. 그러려면 아이에게 장점이 있어야 하고요. 지금 아이의 장점은 누가 가장 잘 알고 있을까요? 엄마와 담임교사지요. 공부로 보여주면 얼마나 좋겠습니까마는, 그건 너무 어렵지요. 그렇다 보니 불량한 척할 수밖에 없습니다. 이건 쉽게 효과가 나오거든요. 이런 아이들은 앞으로 어떤 모습으로 성장하게 될까요? 제 제자들의 경우 중 걱정스러운 예를 들어보겠습니다.

초등학교 고학년

- 우쭐대며 과장된 행동을 한다.
- 덩치로 밀어붙이거나 주먹을 써서 일진이 되려고 한다. 심하고 자극적인 욕을 한다.
- 또래 집단에 공포를 조성한다.
- 여학생은 노출이 심한 옷차림, 남학생은 불량스러운 옷차림을 한다.
- 교사나 부모에게 반항한다. 공공질서에 반하는 행동을 한다.
- 강한 아이를 의식하고 서열을 정하려 한다. 약한 아이들 위에 군림하고 강자에겐 복종한다.

중·고등학교

- 힘을 과시하는 범위가 학교를 벗어나 주변 학교로 확대된다.
- 흡연·음주·유흥·향락에 빠진다.
- 공포감을 조성해 무리를 이끌고 다닌다.
- 성범죄로 인한 문제가 발생한다.
- 학업에서 이탈한다.

사실 공부를 열심히 해서 만점을 받으려는 아이들의 인정 욕구도 원리는 같습니다. 다만 그 아이들은 반항 대신 공부라는 방법을 선택한 경우지요. 한 번 칭찬(관심)을 받으면 그 관심을 유지하고 싶어 하기 때문에 공부를 더 열심히 하게 됩니다(인정 욕구의 긍정적 발현). 지금이라도 자라온 방식의 방향을 틀어 좋은 쪽으로 이끌어주어야 합니다. 이걸 담임과 엄마가 짜고(?) 학교와 가정에서 동시에 해주면 참 좋겠지요. 그런데 지금 아이는 선생님 말은 안 들으려 하니 걱정입니다. 엄마 혼자서라도 앞으로는 어떤 방향으로 가면 좋을지 아이에게 설명해주세요.

"우리 예쁜 딸이 욕을 하는 걸 들었어. 사람이 욕을 하는 이유가 상대를 겁먹게 하려는 거잖아. 실제로 너에게 욕을 들은 친구는 겁을 먹기도 할 거야. 하지만 대부분 사람들은 속으로 이렇게 생각해. 아, 저 사람은 고상하고 멋진 말로 자기 내면을 표현할 능력이 안 되니까 성급하게 욕을 하나보다, 그래. 하나 더 있어. 욕하는 사람들은 어릴 때부터 습관이 된 사람들이잖아. 그 욕을 누구에게 배웠을까? 아이들은 부모에게 말을 배우잖아. 그럼 아이에게 욕을 가르친 그 부모는 자기감정을 고상한 말로 표현할 능력이 있었을까? 혹시 엄마가 그런 부모여서 우리 딸이 욕을 하나 싶어 마음이 아팠어."

또, 교사에게 심한 말을 듣고 반항하는 태도를 보일 때, 이렇게 말해보세요.

"아이고, 우리 딸한테 선생님이 그런 심한 말씀을 하시다니! 엄마가 다 속상하네. 우리 딸은 그렇게 나쁜 아이가 아닌데, 네 말을 듣고 보니 학교 가기 싫을 만하겠는걸. 그런데… 우리 딸이 요즘 친구들과 어울려 다니는 건 사실이지? 그 때문에 선생님이 걱정하실 일도 생겼잖아. 사실 엄마도 선생님과 같은 걱정을 하고 있어. 선생님께서 좀 심하게 말씀하시긴 했지만, 엄마도 우리 딸이 나쁜 길로 갈까 봐 걱정스러워. 그래도 우리 딸이 선생님께 실망한 부분에 대해서는 학교에 가서 선생님께 분명히 알려드릴 거야."

이런 과정이 반복되면 아이는 엄마와 학교생활을 더 깊이 공유하게 됩니다. 그렇게 대화를 하다보면 아이가 그동안 잘못된 행동을 했는지, 그래서 담임교사에게 미움을 받았는지, 아이는 나름 애를 쓰는 것 같은데 담임교사가 아이를 힘들게 하는 건지 느낌이 옵니다. 전자의 경우라면 앞으로 고쳐가면 되겠지요? 하지만 정말 담임교사가 아이를 미워한다는 느낌이 든다면? 가만히 계시면 안 되지요. 담임에게 어머님의 속상한 마음을 알리셔야 합니다. 내 아이에 대해 말씀하시는 선생님 말씀 중 어느 부분은 사실이며, 앞으로 그 부분을 고치기 위해 노력하겠지만, 어느 부분은 선생님이 오해하셨다. 그러니 다시 파악해보시고 태도를 바꿔주시라는 내용으로 상담을 하셔야 합니다. 이런 학부모님의 진지한 요구를 묵살하는 교사는 없을 겁니다. 또 막상 교사 입장에서는 이렇게 분명한 태도의 학부모가 편하고 고맙습니다.

제 경우 아이가 문제 행동을 보이면 처음 몇 번은 아이와 상담합니다. 문제가 뭐고, 이게 습관으로 굳어지면 앞으로 어떤 문제점이 생길지, 그 문제가 장기적으로 네 삶에 어떤 영향을 줄지를 설명해주는 거지요. 예를 들어 친구와 다툼이 잦은 아이에게는 이렇게 말합니다.

"네가 요즘 친구들과 다툼이 많더구나. 네가 양보를 잘 안 하고 규칙을 안 지킨다고 친구들이 화가 났어. 친구들 말로는 네 승부욕이 너무 강하대. 그래서 앞으로 너랑 놀기 싫다더라. 승부욕은 널 발전시키기도 하지만 그게 심하면 너와 주변 사람들이 모두 힘들어져. 넌 항상 이기고 싶지? 그래서 반칙을 했지. 그러면 친구들이 너와 어떤 놀이든 같이 하기 싫어진단다. 앞으로는 점점 너를 놀이에 안 끼워주려 할 거야. 결국 넌 친구가 없어져. 그러면 너는 친구들이 미워질 거야. 그러면 또 싸움이 생겨. 네가 계속 친구들과 잘 어울리지 못하면 나중에 어른이 되었을 때 사회생활이 힘들 수도 있어. 넌 이 자리에서 결정해야 해. 계속 이대로 친구 없이 홀로 자라서 불행한 어른으로 살지, 지금부터 조금씩 고쳐서 친구들과 어울리면서 즐겁게 학교를 다닐지."

이런 말을 들으면 아이가 바뀔까요? 그런 아이라면 이 지경까지 안 왔겠지요. 그래서 이 말을 일 년 내내 지겹도록 반복합니다. 어떤 학부모는 아이를 그냥 내버려 두라고 요구합니다. 아이와 담임이 궁합이 안 맞는 것 같으니 아이를 건드리지 말라는 거지요. 그런데 이것도 쉽지 않은 게, 그 아이가 친구 관계를 퇴행시키고 수업 분위기를 망가뜨리거든요. 아이들과 싸우고 공부 자체를 가볍게 여기는 분위기를 조성합니다. 다른 아이들이 금세 따라 해요. 아이들을 성장시켜야 하는 교사는 가만히 있을 수 없죠. 학부모들 또한 가만 있지 않습니다. 결국 담임은 이 아이의 부모와 다른 학부모 사이에 끼입니다. 교사의 숙명이지요.

담임을 만나러 가기 전에, 아이 말을 끊지 마시고 인내심을 갖고 끝까지 들어보세요. 아이가 어떤 부분을 감추는 것 같으면 조심스럽게 그 부분을 물어보세요. 아이가 속 시원하게 얘기할 때까지 묻고 또 묻고 함께 공감하세요. 처음엔 쉽지 않을지도 몰라요. 하지만 꼭 하셔야 해요. 아이가 말하면서 눈물을 흘리더라도 놀라지 마세요. 뭐, 6학년 아이들은 툭하면 눈물이니까요. 반대로 아이의 말을 듣다 보면 엄마가 눈물이 날지도 몰라요. 눈물이 나면 참지 마세요. 세상에서 가장 값진 눈물인걸요. 아이도 엄마도 저절로 표정이 밝아질 겁니다. 엄마도 엄마가 처음이라 어떻게 너를 키워야 할지 몰랐다고, 내 친김에 워킹 싱글맘으로 아이를 키우는 동안 겪었던 힘든 일이나 두려움에 대해 말하셔도 됩니다. 6학년이면 엄마 삶을 자기 삶과 동일시할 줄 알아요. 엄마의 눈물을 아이는 자기 눈물이라고 생각할 겁니다. 엄마를 사랑하는 아이만의 방법인 거지요. 아마 대화 이후로 아이는 엄마를 더 사랑하고 아끼게 될걸요. 제가 장담합니다. 자식 키우는 시간은 참 빨리 흘러요. 시집가면 그나마 딸아이와 이런 시간을 보낼 수도 없잖아요. 이번에 꼭 해보세요. 그리고 담임선생님을 찾아가세요. 만나서 아이의 고충을 전달하세요. 두리뭉실, 포괄적으로 이야기하시면 안 돼요. 구체적으로 말씀하세요.

아이가 선생님 때문에 학교에 가기 싫다고 투덜거린다. 자기를 차별한다고 생각하고 있다. 스키니 반바지 건으로 야단맞은 것에 대해 억울해하고 있다. 선생님 말투가 무섭다고 하니 아이에 훈육하실 때에는 말투와 억양을 부드럽게 해주시면 감사하겠다.

그동안 아이가 엄마에게 한 이야기들이 꽤 있을 겁니다. 하나도 빠짐없이 모두 이야기하세요. 막상 담임을 만나면 어려워서, 또는 담임 표정을 보니 도저히 입이 안 떨어져서 말 못 하겠다 싶을 수도 있어요(실제로 많이들 말문이 막힌대요). 그럴 때를 대비해서 메모하세요. 그래도 주저되시면 선생님께 미리 방문 이유를 문자로 보내세요. '선생님께서 제 아이를 잘 가르쳐보시려고 애쓰시는 걸 잘 압니다만, 엄마로서 꼭 드릴 말씀이 있다… 언짢으시더라도 들어주시면 좋겠다', 이렇게요. 돌려 말씀하시면 담임은 혼란스럽습니다. 듣기 불편해도 서로 분명한 게 좋아요. 학부모가 갑자기 찾아와 이런 말을 꺼내 선생님이 기분 나빠하시면 어떡하냐고요? 기분 나쁘면 자기도 얘기하겠지요, 뭐. 양쪽이 치열하게 대화하는 게 한 쪽만 말하는 상황보다 나아요. 담임은 학부모님의 솔직하고 진지한 말씀에 생각이 많아질 겁니다. 지금까지 교사로서의 생활을 돌아볼 거고요. 만약 상담 과정에서 선생님과 회복하기 힘들 만큼 관계가 나빠졌다면, 학교장이나 지역 교육청의 도움을 구하는 방법이 있습니다. 담임과 서로 의견이 달라 소통의 어려움을 겪고 있으니 중재해달라고 하면 나서줍니다(가끔 그런 사례가 있어요).

담임과 대화하시면 아이가 평소 엄마에게 말하지 않은 내용도 듣게 됩니다. 엄마에게 혼날 얘기를 먼저 하지는 않거든요. 엄마가 몰랐던 아이의 문제 행동에 놀라실 수도 있어요. 그런 일이 없기를 바랍니다만, 마음의 준비는 하세요. 보통 담임이 학부모와 상담을 하면 아이에게 주고받은 내용을 알려줍니다(비밀이 아니라면요).

"선생님이 어제 네 엄마를 만났어. 엄마 말씀을 듣고 네가 선생님 때문에 힘들어한다는 걸 알았어. 선생님은 네가 힘들어한다는 걸 미처 몰랐어. 미안해. 선생님이 그동안 너에게 그런 말을 한 까닭을 솔직히 말하자면…"

아이에게 어떤 일이 생기면 담임은 부모님에게 연락을 합니다. 부모님은 아이를 앉혀 놓고 설득이든 야단이든 하겠지요? 부모님이 그 결과를 담임에게 알리면 담임은 다시 아이와 대화합니다. 반대로 학부모가 교사에게 연락할 때도 마찬가지의 과정을 거쳐야 합니다. 이 과정이 원만하게 진행되어야 교육 효과가 높아요. 중간에 어느 한 가지라도 어그러지면 교사나 부모 중 어느 한쪽은 허탈해집니다. 뭐, 교사나 부모는 아무래도 상관없습니다. 문제는 아이에게 남은 상처입니다. 아이의 문제를 적나라하게 벌려놓기만 하고 애정과 관심으로 봉합하지는 않았으니까요. 이번 상담을 계기로 어머님의 아이에게 있을지도 모르는 상처가 치유되면 좋겠습니다. 언제나 그러셨듯 항상 아이 편에서 가장 강력한 지지자가 되어주세요.

특수학급에 보내야 하나요?

Q. 3학년 여자아이와 7살 남자아이를 키우고 있습니다. 학기 초 상담을 갔다가 담임으로부터 특수학급 안내를 받고 혼란스러워 여쭙습니다. 제 아이는 공부가 좀 늦은 편이지만 1, 2학년을 별 탈 없이 다녔습니다. 사회성도 문제가 없고요. 담임선생님도 조심스럽게 말씀하시는 것 같긴 한데 저는 조금도 생각을 못했던 터라 충격이었습니다. 제가 동의하면 검사를 받아볼 수 있게 주선하겠다고 하시더군요. 1, 2학년 담임선생님은 특수학급에 대한 이야기를 안 하셨는데 어떻게 3학년 되어 갑자기 나빠진다는 건지… 선생님이 제 아이를 좀 부정적으로 보시는 것 같아서 서운합니다. 하지만 나름대로 생각을 해서 말씀하셨을 테니 무시하기도 그렇고 고민입니다. 혹시 특수학급 입급에 기준이 있나요? 아이는 세 살 아래 동생보다 정리 정돈을 잘 못하고 자존감이 낮습니다. 시비가 생기면 다투다 동생한테 져서 울어요. 동생을 시샘해서 다툴 때는 제가 중간에 서기가 어려울 때가 종종 있습니다. 글은 어느 정도 읽는데, 일기 쓴 걸 보면 알아보기 힘

든 경우가 있습니다. 입학 전부터 좀 늦어서 유예를 시킬까 고민도 했었는데 금방 나아질 것 같아 그냥 입학시킨 게 잘못이었을까요ㅠㅠ. 그래도 엄마 아빠 말 잘 듣고 동생도 잘 돌보고 착한 딸인데 특수학급 말을 들으니 속상합니다. 공부가 조금 늦더라도 아이들과 같이 어울리며 크면 되잖아요. 담임선생님이 우리 아이가 귀찮아서 특수학급에 보내려는 건 아닌가 하는 생각까지 듭니다. 꼭 특수학급에 넣어야 할까요? 또, 특수교육을 받으면 지금보다 더 나아질까요?

A. 부모라면 특수학급을 편히 받아들일 수 없겠지요. 마음은 몹시 아프시겠지만 권유를 받으셨다면 못 이기는 척 따라가 보시는 게 어떨까요? 너무 확대해석은 마세요. 아이에게 내색도 마시고요. 혹시 아이의 부족함이 자신의 책임이라고 생각하시나요? 학부모님이 무슨 잘못을 했습니까? 학부모님은 당당히 교육을 요구할 권리가 있습니다. 아이는 배울 권리가 있어요. 그러니 담임이든 누구든 전문가가 달려들어야 합니다. 학교가 특수교사를 선발해서 학교에 배치한 이유가 그것입니다.

귀찮아서 특수학급에 보내려는 건 아닌가 하는 마음까지 듭니다.

아닐 겁니다. 아이를 특수학급에 입급시키면 통합 학급 담임의 일은 많아집니다. 각종 검사 및 서류 작업도 해야 하고 아이가 특수학급에 가고 오는 걸 항상 챙겨야 합니다. 입급 절차도 복잡합니다. 먼저 교육청 심사를 받아야 하는데 등록에 시간이 꽤 걸립니다. 특수학급 교육이 시작되면 그 아이만을 위한 개별화 교육계획도 짜야합니다. 교육하면서 아이의 성장을 확인하고, 또 잘 안되면 계획을 다시 짜는 일까지… 여러모로 힘듭니다.

특수학급은 정서나 학습 능력 면에서 부족한 아이들이 가는 건데 내 아이가 그 정도인가 하는 마음이 드시지요? 좀 늦되긴 하지만 특수학급 갈 정도는 아니라고요. 부모님들이 이런 생각을 하는 건 부모님이 학교를 다니던 때를 기준으로 비교하기 때문입니다. 그때는 정도가 심한 아이들만 특수학급에 있었지요. 요즘 특수학급은 그렇지 않습니다. 또래 아이들에 비해 조금 더 쉬운 기초 내용을 개별로 지도했을 때 성장 가능성이 높은 아이도 특수교육 대상자입니다. 아이가 특수교육을 받아야 될지 일반 학급에서 공부해도 될지를 더 정확하게 판단할 사람이 누군지를 생각해보십시오. 교사들은 그런 걸 판단하는 훈련을 오랫동안 해왔거든요. 특수학급을 권할 정도면 상당한 이유가 있을 겁니다. 특수교육을 통해 공부가 나아질 수 있다면 어서 그 기회를 주는 게 좋다고 생각합니다.

1, 2학년 담임선생님은 특수학급에 대한 이야기를 안 하셨거든요.

제 생각에는, 1, 2학년 담임이 특수학급을 연상케 하는 표현을 했을 것 같습니다. 그렇다면 1, 2학년 담임은 왜 직접적으로 권하지 않았을까요? 이유가 있습니다. 1, 2학년은 적응과 사회성 위주의 학습이라 공부라고 할 만한 걸 아직 배우지 않거든요. 1, 2학년 교과는 주로 아이의 주변(나, 친구, 가족, 이웃)이 중심입니다. 아이가 말만 어느 정도 하면 학습에 큰 지장이 없습니다. 하지만 3학년부터는 학습이 논리와 탐구 위주로 바뀌면서 학습량이 늘고 내용도 어려워집니다. 연산·측정이 어려워지고, 글을 읽고 글쓴이의 의도 파악하기, 등장인물의 성격 파악하기, 맞춤법 등 교과가 정교해집니다. 이런 공부를 하기에 아이의 지적 수준이 충분하지 않다면 담임 의견대로 전문가의 도움이 필요합니다. 지금 3학년 담임이 그냥 가르치면 안 되냐는 생각을 하시는 거죠? 이런 학부모님을 자주 만나거든요. 물론 불가능한 건 아니지만, 교실에 그냥 앉아만 있는 아이에겐 시간 낭비입니다. 그 시간에 아이의 이해 수준에 맞게 따로 가르치는 게 더 이롭지요. 그래서 특수교육을 권합니다. 예를 들어 어떤 아이가 지능, 정서, 사회성 등 모든 게 정상이고 심지어 수 개념은 뛰어나기까지 한데, 문자 해득만 유난히 늦는다고 가정해볼게요. 이런 아이가 있을까 싶지요? 근데 있어요('난독증'을 검색해보세요). 아이가 이해할 수 있는 방법으로 누군가가 따로 글자를 가르쳐주면 좋겠지요? 이런 교육도 특수교육입니다. 그러니 너무 부정적으로만 보지 마세요. 특수학급이든 일반 학급이든 모든 교육은 내 아이를 위해 존재합니다.

일반 학급에서 학습에 어려움을 겪고 있다면 개별화 교육이 필요합니다. 개별화 교육은 아이의 학습 능력을 파악해서 그 아이에게 맞게 재구성한 교육계획(IEP)을 말합니다. 그 아이만을 위한 맞춤 교육이니 교실의 평범한 수업과는 다르지요. 입학하고 나서 바로 특수학급으로 배정되는 게 아니라(학습 능력이 현저하게 차이 나는 경우 입학과 동시에 특수학급에 입급하기도 합니다) 아이의 학교생활 상황과 학습적 요구에 의해 결정됩니다. 입급이 결정되면 특정 과목 시간(국어가 될 수도 있고, 수학이 될 수도, 또는 다른 교과가 될 수도 있어요)에만 특수학급으로 이동하여 수업을 받는 거지요.

어떤 아이가 특수학급 교육대상자일까요?

신체적·정신적·사회적 기능은 정상이면서 학습 및 정서·행동의 발달 속도가 조금 늦은 아이가 있다면 따로 살펴야 합니다. 그 아이의 능력을 최대로 발달시키기 위한 특별한 교육 프로그램이 필요하지요. 그래서 특수학급에 입급 전, 평가 도구를 이용한 진단 과정을 거칩니다. 주로 지능검사, 사회 성숙도 검사, 적응 행동 검사, 기초학력 검사, 운동 능력 검사 등을 합니다. 학부모님이 특수학급 입급을 희망한다고 담임교사에게 통보하시면 담임교사는 바로 아이의 지능, 행동 특성, 언어, 운동 능력, 작업 능력 등에 대한 의견서를 특수교사에게 제출합니다. 그러면 특수교사는 아이를 대상으로 간단한 지능검사와 기초 학습 능력 검사를 진행하지요(이 과정에서 담임이 평소 아이를 관찰한 기록이 쓰입니다). 지능이 70~80, 즉 정상과 부족의 경계선에 있으면 입급이 안 되기도 합니다. 아무 아이나 특수학급에 넣는 건 아니라는 거지요. 머리는 좋은데 공부가 안 되는, 지능과 학습 능력이 일치하지 않는 아이의 경우도 있는데, 이 역시 입급은 안 됩니다. 그건 학습 장애니까요. 아이가 학습 방법을 몰라서 못하는 경우일 수 있으니까 담임이 다른 방법(천천히 배우는 아이를 위한 지도)

을 찾습니다. 특수학급에 입급하려면 지능과 학습 능력 모두 일반 아이와 달라 개별지도의 필요성이 부각되어야 합니다. 보통은 좀 더 세분화된 지능검사인 KEDI-WISC나 기초 학습 능력 검사 같은 개별 검사를 하고, 담임교사와 학부모가 논의해 입급 여부를 결정하고 교육청에 보고합니다. 그러면 교육청에서는 검사 결과를 토대로 심사위원회를 열고 최종 결정합니다. 진단 결과에 따라 전일제(종일 특수학급에서 교육), 시간제(국어, 수학처럼 어려운 과목만 특수학급에서 교육)로 하기도 하고 정도에 따라 특수학급 학생이지만 일반 학급에 머무르면서 어려운 단원을 배울 때만 특수학급에 가서 따로 공부하거나 또는 특수교사가 교실에 와서 학습을 돕게 하기도 합니다. 만약 이보다 더 높은 단계의 교육을 받아야 할 경우에는 치료 기관에 가서 배우기도 하고 치료 기관의 전문가가 학교로 방문하기도 합니다. 아이가 특수학급에 입급하게 되면 담임교사는 학급의 다른 아이들에게 아이에 대한 이해를 구하고 어떻게 돕고 어떻게 대하면 좋을지 교육합니다(장애 이해 교육). 아이들이 놀리거나 무시하는 일을 미연에 방지하는 거지요. 요즘은 학교마다 특수학급 친구가 여럿 있어서 아이들 또한 특수학급에 대해 잘 알고 있습니다(학교에서는 '도움반'이라고 불러요). 어떤 점을 이해해줘야 하는지, 도울 땐 어떻게 접근하는지도요. 학부모님 아이의 경우 1, 2학년 때에는 특수교육이 필요하지 않았던 점으로 봐서 지능이나 학습 능력이 어느 정도 이상일 것으로 보입니다. 어려운 교과목만 따로 특수학급에서 1:1 또는 개별 교육으로 들으면 될 듯합니다(어떤 교과의 어떤 단원을 따로 공부할지는 담임과 특수교사가 회의에서 정합니다). 만약 아이가 특수학급에 입급해서 적응이 잘 안 되는 것 같으면 학부모, 담임교사, 특수교사가 개별화 교육계획을 수정할 수 있습니다. 특수학급에 가지 않고 지금의 교실에서 공부할 수도 있는 거지요. 또 특수학급에 입급하면 특별 예산 지원을 받습니다. 그 아이만을 위한 교육(심리치료나 언어치료, 미술 치료 같은)비 혹은 우유 급식비나 체험비를 지원받습니다.

어쩌면 제 설명이 귀에 안 들어오실지도 모르겠습니다. 남의 일로만 여겼는데, 우리 아이가 그 대상이 될 수 있다는 것 자체에 대한 거부감이 크거든요. 그렇다고 모른 척 미루는 건 아이에게 더 나쁠 수 있지요. 아이를 먼저 생각해주세요. 걱정되는 건, 이미 동생에게 치이고 있다는 부분입니다. 동생은 누나의 능력을 이미 파악하고 있다는 의미일 수 있습니다. 7살 동생더러 무조건 누나에게 잘하라고 해서는 오누이 관계가 좋아질 수 없습니다. 동생을 타이르는 한편 누나 스스로도 동생에게 치이지 않게 가르쳐야지요. 시간이 걸리더라도요. 조금이라도 더 빨리, 하나라도 더 전문적인 처치를 해서 아이의 성장에 도움이 된다면, 그래서 부족한 부분을 극복할 수 있다면 우린 어떤 방법이든 동원해야 합니다.

티브이를 너무 많이 봐요

Q. 3학년 남자아이, 7살 여자아이를 키우고 있습니다. 아이들이 티브이를 너무 많이 봅니다. 아침에 일어나서부터 학교 가기 전까지 보고, 학교에서 돌아오면 잘 때까지 봅니다. 외출을 하면 제 핸드폰으로 동영상을 봅니다. 〈무한도전〉, 〈개그콘서트〉, 〈정글의 법칙〉 같은 예능에서 드라마까지… 주변에서 중독 아니냐고 물어볼 만큼 티브이에 빠져 봅니다. 제가 음식점을 해서 아이들의 티브이 시청을 관리할 여건이 안 됩니다. 그래서 아이들이 더 빠져든 것 같아 미안하고 속상합니다. 아이 아빠가 티브이를 치운 적이 있는데 아이들이 너무 심심해하더라고요. 아이들은 음식점 안채 살림집에서 시간을 보내는데 티브이가 없으니 가게로 나오는 거예요. 아빠가 야단을 쳐서 나오지 못하게 했는데, 가게 밖으로 나간 애들을 찾느라 애를 먹은 뒤로 다시 티브이를 들여놨습니다. 티브이는 적당히 보고 책도 좀 읽으라고 잔소리해도 그때뿐입니다. 공부를 강요하지는 않지만 대신 책은 열심히 읽으라고 합니다. 그런데 아이들이 오로지 티브이만 보네요.

A. 너무 속상해하지 마세요. 티브이 시청에 대한 관점이 학부모님과 아이가 서로 다른 것뿐이니까요. 안채에서 티브이 보는 일 말고 아이가 딱히 뭘 할 수 있나요? 거기 떡하니 있는데 10살, 7살 아이가 참을 수 있을까요? 굶주린 아이 앞에 맛있는 음식을 놓고 먹지 말라고 하는 것과 같습니다. 아이가 지금 할 수 있는 유일한 소일거리잖아요. 집안에 있어야 하는데, 티브이보다 재미없는 책을 자진해서 볼 아이는 없습니다. 아이들은 티브이를 원래 좋아합니다. 사실 뭐 어른도 마찬가지지요. 티브이가 꼭 나쁜 것만은 아닙니다. 사람을 바꿔놓기도 하니까요. 어떤 분야에 유명한 사람들의 자서전을 보면 그들이 꿈을 키우기 시작한 계기가 티브이인 경우가 많습니다. 유명인은 아니지만 저도 그중 한 사람입니다.

제 어릴 적, 그러니까 70년대 말에는 채널이 KBS뿐이었습니다. 시골이라서 그랬을까요? 다른 방송은 있는 줄도 몰랐습니다. 지금도 그렇지만 그때에도 공영방송에는 아이들에게 재미난 프로그램이 별로 없었어요. 주로 다큐멘터리와 뉴스, 어쩌다 드라마가 전부였습니다. 그런데 제 눈엔 다 재미있는 거예요. 움직이는 그림과 소리가 나온다는 것만으로 신기했습니다.

당시에 〈부리부리 박사〉라는 프로그램이 있었습니다. 지금으로 따지면 EBS 〈보니하니〉와 비슷하겠군요. 배우가 동물 탈을 쓰고 연기하는 건데 주인공인 부리부리 박사가 부엉이 천재로 나오거든요. 세상에 모르는 게 하나도 없는 주인공이 너무 멋졌어요. 하루는 〈부리부리 박사〉에 전구에 대한 에피소드가 나왔습니다. 전구에는 어떤 내용이 기록되는지(볼트, 암페어, 헤르츠)를 설명해준 거지요. 티브이에서 그런 걸 알려준다는 게 너무 신기했어요. 그 뒤로 저는 티브이는 선생님이라고 생각하고 열심히 봤습니다. 선생님이 수업 때 질문하시는 내용 중에는 제가 티브이에서 본 것도 있었어요. 그 답을 맞출 땐 기분이 짜릿했습니다. 가정에 티브이 보급이 늘자 학교에서 권장 프로그램을 안내하곤 했습니다. 지금 EBS에서 하는 것처럼요. 어느 날 선생님께서 〈코스모스〉라는 프로그램을 보라고 말씀하셨어요. 얼마 전 작고한 천체 과학자 칼 세이건Carl Sagan이 젊을 때 제작한 우주 관련 다큐멘터리지요. 푹 빠져서 시청했어요. 우주 행성의 생성과 소멸, 태양계에 있는 행성들에 대한 내용이었는데 얼마나 재미있게 봤는지 그 뒤로 초저녁이나 새벽이면 마당가에 서서 금성을 찾아보는 습관이 생겼습니다. 천체 과학자가 되고 싶다는 꿈도 생겼고요. 꿈을 이루지는 못했지만, 지금도 습관적으로 하늘을 보면서 달의 위상이 어느 정도인지, 금성은 어디에 있는지 찾곤 하는데, 다 그때 생긴 습관입니다. 티브이는 바보 상자이기도 하지만, 보기에 따라서는 훌륭한 교사입니다. 자녀의 티브이 시청에 대한 학부모님의 고민을 상담할 때 제가 이런 얘기를 하면 부모님들께서 항상 하시는 말씀이 있어요.

"그건 선생님이니까 그러셨는지도 몰라요. 우리 애들은 티브이를 보며 낄낄대기만 하지 뭘 배울 생각은 안 해요."

제 경우는 티브이가 주는 긍정적 혜택을 본 경우일지도 모르겠습니다. 하지만 제가 그렇게 된 건 이유가 있어요. 바로 제 누나입니다. 제 누나가 KBS에서 하던 〈명화극장〉을 아주 좋아했거든요. 거의 한 주도 안 빼놓고 시청했습니다. 일요일 밤, 뉴스 끝나고 시작해서 자정 가까이에 끝나는 그 영화를요. 티브이가 안방에 있었는데 어머니와 다섯 형제가 그 방에서 함께 잤습니다. 시골은 보통 9시면 자잖아요. 근데 누나가 남들 자는 시간에 티브이를 보는 겁니다. 물론 저도 옆에서요. 어머니의 잔소리가 어마어마했지요. 전기세 나간다, 티브이 때문에 방이 환해서 잠이 안 온다, 소리가 크다… 그래서 누나는 티브이를 보기 위해 어머니 마음에 들려고 애썼어요. 방을 쓸고 설거지를 하고 숙제를 미리 했습니다. 저도 마당을 쓸고 개밥을 주었지요. 결국 어머니도 더는 야단치지 않으셨습니다. 누나가 없었다면 저는 이런 혜택을 못 누렸을 겁니다. 어머님의 아이에게도 제 누나의 역할을 해줄 누군가가 필요합니다. 아이들에게만 맡겨서는 불가능합니다. 그 역할을 누가 할 수 있을까요? 우선 지금 당장은 부모님이 하셔야겠군요.

시청 연령을 지켜주세요.

요즘 초등학생이 주로 보는 프로그램은 〈무한도전〉, 〈런닝맨〉, 〈1박 2일〉, 〈정글의 법칙〉, 〈개그콘서트〉, 먹방 같은 예능 프로그램과 각종 드라마입니다. 재미는 있지만 어린이의 성장이나 학습을 위해 제작된 프로그램은 아니지요. 결정적으로 아이들이 볼 수 없는 연령의 프로그램입니다. 아이들이 학습에 도움 되는 프로그램을 알아서 볼 리도 없고, 좋은 프로그램이 방송되어도 다른 채널에서 〈무한도전〉이 나오면 그걸 안 볼 수 없겠지요? 보통 프로그램 시작 전에 의무적으로 시청 연령이 안내됩니다. 위 프로그램들은 대부분 15세 이상 관람가입니다. 아이들에게 치명적입니다. 그 이유를 저학년 아이들의 예로 설명해보겠습니다. 한때 우리 반에 드라마 〈도깨비〉 열풍이 불었습니다. 문제는 〈도깨비〉가 15세 이상 관람가라는 거지요. 어떻게 아이들이 이 드라마를 볼 수 있었을까요?

교사 : 〈도깨비〉가 그렇게 재미있어?

아이1 : 엄청 재미있어요. 선생님도 한 번 봐요. 노래도 엄청 재밌어요.

교사 : 근데 그게 무슨 내용이야?

아이2 : 공유가 나와요. 까만 옷을 입고 나와요. 겨울에 입는 거. 공유가 무슨 장군이라서 그래요. 근데 죽었는데 또 살았죠. 도깨비가 원래는 사람인데 싸우다가 여왕을 죽여가지구 저승으로 가서 계속 사는데 벌로 칼을 가슴에 꽂았는데 그걸 빼면 도깨비는 죽거든요. 칼로 사람을 샥! 하면 피가 퍽 나와요. 그 칼 엄청 날카로워요. 막 짤라져요. 공유는 마녀도 죽일 수 있고요. 아무 걸로도 못 죽이고 그 칼로만 죽일 수 있어요. 어떤 할아버지가 있는데 그 할아버지가 원래는 도깨비 좋아해요. 예전엔 같이 바둑도 했어요. 원래는 좋은 사람이에요. 그런데 착한 척했어요.

교사 : 〈도깨비〉는 15세 이상만 보는 드라마야. 너네는 못 보잖아.

아이1 : 근데 봐도 돼요. 테레비에 나오니까요. 키스하는 것도 많이 안 나와요. 엄마랑 같이 봐요. 그거 나올 때 광고가 나오는데 그것도 재미있어요. (어떤 광고?) 몰라요. 근데 웃겨요.

아이3: 테레비엔 보면 안 되는 것도 있어요. 돌리다 보면 미가입 채널이라고 나오는 건 보면 안 돼요. 그건 변태가 보는 거니깐요.

아이2: 야, 그건 야동이라서 그래.

아이1: 야, 야동은 테레비 말고 폰으로 봐야 돼. 야동이라고 치면 나와.

아이들의 대화에 몇 가지 특징이 보이지요?

1. 내용을 제대로 파악하지 못하고 있음. 서사를 구조적으로 파악하지 못하고 기억에 남는 장면, 주인공의 옷차림, 칼로 사람 죽이는 장면, 주인공에 대한 피상적 인식(좋은 사람, 나쁜 사람) 정도만 파악하는 수준. 주인공의 말과 행동에 대한 의도 파악은 아직 어려움.
2. 시청 연령에 대한 인식이 없음. 성인물만 아니면 다 봐도 된다고 생각함. 성인물 보는 경로도 이미 알고 있음.

이 현상은 우리 반 아이들에게만 적용되는 건 아닙니다. 매년 반복되어 일어나는 일입니다. 아이들이 티브이 시청 연령에 대해 배울 기회가 없었던 것 같아요. 그런데 이건 정말 중요하거든요. 시청 연령에 대한 기준은 전문가들이 만들고, 프로그램 제작자들은 그 가이드라인에 맞춰 프로그램을 제작합니다. 그런데 이런 기준을 지키지 않는 가정이 있어요. 심지어 초등학생이 〈1박 2일〉이나 〈무한도전〉, 〈개그콘서트〉를 보는 게 무슨 문제냐는 부모님도 계세요. 방송 프로그램 등급제는 유해한 방송 내용으로부터 어린이와 청소년을 보호하기 위한 제도입니다. '유해한 방송 내용'이란 뭘까요? 선정성, 폭력성을 말합니다. '모든 연령/ 7세/ 12세/ 15세/ 19세 이상 시청가' 등급으로 방송사가 자율적으로 분류해서 방송 중 일정 시간 표시토록 의무화하는 이유는 아이들에게 영향을 끼치기 때문입니다. 7세 미만 프로그램에서는 폭력적인 장면이 등장하면 절대 안 됩니다. 7세 이상 시청가 프로그램이라도 해당 연령의 어린이에게 정신적·육체적으로 유해한 표현이 있으면 안 됩니다. 만약 폭력이 묘사되더라도 구체적이고 현실적으로 표현되지 않아야 하고, 일상적인 애정 표현을 넘어서는 노출이나, 성적 행위를 연상시키는 장면이 없어야 합니다. 또 바른 언어 습관 형성을 저해할 수 있는 은어, 속어, 저속한 유행어가 사용되면 안 됩니다. 나름 꽤 자세하게 분류해 놓았지요? 중요하기 때문입니다. 그런데 이걸 지키는 가정은 교실에서 절반 정도에 불과합니다(절반이나 지키냐고 놀라는 분도 계시긴 합니다). 아이들은 몸이 성장하는 수준만큼 정신도 성장하니까요. 가능한 한 오래 순수하고 아름다운 걸 추구하며 자랄 수 있도록 어른들이 도와야 합니다. 그런데 지금 어머님의 아이들이 보는 프로그램들은 동심을 벗어나, 사고의 외연과 경계가 아이의 이해 능력 이상으로 확장된 이야기(서사 구조, 인과관계)를 다루고 있습니다. 이걸 아이들이 어떻게 이해하겠습니까? 아이들이 티브이 앞에 앉아 있으면 얼핏 그 내용을 다 이해하는 것처럼 보이지만 사실은 이미지가 스쳐 지나갈 뿐이라는 연구 결과가 있습니다. 지금 보는 장면은 이해 못했지만 잠시 후 다른 장면이 나오면 알지도 모른다고 생각하면서 보거든요. 차라리 다큐를 이런 식으로 본다면 공부에 도움이라도 되겠지요? 하지만 아이들은 절대로 다큐를 찾아 보지는 않아요. 〈무한도전〉보다 재미가 없으니까요. 그럼 〈무한도전〉은 제대로 이해할까요? 그렇지 않습니다. 15세 이상 시청 가능한 프로그램이니까요. 적어도 15세는 넘어야 그 속에 깔린 은유와 분위기를 이해합니다. 어린아이들이 보는 〈무한도전〉과 어른이 보는 〈무한도전〉은 서로 다르게 이해될 수밖에 없어요. 어떤 부모님은 '부모와 함께 보면 괜찮다'는 말씀도 하시더군요. 단지 나란히 앉아 같이 보는 것만으로는 안됩니다. 하나하나 설명을 곁들이는parental guide 게 진짜 함께 보는 것이지요. 즉 아이에게 보여주더라도 보여줄 것과 보여주지 않을 걸 부모가 선별하고, 보여주더라도 사전 또는 사후에 반드시 설명해준다는 뜻입니다. 그러려면 부모가 그 프로그램을 미리 봐야겠지요? 프로그램 제작자도 따로 부모에게 안내서parental guide book를 제공해야 하고요. 그래서 어떤 어린이 프로그램은 어떤 정도의 폭력성·선정성이 있는지, 그걸 보고 어떤 학습활동을 하면 좋은지 교사와 부모를 위한 교육 자료를 제공합니다. 제작사에서 이런 걸 굳이 하는 이유가 뭘까요? 학부모가 요구하기 때문이겠죠. 부모들은 자기 아이가 나이에 안 맞는 미디어에 노출되어 동심을 일찍 잃는 걸 경계합니다. EBS 홈페이지에 들어가 보면 이와 같은 내용이 있습니다.

시청 제한 기능을 사용해보세요. 티브이 또는 셋톱 박스에 그 기능이 있는데 못 찾으면 주변에 물어보세요. 적합하지 않은 프로그램을 보려면 아이가 암호를 입력해야 하니까 시청 가능한 다른 프로그램들을 보겠지요. 제 제자들의 경우, 처음엔 즐겨 보던 프로그램보다 재미없다고 투덜거리더라고요. 뭐 좀 보려고 하면 다 막혀서 볼 게 없다는 거예요. 그런데 예상보다 빨리 정착하더라고요. 의외로 자기를 위한 프로그램이 많다는 것도 알게 되고요. 사실 요즘 어린이용 프로그램들은 예능처럼 웃기고 자극적으로 만든 게 많거든요.

또 3학년 **오빠가 동생의 티브이 시청을 이끌어주게 하세요.** 먼저 오누이 관계가 회복되어야 합니다. 동생이 기꺼이 오빠를 믿고 따를 마음의 준비가 되어 있어야지요. 경쟁 관계, 서로 고자질하고 흠잡는 관계에선 불가능해요. 동생이 반항하고 오빠가 힘으로 제압하면 모두 상처받습니다. 우선 부모님이 관계를 편안하게 만들어주세요.

사실 티브이 중독은 스마트폰 중독에 비하면 양호합니다. 티브이는 앞에 있을 때 말고는 안 보게 되잖아요. 요즘 아이들이 스마트폰을 갖고 있고, 가정에 와이파이가 보급되면서 폰으로 보는 동영상 중독이 확산되고 있거든요. 심지어 식당에 가면 어른들이 식사를 하는 동안 아이들에게 동영상을 틀어주는 집도 있더라고요. 아이 혼자 뭔가에 빠져 있는 상태를 너무 오래 두면 성장에 분명히 영향을 미칩니다. 우리가 상상하는 것보다 크게요. 어머님의 아이는 아직 티브이밖에 모르니 다행인지 모릅니다. 더 늦기 전에 지금에라도 바로잡아주세요. 시청 가능한 범위 내에서 두 아이의 프로그램 선택을 존중해주고, 본 것에 대해 대화를 나눠야 합니다. **어떤 프로그램을 보는지 항상 파악하세요**(셋톱 박스 메뉴에서 최근 시청 목록이 나옵니다). 함께 시청하면서 재미있는 척 공감해주면 더 좋습니다. 아이들도 그동안 부모님 눈치 살피며 보느라 죄책감도 있었을 텐데 이제는 당당하게 볼 수 있어 더 좋아하겠지요? 그러다보면 부모님이 원하는 대로 성장하고 싶어질 거고요. 어머님의 아이 나이면 한참 자연 다큐(특히 동물)를 좋아할 시기입니다. EBS에서 제작한 유익한 다큐들도 많고 외국 방송사에서 제작한 수준 높은 프로그램도 많이 있습니다. 요즘은 주문형 비디오VOD 기능이 있어 시간 구애 없이 원하는 시간에 보실 수 있습니다. 아이가 곤충 다큐를 좋아하는 것 같으면 곤충에 관한 책을 슬쩍 선물해보세요. 다른 곤충 다큐를 찾아보며 새로운 세계에 파고들지도 모릅니다.

아이가 야동을 봐요

Q. 2학년 여자아이를 키우는 전업맘입니다. 말씀드리기 좀 쑥스러운데, 제 아이가 야동을 봤어요ㅠㅠ. 제 스마트폰을 자주 가지고 노는데 어느 날 인터넷 사용 기록을 보니 야동 사이트가 있더라고요. 놀래서 아이 아빠와 함께 아이를 앉혀 놓고 물어보는데 죽어도 안 그랬다고 잡아떼는 거 있죠. 거짓말 한다고 종아리까지 맞으면서도요. 그런데 이번엔 다른 데서 일이 터졌네요. 친구들 모임에 아이 또래가 있어 데리고 갔는데, 스마트폰으로 야동 사이트에 들어간 거예요. 거기 있던 아이들이 다 봤죠. 그중 한 아이가 자기 엄마한테 일렀고, 제 아이가 주동했다는 게 드러났어요. 너무 당황스럽고 창피해서 얼굴을 못 들겠어요ㅠㅠ. 2학년이면 뭘 모를 때 아닌가요? 호기심으로 한 번 보면 모를까, 계속 보는 심리가 이해가 안 가요. 이 사건을 계기로 4학년인 오빠가 동생을 변태라고 놀려요. 아이는 그때마다 울고 난리고요. 동생이 모르고 한 걸 가지고 놀리면 되겠느냐고 야단을 치는데도 불리하다 싶으면 변태 얘기를 꺼내네요. 스마트폰이 아이에게 해로

울까 봐 아직 사주지 않았고 집에서도 엄마 아빠 폰을 만지지 못하게 가르치고 있습니다. 그런데 벌써부터 이런 일이 생겨 당황스럽습니다 ㄲㄲ.

A. 2학년인데 벌써 야동을 봤다니! 하! 고 녀석 대한민국 부모가 가장 난감해하는 성교육을 조기교육으로 알아서 했네요. 사실 엄마 입장에서 아이에게 성을 가르치기가 엄청 거시기하지요. 무엇을 어디까지 가르쳐야 하는지 몰라 어물어물하는 사이에 애들은 커버리고요. 종아리를 맞으면서도 엄마 아빠 민망할까 봐 끝까지 잡아떼주는 효심(?)을 보이다니, 친구들에게 야동을 보여준 사건도 그래요. 각박한 요즘, 엄마의 박해에도 굴하지 않고 친구들에게 선진 지식을 나눠주는 박애주의를 실천했잖아요. 그 녀석, 노벨 평화상감이네요.

아이고, 남의 속도 모르고 제가 농담이 심했네요. 2학년짜리 아이가 야동 본 얘기를 진지하게 시작하려니 저도 모르게 킥킥 웃음이 나와서요. 그거 별 거 아니거든요.

이왕 말 나온 김에 제 얘기도 해드릴게요. 성에 대해 아무것도 모르던 저를 진정한 어른의 세계로 이끌어준 이는 친구 J입니다. 짝꿍이었던 J가 어느 날 저에게 묻더라고요. "너, 아기를 어떻게 낳는지 아냐?" 막냇동생이 태어난 지 얼마 안 되었을 때라 저로선 쉬운 문제였죠. "엄마가 낳는 거 아냐?" 해맑은 표정으로 답하자 그 친구는 '이런 멍청…' 표정을 짓더니 저를 자기 집으로 끌고 갔어요. 집에 들어가자마자 친구는 누가 있는지 조심스레 살피더니 고등학생인 큰형 방으로 갔어요. 걔네 형 방에는 벽장이 있었어요. 벽장 속 이불을 흐트러지지 않게 정성 들여 꺼내자 바닥에 책 한 권이 모습을 드러냈어요. 빨간 표지였어요. 벽장 속에 고이 모셔 놓은 걸 보니 가문의 보물 같았어요. 친구는 다시 누가 있는지 살피는 예의를 갖추더니 빨간 책을 재빨리 자기 옷 속에 집어넣었어요. 그러고는 바닥에 놓은 이불을 한 치의 흐트러짐도 없이 정갈하게 다시 쌓았어요. 저는 왜 책을 책가방에 넣지 않고 옷 속에 감추느냐고 물어보았어요. 친구가 말했어요. "걸려 뒈지고 싶냐?" 가문의 위대함은 책을 목숨처럼 소중히 여기는 태도에 있다는 걸 알았어요. 저와 친구는 뒷산으로 올라가 양지바른 곳을 피해 앉았어요. 책의 첫 장을 넘긴 순간, 전 깨달았어요. 걸려 뒈지는 한이 있더라도 지켜내야 하는 책이라는 걸요! 책의 첫 장을 넘기자마자 제 몸이 뜨거워졌어요. 이런 경전을 책가방에 안 넣고 품에 넣는 이유를 알 것 같았어요. 교과서를 읽으면 저절로 잠이 오는데, 그 책은 떠올리기만 해도 몸이 뜨거워졌어요. 한번 펼치면 쉽게 덮을 수 없었어요. 읽고 나면 또 복습을 하고 싶어졌어요. 그럴 때마다 저는 친구를 찾아갔어요. 우린 조심스레 예를 갖춰 집안을 살폈고 경전을 품속에 고이 모신 채 또 양지바른 곳을 피해 자릴 잡았어요. 좋은 책이란, 글이 없어도 사람을 불끈하게 만드는 힘이 있다는 걸 알았어요. 그렇게 그 책을 소중히 읽고 또 읽던 어느 날, 친구 형에게 들켰어요. 둘 다 뒈지게 맞고 책도 뺏겼어요. 얼마의 시간이 흘러 저와 친구가 고등학생이 되었을 때, 친구네 집에 VTR이 생겼어요. 친구 형이 피식 웃으며 말했어요. "니들 재미있는 비디오 보고 싶냐?" 친구의 형이 벽장 속 이불을 모양이 흐트러지지 않게 정성 들여 꺼냈어요. 예전에 빨간 책이 있던 그 자리에는 비디오테이프가 있었어요. 상영 시간이 너무 짧게 느껴지는 영화였어요. 가히 가보로 삼을만한 영화였어요.

누구나 성인물을 처음 본 추억이 있습니다. 날카로운 첫 키스처럼요. 우리가 그 추억을 잊지 못하는 건 강렬했던 기억 때문이겠지요? 무엇보다, 우리 삶에 단단히 봉인된 그 뭔가를 여는 열쇠 같은 성질이 있어 더 소중한 게 아닐까요? 어머님의 아이 역시 마찬가지일 겁니다. 시작이 좀 이른 감이 있긴 하지만 이미 봤다면, 그걸 안 본 상태로 되돌릴 수는 없어요. 뭐, 어쩌겠어요. 이 시점에서 잘 가르쳐주면 되지요. 아이가 야동을 본 걸 알고 놀라셨다고요? 아유, 참… 야동을 봤는데 엄마한테 들켰어요. 이 상황에서 엄마가 더 놀랐겠어요, 아이가 더 놀랐겠어요? 당연히 아이가 더 놀랐을 텐데 질문에 아이 이야기는 없네요? 2학년짜리 아이가 야동을 어떻게 봤겠어요? 어렵지 않게 볼 수 있었으니 봤을 거잖아요. 검색만 해도 수많은 사진과 영상이 나오잖아요. 우리나라 검색엔진에서는 검색 결과에서 음란물을 차단하지만, 스마트폰 기본 검색엔진인 구글에서는 다 보여요. 글을 모르는 유치원 아이도 검색하더라고요. 발전을 거듭하는 음성 검색 덕분이지요. 제가 이런 걸 어떻게 아냐고요? 저도 1학년 아이에게 들었거든요.

아이1 : (모니터를 슬쩍 곁눈질하며) 선생님, 인터넷 하실 때 조심하세요. 잘못하면 야동 나올지도 모르니깐요.

나 : (놀라는 척하며) 헉. 그래? 알려줘서 고마워.

아이2 : (끼어들며) 괜찮아요. 선생님은 봐도 되잖아요. 어른이니깐.

나 : (안심하는 척하며) 아, 그런가? 선생님은 어른이지, 참.

아이1 : (쏘아붙이며) 야, 선생님이라두 막 보면 걸려. 그렇죠, 선생님? 야동은 불법이니깐요. 2반 선생님한테 들키지 않게 조심하세요.

나 : (당황하는 척하며) 아, 그런가? 조심해야겠네. 알려줘서 고마워.

아이1 : 실수로라도 야동이라고 치면 안 돼요. 알았죠? 그럼 이상한 거 나와요. 진짜루요. 내가 우리 엄마 핸드폰 마이크(음성 입력)에 모르구 "야동"이라고 말했단 말이에요. 야동이 엄청 나왔단 말이에요. 그런데 엄마가 갑자기 너 거기서 모하냐 그랬단 말이에요.

나 : (놀라는 척하며) 헉! 그래서 어떡했는데?

아이1 : (뽐내듯) 뒤로 가는 걸 막 눌렀죠. 그런데 폰이 후져서 잘 안 되는 거예요. 아휴, 엄마한테 디지는 줄 알았네.

아이2 : (잘난 척하며) 헐! 야, 그럴 때 뒤로 가기 누르면 안 되구, 홈을 딱 누르면 돼. 그럼 싹 없어져. 우리 엄마 폰은 왼쪽에 있는 거(메뉴 버튼) 딱 누르면 내가 실행한 게 다 보이거든. 거기서 엑스 누르면 싹 지워져.

아이고, 1학년 아이들이 벌써… 담임 야동 볼까 봐 걱정도 해주네요ㅠㅠ. 아이들은 어떻게 하면 야동을 볼 수 있는지, 보고 난 다음 어떻게 증거를 없애는지, 엄마에게 들키면 어떻게 대처해야 하는지도 알고 있는 듯합니다. 아이들이 주고받는 대화에서 아이들이 음란물을 대하는 태도를 짐작할 수 있습니다.

어른들은 야동을 본다는 걸 아이들은 알고 있어요. 이거 난감하네요ㅋ. 항상 스마트폰을 손에 들고 있는 아이들은 어른들보다 야동을 볼 가능성이 높습니다. 초등학교 아이들만의 문제도 아닙니다. 다들 너무 쉽게 야동을 접합니다. 요즘 아이들이 스마트폰으로 SNS나 게임만 할 거라고 생각하시는 건 아니지요? 종일 폰에 빠져 사는 아이들은 스마트폰으로 할 수 있는 건 다 합니다. 야동도 그중 하나고요. 어머님의 아이는 스마트폰이 없는데도 엄마 폰으로 봤잖아요. 평소에 스마트폰을 충분히 쓰고 있다는 느낌이 듭니다. 사주지도 않았는데 어떻게 스마트폰을 쓸까요? 집에서는 엄마 폰을 보고, 밖에서는 친구 폰을 봅니다. 어떤 부모는 스마트폰조차도 일찍 배우면 좋을 거라고 생각해서 일찍 사줍니다. 아이는 그런 친구한테 스마트폰을 배웠을 겁니다. 야동도 마찬가지고요. 스마트폰을 차단하는 걸로 아이의 야동이 차단되는 건 아닌 거지요. 전파력이 강한 놀잇감(스마트폰, 게임기)은 내 아이만 피해가지 않습니다. 집에서 못 하게 하면 나가서 하니까요.

저학년 아이들도 대부분 야동의 존재를 압니다. 우연히든 일부러든 그걸 본 아이들도 많고요. 그런데 야동을 봤다고 부모님께 자랑하는 아이는 없지요? 성이란 '마구 떠들고 다니기엔 뭔가 부끄러운 거'라는 걸 알고 있거든요(성적 수치심). 그래서 어른의 성생활에 대해 알고 있다는 걸 다른 사람이 아는 걸 꺼립니다. 성에 대해 아는 것 자체가 죄라고 생각하는 거지요. 그런데 아이가 성에 대해 부끄러워하려면 그게 부끄러운 일이라는 걸(민감성) 느낄 수 있어야 하겠지요? 민감성은 성호르몬이 담당합니다. 성호르몬은 이차성징이 시작되는 시기, 4학년 정도 되면 슬슬 분비가 되기 시작합니다. 아이들은 이차성징으로 몸이 변하기 시작하면 이를 감추려 하잖아요. 싫어서라기보다 부끄러워서 그러는 거거든요. 그런데 어머님의 아이는 아직 너무 어려서 그 부끄러움을 모르는 겁니다. 그 시기 아이들이 대체로 그래요. 야동을 너무 일찍 경험한 겁니다. 성에 대한 수치심을 모르는 아이들에게 야동이란 그저 좀 이상한 영화 그 이상도 이하도 아닙니다. 그래서 친구들에게 얘들아, 내가 희한한 걸 보여줄게, 하는 마음으로 자랑하듯 보여줍니다. 보통 몇 번 그러다 흐지부지됩니다. 저에게 야동에 대해 떠들던 아이들도 그러더라고요. 제가 일부러 터부시하는 반응을 보이지 않았는데도 야동에 대해 다시 말하는 걸 못 봤습니다. 호기심 대상이 아직 아닌 거지요. 야동은 2학년 아이들이 갖고 있는 수천 가지의 흥미 가운데 하나에 불과합니다. 그런데 왜 아이는 끝까지 안 봤다고 우겼을까요? 제 생각에는 어머님의 태도 때문인 것 같습니다. 맞으면서도 잡아뗄 수밖에 없는 이유는 화내는 엄마가 심상치 않다고 느꼈기 때문입니다. 자기는 그냥 별생각 없이 야동을 본 것뿐이고, 그 뒤로도 별생각이 없는데 엄마가 화난 얼굴로 갑자기 혼을 내려고 하니까, 봤다고 말했다간 큰일 날 거라고 겁을 먹은 겁니다. 그렇다고 중간에 실토하자니 왜 처음부터 말하지 않았느냐고 더 혼날 것 같아 버틸 수밖에요. 아이가 성에 관심이 생겨서 엄마 아빠의 성생활을 궁금해하면 어떡하냐고 묻는 부모님이 꼭 계시더군요. 염려하실 필요가 없답니다. 자기의 성적 호기심을 위해 부모의 성생활을 묻는 아이는 없으니까요. 아이는 아이 나름의 방법(이라 해봤자 친구나 인터넷, 학교에서 받는 성교육이 전부지만)으로 궁금한 걸 알아갑니다. 이럴 때 야단치면 아이는 혼란스럽습니다. 엄마가 화난 걸 보니 자기가 뭔가 잘못을 한 것 같은데 정확히 어떤 잘못을 했는지 모르니까요. 야동은 핸드폰에 검색만 하면 나오는 거잖아요. 그게 왜 아이의 잘못입니까? 굳이 비유하자면 미필적고의인데 아이 탓을 할 순 없죠. 아이를 앉혀 놓고 물어보실 때 구체적으로 어떤 질문을 하셨느냐고 제가 물으니, 야동 보는 거 어떻게 알았느냐, 누가 알려줬느냐, 그런 거 보면 안 되는데 왜 봤느냐,라고 물으셨다고 하셨어요. 취조입니다. 아이는 자기를 벌주려는 경찰을 대하는 느낌이었을 겁니다. 이런 상황에서는 부인해야 야단을 덜 맞잖아요. 이런 식으로 훈육을 하시면 앞으로 아이는 점점 말이 없어질 겁니다. 겨우(?) 야동 하나 본 걸로 혼났으니까요. 본의 아니게 저지르게 될 수많은 일들에 대해, 학교생활과 공부에 대해 이야기하지 않을 겁니다. 남자 친구가 같이 자자고 하는데 응해야 되나 말아야 되나 고민될 때, 엄마와 대화하지 않을 겁니다. 혼날지도 모르니까요. 제 생각엔 아이가 잘못을 해서 야단치셨다기보다는 아이의 행동이 당혹스러워서 그러신 것 같아요. 아이를 키우면서 아이의 행동을 미리 예측한다는 건 불가능합니다. 아이가 자랄수록 더 그렇습니다.

아이를 단정 짓지 마세요.

아이가 자라는 과정이라고 생각하십시오. 세상에 나쁜 아이는 없어요. 가끔 나쁜 줄 모르고 나쁜 짓을 하기는 하지만요. '세 살 버릇 여든까지 간다'는 속담에 저는 반대합니다. 아무것도 모르는 아이의 실수가 평생 갈 거라니! 악담도 그런 악담이 있을까요? 세 살 적 실수는 얼마든지 옳게 가르칠 수 있는데 우리가 너무 호들갑인 건 아닌지 모르겠어요. 아이의 행동엔 여러 가지 이유와 의미가 함축되어 있어요. 야동을 본 일을 어른의 기준으로 판단해서는 안됩니다.

아이의 호기심은 정상.

아이들은 자기가 모르는 모든 것에 호기심을 갖고 있습니다. 공부 이외에 백만 가지도 넘는 것에 대해 알고 싶어 합니다. 그중에 야동도 있는 거지요. 사춘기에 가까워질수록 야동은 아이의 호기심 순위 상위에 오를 겁니다. 그때의 아이는 지금과 다른 이유로 야동을 찾을 거예요. 나이가 들어 어른이 되면 서서히 야동에 대한 호기심도 줄겠지요? 저만큼 나이가 들면 아예 생각도 안 날 거고요. 자연스러운 삶의 과정입니다. 어머님의 아이는 지금 막 긴 여정의 첫 걸음을 뗐는지도 모릅니다.

아이의 스마트폰 환경을 지켜주세요.

스마트폰으로 야동을 검색해서 친구들에게 보여주려면 스마트폰 사용 경험이 충분해야 합니다. 혹시 아이가 엄마의 스마트폰을 너무 쉽게 만지는 건 아닐까요? 아이에게 스마트폰을 사주지 않는 것도 좋은 생각이지만(스마트 기기는 가능한 늦게 사주라는 것이 정설), 스마트폰으로 야동을 쉽게 검색하지 못하게 장치를 거는 것을 권합니다. 구글 설정에서 성인 인증을 해제하시고 성인용 콘텐츠를 막으세요. 이 방법도 완전하지는 않습니다. 성인 인증 없이 검색하는 방법도 많거든요. 하지만 2학년이니 아직 모를 겁니다. 청소년 유해 정보를 차단해주는 앱도 설치하세요. 효과가 꽤 좋습니다. 제가 설명드린 방법들은 학교에서 가정에 보낸 안내장에 소개되어 있을 겁니다(일년에 한 번은 보내게 되어 있어요). 학교 홈페이지에 가보시거나 '청소년 유해 정보 차단'으로 검색하시면 찾아보실 수 있습니다. 우리나라는 아동·청소년의 성 보호에 관한 법률이 엄격하게 지켜지는 나라입니다. 고의로 어린이들에게 음란물 시청을 유도하거나 유포하면 큰 처벌을 받습니다. 너무 일찍 야동을 본 아이 중 어떤 아이는 트라우마를 얻기도 합니다. 가위에 눌리기도 해요. 어린아이들은 섹스를 폭력으로 이해하거든요. 주변의 어른이 야동 속의 인물처럼 자기를 상대로 섹스(폭력)할지도 모른다고 생각해요. 이런 트라우마가 있으면 부모에게 어떻게든 티를 냅니다. 만약 아이가 야동을 자주 언급하며 불안해한다면 그냥 넘어가시면 안 돼요. 치료를 받아야 합니다. 그런데 야단을 치셨으니 혹시 트라우마가 있어도 말을 못 하겠지요? 일단 혼낸 것부터 사과를 하고 대화를 시작하세요.

야동을 보고 기분이 어땠는지, 무서웠다면 어떤 게 무서웠는지를 물어보세요. 여자애들은 보통 영상 속 남자가 무섭다고 말합니다. 남자가 성행위를 하는 모습이 여자를 괴롭히는 것처럼 보인다고 생각하거든요. 만약 따님도 이런 말을 한다면 오해를 풀어주세요. 영상에서는 그렇게 보였지만 실제 사랑을 나눌 때에는 그렇지 않다고, 아이가 이해하고 안도할 수 있게 설명하세요. 이 대목은 아빠가 설명하는 게 더 좋습니다. 이 과정을 거치지 않으면 아이에게 성에 대해 왜곡된 관념이 생겨 어른이 되어 성에 관한 어려움을 겪을 수 있다고 합니다.

오빠와 친해지게 도와주세요.

야동을 본 동생을 변태라고 놀리는 오빠는 야동의 의미를 당연히 알고 있겠지요? 아이들은 본능적으로 어른에 대항해 자기들끼리 연대합니다. 그런데 두 아이는 그 반대의 모습을 보이고 있어요. 엄마 아빠가 아이들을 대하는 태도에 대해 각자 불만을 갖고 있는 건 아닌지 살펴보세요. 두 아이 중 한 아이를 편애하시는 건 아닌지, 그래서 다른 아이가 샘을 내는지도요. 그리고 동생이 야동을 본 일을 다른 사촌들에게 소문내지 않고, 오빠로서 잘 지켜주자고 타이르세요.

어떤 상황에서도 내 아이는 긍정적으로 성장할 거야!

야동 본 건 앞으로 저지를(?) 일들에 비하면 아무것도 아닙니다. 알려진 바에 의하면, 우리나라 아이들의 첫 성 경험은 평균 13.6세

(미성년 중 성 경험이 있는 학생들의 평균)라지요? 만 나이일 테니 중학생일 때 경험한다는 거네요. 이 뉴스가 나왔을 때 어른들은 충격받았습니다. 댓글이 대단했지요. 요즘 애들 장난 아니다, 초·중등 학교에서 성교육을 제대로 시켜야 한다, 뭐 이런 의견이 많더군요. 아이들의 성 경험이 빨라지는 이유가 성교육을 제대로 받지 않아서라고 생각하나 봐요. 그 성교육을 하는 주체는 학교가 되어야 하고요. 하지만 성교육은 사실 가정에서 먼저 해야 합니다. 요즘 아이들의 성 경험에 놀라기 전에, 주체적인 성 관념을 가진 우리 아이로 이끌어야 하는 거지요. 그런데 가정 성교육의 중요성을 말하면 많은 학부모들이 난색이 되십니다. 어디까지, 어떻게 가르쳐야 하느냐는 거지요. 답은 간단합니다. 아이가 알고 싶어 하는 걸 위주로, 피하거나 꾸미지 말고 있는 그대로 알려주면 됩니다. 아이가 당혹스러운 질문을 하면 어떡하냐고 미리 걱정하는 부모님이 있는데요, 아이들도 다 생각이 있으니 염려 마세요. 부모님이 두려워하는 질문은 알아서(?) 피합니다. 중요한 건 아이가 묻는 내용 위주로 설명해주어야 한다는 겁니다. 아직 어린아이에게 사춘기 수준의 성교육을 하실 필요는 없거든요. 어떤 아이는 지레 겁을 먹을 수도 있어요.

유아기　왜 남자만 고추가 있는지, 몸의 각 부분에 대한 이름, 남자와 여자 몸이 어떻게 다른지, 여자는 왜 앉아서 쉬하는지.

저학년　아기가 어디로 태어나는지, 아빠 엄마의 생식기가 왜 다른지, 누나는 왜 가슴이 나오는지.

고학년 야동에 대한 관심, 성관계는 왜, 어떻게 하는지, 생리·몽정에 대하여, 이성 교제, 성인물에 대한 관심.
(* 실제적인 성교육은 이 시기에 다 하신다고 생각하세요. 담담하게 알려주시되, 표정 관리가 안 되시면 성교육 동영상이나 어린이용 성교육 책을 추천해주세요.)

중학생 성욕에 대하여, 자위를 해도 되는지, 성매매에 대한 궁금증, 임신에 대한 두려움, 낙태 공포, 건전한 성관계, 피임 방법, 순결 이데올로기, 성 역할의 평등, 성 소수자(LGBT : 레즈비언, 게이, 바이섹슈얼, 트랜스젠더)들에 대한 존중.

고등학생 임신 학생의 수업권, 사회가 미혼모를 대하는 문제, 성적 자기 결정권, 건전한 성을 누리는 방법, 성관계에 대한 책임감, 낙태의 윤리성(생명의 소중함), 무분별한 임신에 대한 경각심.

특히 엄마가 난감해하시더군요. 생각하신 것보다 더 구체적이고 시기적으로도 앞당겨져 있다고요. 그래도 교육 측면에서 보면 미리 가르쳐주는 게 맞습니다. 우리가 배운 성교육은 좀 달랐지요? 폐쇄적인 우리 사회가 아이들에게 '알 필요가 없다'며 모른 척해서 그래요. 그 결과 원치 않는 임신, 성적 일탈이 사회문제가 되면서 성교육의 변화가 필요해졌고, 결국 이렇게 가르치게 된 겁니다. '부모 세대가 음지에서 부정확한 정보로 터득했던 성교육을 우리 아이들에게는 제대로 가르치자'는 거지요. 아직 우리나라에서는 자기의 첫 성 경험을 부모와 터놓고 대화하는 아이는 거의 없습니다. 가정 내 성교육이 자연스럽게 이루어지고, 성이란 피하고 감추는 것이 아니라 안전하게 즐겨야 하는 것이라고 배우는 다른 문화권에서는 안 그렇대요. 성에 대한 대화를 주고받을 정도면 다른 대화들도 격의 없이 나누겠지요? 학교에서 제법 구체적이면서 치밀한 성교육을 해서 그런지 요즘 아이들은 성을 제법 공론화합니다. 우리 때는 친구들과 비밀스럽게 주고받는 게 전부였잖아요. 어머님이나 제가 자라던 시기엔 우리 사회가 워낙 거시기하고 계몽이 덜 된 문화여서 그랬다 치자고요. 그런데 지금 우리 아이들이 예전의 우리처럼 어설프게 어른이 되라고 하기엔 그 아이들의 성이, 인생이 너무 소중하잖아요.

스마트폰 중독인 것 같아요

Q. 2학년, 5학년 형제를 키우고 있습니다. 어릴 때부터 스마트폰을 가끔씩 허락했는데 지금은 스마트폰을 너무 많이 하고 있어 걱정입니다. 두 아이 모두 방과 후 학원에 갔다가 작은 아이는 5시, 큰아이는 7시쯤 집에 오는데, 집에 오자마자 스마트폰을 잡기 시작해서 잠들기 전까지 손에서 떼지 않습니다. 작은 아이는 주로 아케이드 게임을 하고, 큰아이는 게임도 하지만 페이스북을 하거나 동영상을 많이 봅니다. 늦은 밤까지 동영상을 보느라 아침에 못 일어나기도 합니다. 아빠가 좀 엄한 편이어서 큰아이의 폰을 몇 번 뺏은 적도 있는데 그때뿐입니다. 그나마 아빠 말은 무서워해서 좀 듣는데 아빠가 없을 때는 통제하기 어렵습니다. 스마트폰 사용을 두고 아이와 싸우는 일이 힘겹습니다. 학교에서도 스마트폰 때문에 선생님과 몇 번 충돌이 있었나봐요. 그래서 폰을 금지한 적도 있었지만 아이가 바깥에 있을 때 연락해야 해서 다시 사줬습니다. 스마트폰에 빠지고 나서는 공부도 멀리하고 제 말도 잘 안 듣습니다. 공부에 대한 얘기를 하면 자꾸 공부 말고 다

른 쪽으로 빠져나가려고만 합니다. 게임 때문인 것 같습니다. 전에는 과학자가 장래 희망이었는데 요즘은 BJ랍니다. 아들 말로는 BJ가 돈을 많이 번다고 합니다. 요즘 뉴스에 별풍선을 받으려고 무리한 방송을 하는 BJ가 있다고 나오던데 제 아이가 그런 쪽에 관심을 갖는 것 같아 걱정입니다. 어릴 때 습관을 잘 들여야 한다는데 어떻게 하면 좋을까요? 아이의 성향은 어릴 때부터 센 고집 때문에 야단을 많이 맞은 편입니다. 교우 관계는 그럭저럭 좋아 보입니다. 친구들을 자주 데려오고 또 그 집에 잘 놀러 갑니다. 담임선생님에 따르면, 친구도 많고 관계도 건강하다고 합니다. 이런 아이가 왜 스마트폰에 빠져드는지 잘 모르겠습니다. 작은 아이는 내성적인 편으로 형을 믿고 따르는 편입니다.

A. 아무렇지도 않게 아이들에게 스마트폰을 들려주는 부모님을 자주 봅니다. 아이가 스마트폰에 집중하는 동안 부모님들은 편하게 자기 시간을 보낼 수 있지요. 아직 글도 모르는 어린아이가 알아서 동영상을 켜고 게임을 하는 걸 보고 대견해하기도 합니다. 도박, 약물에 대한 중독은 심각하게 걱정하는 부모님들이 이상하게도 스마트폰에 대해서는 관대합니다. 중요한 건 그 아이들이 머잖아 스마트폰에 중독되어 앞으로의 삶에 큰 영향을 받게 될 것이라는 사실입니다. 부모님들은 지금 사소한 실수로 아이들이 더 잘 자랄 수 있는 기회를 놓치고 있습니다. 무책임한 일이 아닐 수 없습니다. 어릴 때 좋은 습관을 길러주고 해로운 습관으로부터 아이들을 보호하는 일은 무엇보다 중요합니다.

제 아이는 중독일까요, 아닐까요?

중독 맞습니다. 엄마가 보기에 심하면 중독입니다. 아이도 그렇게 생각할지는 의문이지만요. 중독이란 게 사실 별거 아닙니다. 뭔가를 할 때 좋고, 하지 않을 때 괴로우면 중독입니다. 술을 예로 들어보지요. 술 마시면 좋지요? 안 마실 때는 괴롭나요? 보통은 술을 마시면 좋긴 하지만, 안 마신다고 괴롭지는 않잖아요. 그건 중독이랄 수 없지요. 그냥 좋아하는 겁니다. 담배의 경우는 어떤가요? 피면 좋고, 안 피면 괴롭지요. 니코틴 농도가 낮아지면 금단증상이 나타나거든요. 끊지 못하는 사람은 중독이 맞습니다. 아이에게 스마트폰을 누가 사줬나요? PC방 중독이라면 엄마 말을 어기고 제 발로 갔으니 야단칠 수도 있겠습니다만, 폰을 사주셨잖아요. 잘 쓰는 방법까지는 알려주지 않았고요. 여기서부터 부모님의 책임을 따져야 합니다. 이번 기회에 아이를 스마트폰 중독에서 꼭 구해내시기 바랍니다.

5학년이면 이 문제를 두고 충분히 대화할 수 있습니다. 아들이 대화를 피하거나 짜증을 내나요? 참으세요. 대부분 아이들은 엄마가 게임 이야기를 꺼내면 짜증을 냅니다. 우리 반 애들도 그래요. 그렇다고 같이 화를 내지는 마세요. 그럼 지는 거니까요. 아이는 자기가 무슨 벼슬이라도 하는 양 거만하게 굴 수도 있어요. 속이 터질 수밖에요. 문제 행동을 하는 아이와 대화할 때 어른들이 먼저 흥분하는 게 다 이런 이유 때문입니다. 하지만 그러시면 대화가 안 됩니다. 우리는 지금 아이 말버릇을 고치려는 게 아닙니다. 그냥 도 닦는다 생각하세요. 지금은 듬직하고, 부드럽고, 강한 아들이 된 미래의 모습만 생각하세요. 다만 아이가 너무 완강하게 대화를 거부한다면… 요놈이 미쳤구나, 생각하시고 일단 그 상황을 잠시 피하세요. 그리고 다음 날 아이 기분이 좋을 때 다시 도전하세요. 이런 녀석들은 집집마다 꼭 있으니(네, 우리 집 아이들도 그래요ㅠㅠ), 우리 아이는 왜 이럴까 비관하지 마세요.

본론으로 들어가 봅시다. 아이가 게임을 할 때 즐겁다고 하나요? 당연히 그렇겠죠. 그럼 안 하면 괴롭다고 하나요? 보통 아이들은 여기서 잡아떼요. 괴롭다고 인정하는 순간 엄마가 "너 중독이야!"라고 말할 걸 알거든요. 이때부터 엄마와 아이는 신경전을 벌입니다.

너 중독이야! VS 중독 아니거든!

엄마에게 뭐라고 말하든 녀석은 이미 속으로 알고 있어요. 자기가 게임을 안 하고 있을 때 괴로운지 견딜만한지요. 다만 녀석이 엄마에게 그걸 순순히 인정하느냐 하지 않느냐의 문제가 남습니다. 아이는 이렇게 주장할 겁니다.

"나 중독 아니야. 딴 애들도 다 이 정도는 한다구!"

이런 아이와는 대화가 어렵지요. 평행선입니다. 결국 엄마만 혼자 끙끙 앓습니다. 약간의 술수를 써보면 어떨까요? 아이 스스로 '내가 중독인지도 몰라'라는 생각을 갖게 하는 거지요. 아이 스스로 중독

상황을 인정하기만 하면 절반은 성공입니다. 학교에서는 전문가들이 만든 설문지를 이용합니다. 자신을 객관적으로 볼 기회를 주는 거지요. 자, 이제 엄마가 전문가인 척해봅시다. 한국정보화진흥원에서 발표한 청소년(만 10~18세) 스마트폰 중독 자가 진단 검사 문항입니다.

1. 스마트폰의 지나친 사용으로 학교 성적이 떨어졌다.
2. 가족이나 친구들과 함께 있는 것보다 스마트폰을 사용하고 있는 것이 더 즐겁다.
3. 스마트폰을 사용할 수 없게 된다면 견디기 힘들 것이다.
4. 스마트폰 사용 시간을 줄이려고 해보았지만 실패했다.
5. 스마트폰 사용으로 계획한 일(공부, 숙제 또는 학원 수강 등)을 하기 어렵다.
6. 스마트폰을 사용하지 못하면 온 세상을 잃은 것 같은 생각이 든다.
7. 스마트폰이 없으면 안절부절못하고 초조해진다.
8. 스마트폰 사용 시간을 스스로 조절할 수 있다.
9. 수시로 스마트폰을 사용하다가 지적을 받은 적이 있다.
10. 스마트폰이 없어도 불안하지 않다.
11. 스마트폰을 사용할 때 그만해야지 생각은 하면서도 계속한다.
12. 스마트폰을 너무 자주 또는 오래 한다고 가족이나 친구들로부터 불평을 들은 적이 있다.
13. 스마트폰 사용이 지금 하고 있는 공부에 방해가 되지 않는다.

14. 스마트폰을 사용할 수 없을 때 패닉 상태에 빠진다.

15. 스마트폰 사용에 많은 시간을 보내는 것이 습관화되었다.

이 문항에 각각 4수준의 답을 합니다(전혀 그렇지 않다: 0점/ 그렇지 않다: 1점/ 그렇다: 2점/ 매우 그렇다: 4점). 몇 점 이상은 중독이다, 이런 기준도 있어요. 해당되는 항목이 많을수록 '일반 이용자 < 잠재적 위험 이용자 < 고위험 이용자'군으로 분류됩니다. 이걸 인쇄하셔서 아이에게 스스로 답해보라고 하세요. 단, 이 과정에서 엄마가 답을 강요하지는 마세요. 1번 문항의 경우 스마트폰의 지나친 사용으로 학교 성적이 떨어졌는지에 대해 엄마가 먼저 판단하지 마세요. "너 성적 엄청 떨어졌거든. 그러니 중독이지!" 이러시면 안 돼요. 엄마가 모르는 이유가 진짜 있을 수도 있잖아요. 친구와 갈등이 있을 수 있어요. 그 갈등에서 쌓인 스트레스나 분노의 탈출구로 게임을 하는지도 모르고요. 아이들의 세계, 특히 고학년 남자아이들의 세계는 난해해요.

자, 체크를 다 하셨으면 이제 결과를 해석할 차례입니다. 이 대목에서 엄마와 아들의 대립이 생깁니다. 엄마가 볼 땐 모든 항목에 다 걸리는 것 같은데 아이는 그렇게 생각 안 하거든요. 답답한 마음에 호통이라도 치고 싶어집니다. 참으세요. 우리의 목적은 굴복시키는 게 아니라 스마트폰 중독을 고치는 거니까요. 아이는 문제없다고, 자긴 중독이 아니라고 우기죠? 그러면서 엄마의 기준이 부당하다고 합니다. 기준이 서로 다른 게 문제지요. 하지만 어떤 아이도 이 설문에서 무결점이 나올 순 없어요. 하나는 걸리게 마련이죠. 보통은 일정 점수 이상 나와야 중독 위험이지만, 우리 거짓말을 한번 해보자고요. 어머님의 아이 정도면 적어도 10점 이상은 나와요. 녀석이 일부러 축소해서 말해도 그 정도는 나옵니다. 만약 아이가 10점이 나왔다면 이렇게 말해보세요.

"10점이 나왔네? 선생님이 그러시는데 8점이 넘으면 중독 위험이래. 넌 조금만 고치면 되겠다야. 우리 아들 심한 줄 알았는데 그 정도는 아니네? 엄마가 괜히 걱정했나 봐. 미안해~"

엄마의 이 말에 아들은 이런 생각을 할 겁니다.

'엄마가 화를 안 내네?'

'엄마가 내 걱정을 많이 하셨나 봐.'

'(엄마 말대로) 내가 조금 심하긴 하네….'

'사실 혼날까 봐 점수를 낮게 말한 건데… 내가 중독 위험인 건 맞네.'

'중독되지 않게 뭔가 해보긴 해야겠어.'

우리가 애초에 목표했던 게 아이가 이런 마음을 갖는 거였지요? 아이가 정말 이렇게 생각할까요? 네, 아이들은 의외로 이렇게 순수한 면을 보입니다. 엄마가 화내지 않고 부드럽게, 그리고 아이를 신뢰하는 듯한 모습을 먼저 보여야 가능한 장면이지요. 여기까지만 오면 그

다음부턴 쉬워요. 인터넷에 '스마트폰 사용 시간 줄이기', 'SNS에 집착하지 않기'를 검색해보세요. 하지만 고분고분 따라오지 않을 수도 있습니다. 아이들이 만만치 않거든요. 만약 그럴 경우, 우린 좀 더 아이의 세계를 들여다봐야 합니다. 아이가 금단현상으로 괴로워서 게임을 하는 거라면 중독이라 말씀드렸지요? 그런데 이런 아이들은 그리 많지 않아요. 그럼 게임을 왜 하는 걸까요? 대부분은 심심해서, 시간을 때우려고 합니다. 딱히 다른 할 일이 없어서, 또는 할 일을 하기 싫어서 폰을 붙잡고 있습니다. 아이가 주로 SNS를 한다고 하셨지요? 아이들은 SNS를 정말 많이 합니다. 카톡(저학년), 페이스북이나 인스타그램(고학년) 같은 것들 말이지요. 그런데 그 속을 들여다보면, 아이들이 대면 관계를 회피하는 게 보입니다. 왜 아이들은 SNS를 통해 관계를 맺으려 할까요? 그게 편하기 때문입니다. 얼굴을 보며 대화하면 상대의 반응이 바로 오잖아요. 그래서 상대의 반응을 염두에 두고 얘기해야 하지요. 하지만 아이들 입장에서는 그걸 일일이 신경 쓰면서 대화하는 게 싫은(사실은 두려운) 겁니다. 만약 아이들이 이런 소통에 익숙해지면 직접적인 표현을 배울 기회를 잃어요. 고착화되면 점차 피하게 됩니다. 혼자가 익숙해지는 거지요. 그런 면에서 아드님은 또래 아이들과 소통이 잘 안 되고 있다는 뜻입니다. 친구들과 소통을 적극적으로 하지 않는 것도 스마트폰 중독만큼 신경 쓰실 일입니다.

또 하나의 문제는 아이가 개인 인터넷 방송(우리 반 아이들은 주로 아프리카TV를 이용하더군요)에 빠져 있다는 겁니다. 이곳엔 자극적인 게 많습니다. 말씀하신 것처럼 BJ는 시청자들을 모으고, 별풍선을 받아 돈을 벌거든요. 그러다보니 시청자들을 유인하기 위한 방송(선정적이고 저급한 욕설 방송 등)을 합니다. 주로 심야 시간대에 합니다. 어머님의 아이가 BJ를 언급하는 걸 보면, 이런 방송을 알고 있다는 뜻입니다. 이런 방송을 보다 늦게 자는 아이는 학교에서 연신 하품을 합니다. 또 본 내용을 친구들에게 자랑하면서 얘기합니다. 아이가 장래 희망으로까지 생각 중이라면 그쪽 진로도 생각해주세요. 그리고 이번 기회에 BJ라는 직업에 대해 알아보세요. 아이가 잘 알고 있을 테니 직접 물어보시면 됩니다. BJ 세계에도 밝은 면(창의성, 팬덤, 고소득 수입)과 어두운 면(치열한 경쟁, 불안정성, 자극적, 불법 방송)이 있습니다. 많은 엄마들이 BJ라는 것에 대해 잘 모르니 아이들은 그걸 이용해 자기 행동의 당위성을 주장하겠지요.

그럼 여기서 처음 질문으로 돌아가 봅시다. 아이는 왜 스마트폰에 빠져들까요? 심지어 남들보다 잘할 수 있다고 생각하는 것 같군요. 그래서 엄마 말에 저항하는 명분으로 삼기도 합니다. 결국 아이의 스마트폰은 엄마 통제에 대항하기 위한 방편입니다. 공부도 아니고 운동도 아닌 왜 하필 스마트폰인가요? 공부나 운동은 잘하는 아이들이 너무 많아서 자신이 없는 겁니다. 아무리 잘해도 엄마가 더 높은 수준을 요구할 걸 아이도 아는 거죠. 그래서 아이들은 본능적으로 엄마가 잘 모르는 분야를 파고듭니다. 문제는 엄마가 그걸 탐탁지 않아 한다는 거지요. 이쯤 되면 아이도 나름대로 엄마와의 힘겨루기에서 살아남으려 애쓰는 게 보이네요. 그건 모든 아이의 본능입니다. 엄마를 극복해서 더 나은 인간이 되려는 존재적 열망이라고나 할까요? 특히 사춘기 때 두드러집니다. 이 시기 아이들은 엄마의 간섭이나 통제가 너무 심하다고 생각합니다. 이유는 없어요. 그냥 그렇게 느낄 수 있습니다. 엄마 입장에서 보면 안타깝고 유치합니다. 힘 없고 불쌍한 엄마를 이겨보겠다고 저리 용을 쓰니 말입니다. 지질한 아이지요. 지질하다는 말은 자존감이 없다는 뜻입니다. 아이들이 일없이 스마트폰을 붙잡고 '될 대로 되라'는 듯 하루하루를 보내는 건 자존감과 밀접한 관련이 있습니다. 최초의 자존감은 엄마와의 관계에서 만들어집니다. 엄마가 자기를 알아준다고 느끼는 감정, 그 안에 자존감(자기 효능감)이 있습니다. 모든 아이는 인정 욕구를 지니고 태어나는데, 인정을 많이 받으면 내가 잘났다, 소중하다는 느낌을 받습니다. 이런 감정은 누군가의 공인을 받아야 합니다. 그 최초의 누군가가 바로 부모인 거지요. 부모로부터 자기 효능감을 획득한 아이는 자기의 소중함을 깨우칩니다. 당연히 자기에게 나쁜 영향을 주는 일은 멀리하려 애씁니다. 친구들 사이에서 우습게 보이거나 공부를 손놓는 일, 약물·도박·게임 같은 것에 빠지는 일들 말입니다. 그렇게 되면 남들이 자기를 하찮게 여길 것이라는 걸 알고 피하지요. 이게 바로 절제입니다. 자존감은 자기 삶을 절제하게 만듭니다. 어른들 중에도 이런 사람들이 많지요? 자존감이 강한 사람은 지질하지 않습니다. 하지만 자존감이 낮은 아이들은 안 그래요. 사소한 일로 엄마에게 대들거나 짜증을 내고 뭔가를 사달라고 조릅니다. 요구를 안 들어주면 자해를 하기도 합니다. 장난감을 사달라고 드러눕는 아이가 대표적인 예지요. 스마트폰을 멀리 떨어뜨려 놓는 물리적 처치 외에 자존감을 회복시키는 심리적 처치도 취하셔야 합니다. 스마트폰은 그저 뺏어버리면 되지만, 자존감은 단순하지 않습니다. 시간도 많이 걸려요.

가족 구성원의 스마트폰 이용 습관도 한번 살펴보세요. 아이에게는 스마트폰 중독이라고 몰아세우면서 어른들은 아무렇지도 않게 폰을 들고 계신 건 아닌지 말입니다. 한 아이가 중독에 가까워지는 상황이면 엄마, 아빠, 동생도 만만치 않을 겁니다. 아이들이 하는 SNS나 게임은 문제가 되고 어른들이 하는 페이스북, 카카오스토리는 괜찮다는 식은 안 됩니다. 아이의 스마트폰 중독을 고치려면 가족 구성원도 함께해야 합니다. 무작정 스마트폰을 뺏으면 아이는 '엄마가 나를 싫어해서 내가 좋아하는 것들을 못하게 한다'라고 생각합니다. 그러면 아이는 엄마에게 앙갚음하려고 또 다른 문제를 일으킬지도 모릅니다. 만약 스마트폰을 뺏는다면 반드시 그 시간에 스마트폰의 공백을 채울 뭔가를 아이에게 주어야 합니다. 아이와 운동을 하거나 더 재미있는 뭔가를 기획해 대체해주세요. 상담하면서 이런 조언을 수도 없이 합니니다만, 끝까지 가는 부모님들은 드뭅니다.

아이들을 내버려두면 알아서 큰다고 생각하는(그렇게 믿고 싶은) 부모님이 의외로 많은 걸 봅니다. 물론 먹이고 입혀주면 키는 알아서 크겠지요. 하지만 정신을 키우는 건 또 다른 문제입니다. 아이에게 적당한 자극과 성취의 경험을 쌓아줘야 합니다. 근데 이 과정이 쉽지 않아요. 한 아이가 성인으로 성장하는 기간이 20년인데, 그때까지 꾸준해야 하거든요. 이왕 마음먹으셨으니 꼭 성공해보세요. 노력하시는 모습에 아이도 어머님의 마음을 알아줄 겁니다. 데이터통신이나 가정용 WIFI 시간도 통제해주세요. 데이터가 안 되면 SNS도 BJ방송도 볼 수 없겠지요? 자연히 사용 빈도가 낮아집니다. 물론 처음부터 강도를 높이시면 저항할 겁니다. 혼자 정하지 마시고 아이와 대화해서 스스로 사용 시간을 정하게 하세요. 데이터통신은 통신사에 연락하시면 되고 무선랜은 공유기 전원을 빼시거나 전용 프로그램을 쓰시면 됩니다. 만약 어른들 말고 아이만 차단하고 싶으실 경우, 공유기의 비밀번호를 바꾸세요.

단번에 스마트폰을 끊을 수 있을 거라는 기대는 버리세요. 세상에 그런 아이는 없습니다. 어른이 단번에 술이나 담배, 티브이 드라마를 끊을 수 없는 것과 같으니까요. 우리의 목표는 아이가 '자기 욕망(스마트폰)에 대한 통제력(시간 줄이기)'을 기르게 하는 것입니다. 사용 시간을 정하거나, 사용 장소를 정하는 것도 좋습니다. 스마트폰을 학교에 가져가지 않게 하는 것도 방법이고(공부 중 전원 끄기), 밤 9시 이후에는 안 하게 하는 것도 방법입니다. 이런 걸 정할 때마다 아이의 반항을 마주하게 되실 겁니다. 하지만 포기하지 마시고 설득하세요. 아이와 대화를 하시다 보면 아이가 왜 스마트폰에 몰두하는지도 아시게 될 겁니다. 아이들은 여러 가지 이유로 스마트폰에 매달립니다. 외로워서, 도피처를 찾기 위해, 단순히 친구에게 자랑하려고 그럴 수도 있어요. 혹시 평소 아이 스스로 자기 삶이 너무 힘들다고 생각한다면(5학년 아이가 저녁 7시까지 학원에서 공부하는 게 쉬운 건 아니지요), 우선 아이의 짐을 좀 덜어주세요. 그리고 그 나이에 한참 즐길 수 있는 운동이나 취미 생활을 보장해주세요. 아무것도 안 하고 멍 때리고 있는 시간이 필요할 수도 있습니다. 무조건 아이의 말을 경청하고 존중해주세요. 일방적으로 끌고 가는 방식으로는 아이를 못 바꿉니다. 벌써 지금도 통제가 잘 안 되시잖아요. 이 기회에 방법을 바꾸세요. 2학년 동생의 성장도 잘 살펴야 합니다. 형을 믿고 따른다는 건 형을 롤 모델로 인정하고 있다는 뜻입니다. 엄마가 모르는 형의 멋진 면들을 동생은 많이 알고 있을 겁니다. 물어보고 엄마도 인정해주세요. 형은 엄마와 동생의 인정을 받고 싶어 합니다. 인정받으면 그 점을 더 키우고 싶어 할겁니다. 어쩌면 형의 스마트폰 실력을 부러워하고 있을지도 모릅니다. 그렇다면 또 다른 걱정이군요. 머잖아 큰아이와 치뤘던 전쟁을 되풀이하게 될 테니까요. 동생도 형과 같은 방식으로 접근하셔야 합니다.

끝으로, 아이의 모습이 아이만의 문제는 아니라는 걸 알아주세요. 청소년기를 보낸 사람은 누구든 한 번은 무언가에 빠집니다. 그게 좋지 않다는 걸 알면서도 말이죠. 지금 50대들은 청소년기에 당구에 빠졌었습니다. 40대는 오락실, 30대는 PC방, 20대는 스마트폰이지요. 그래도 어떻게든 잘 넘겨서 오늘의 삶에 이르렀습니다. 다만 과거 세대는 반드시 어떤 장소(당구장, 오락실, PC방)에 가야만 했던 것과 달리 요즘 아이들의 스마트폰은 항상 내 손에 있다는 게 걱정입니다. 빠져들기가 더 쉬운 거지요. 스마트폰에 대한 의존이 큰 아이가 인지 기능이 떨어진다는 연구가 있습니다. 폰에 묻혀 사는 아이는 공부를 못한다는 말이지요. 그래서 꼭 고쳐줘야 합니다. 이 기회에 스마트폰 중독에서 벗어나세요. 이것만 성공하시면 어머님의 아이는 앞으로 다가올 수많은 유혹들로부터 자기 욕망을 잘 다스리며 살 수 있을 겁니다.

3부

이런 부모라도 괜찮을까요?

Q.

- 아이로부터 멀리 도망가고 싶어요
- 엄마가 학교에 오는 게 싫은 아이
- 효도를 어떻게 가르칠까요?
- 가난하다고 기죽은 아이
- 맞벌이, 아이에게 어떻게 설명할까요?
- 이혼이 망설여집니다
- 딸과 친해지고 싶은 새엄마

아이로부터 멀리 도망가고 싶어요

Q. 1학년 남자아이를 키우고 있는 전업맘입니다. 엄마라는 사람이 이런 말을 하는 게 어떻게 들리실지 모르지만, 아이를 키우는 게 너무 힘듭니다. 아들이 학교에 입학한 지 몇 달이 되었는데 잠시도 저랑 안 떨어지려고 해요. 유치원을 또래보다 늦게 보낸 탓인지 학습도 잘 안 되는 것 같아요. 앉혀 놓고 공부를 좀 가르쳐보려고 해도 짜증을 내고 심할 땐 바닥에 드러누워 웁니다. 하루 종일 아이가 어질러 놓은 물건들을 치우고 옷을 빠느라(너무 더러워서 일일이 손으로 빨 정도예요) 피곤합니다. 아이가 학교에서 돌아올 시간이 되면 마음이 불안해집니다. 학교에 입학했는데 글씨도 아직 잘 모르고 배우려고도 안 합니다. 정작 본인은 걱정을 안 해요. 학교에서도 적응을 잘하는 것 같지 않은데도요. 선생님을 뵈러 가기가 망설여져서 최대한 상담을 미루다가 할 수 없이 갔는데, 선생님은 아이에게 특별히 문제가 보이지는 않는다고 하시네요. 1학년 수준에서 많이 떨어지는 것도 아니고, 선생님에게 자기 하고 싶은 대로 해달라고 조르는 것 말고는 크게

걱정할 필요가 없다고 하십니다. 학교에서는 그럭저럭 지내면서 집에 만 오면 엄마를 힘들게 한다는 사실에 속상합니다. 제가 부족한 엄마라 그런 것 같습니다. 임신하고 아이를 낳아 키워오는 동안 즐거운 마음이었던 적이 한 번도 없었습니다. 조금 이른 나이(21살)에 아이를 낳아서 그런가 싶기도 합니다. 아이 아빠는 직장이 멀어서 새벽에 출근했다가 저녁 늦게 퇴근합니다. 그래서 주말 외에는 아이와 놀아줄 시간이 없어요. 아이 아빠는 저더러 강박증이라고 합니다. 아이는 괜찮은데 제가 너무 달달 볶는다면서요. 주말에만 아이를 만나는 아빠는 힘들 일이 없겠지요. 차라리 아빠 직장 근처로 이사를 가서 아이 키울 시간을 버는 게 나을 것 같은데, 아이 아빠는 시댁 친척들과 멀어지는 걸 꺼립니다. 아이도 시부모님을 너무 좋아해서 그 댁에서 자는 날이 많고, 시부모님 또한 아이를 끔찍이 아끼셔서 이사가 망설여지긴 합니다. 바로 옆 동에 시누이가 사는데 그 집 아이들은 말도 잘 듣고 공부도 잘해서 제 아이와 비교가 되는 것도 스트레스입니다. 시부모님은 제가 아이를 못 키운다고 걱정하십니다. 제가 너무 아이에게 끌려다녀 아이를 망가뜨린다고 하세요. 그래서 강하게 마음먹고 아이를 휘어잡아보려고 해도 감당이 안 됩니다. 저도 아이 아빠도 조용하고 내성적인 성격인데 아이는 왜 그런지 모르겠어요. 부모와 달라도 이렇게 다를 수 있나요? 어떨 땐 아이고 뭐고 멀리 도망가고 싶기도 합니다. 어쩜 제 아이는 저와 이렇게 안 맞을까요?

A. 아이고… 질문을 읽는 내내 우울했습니다. 다른 질문보다 먼저 답을 드려야겠다는 생각이 들었어요. 간절함이 느껴졌거든요. 그런데 며칠이 지나도록 무어라 답을 드려야 할지 모르겠더군요. 어머님의 질문에는 아이를 키우는 엄마의 전형적인 불안과 죄책감이 스며 있어요.

- 아이를 키우는 게 너무 힘듭니다.
- 통제하기 힘듭니다.
- 아이가 하교할 시간이 되면 마음이 불안해져요.
- 아이 낳아 키워오는 동안 즐거운 마음이었던 적이 한 번도 없었어요.
- 시부모님이 저더러 아이를 망가뜨린대요.
- 멀리 도망가고 싶기도 합니다.

세상 모든 엄마들이 자식을 키우며 이런 마음을 갖습니다. 아이 키우기가 원래 세상에서 제일 힘든 일입니다. 자식 잘 키워보겠다고 모든 걸 참아가며 키워도 나중에는 지가 알아서 큰 줄 알아요.

왜 아이들은 부모님 은혜를 모르는 걸까요? 아이들 두뇌는 어른 두뇌와 상태가 다르거든요. 성장기라서 엄청 복잡하고 산만하대요. 어른의 삶이 산책이라면 아이들의 성장기는 백 미터 달리기와 같습니다. 오로지 자기 생각만 합니다. 그렇게 숨 가쁘게 성장기를 보내고 어른이 되서야 겨우 철이 들어요. 오랜 기간 동안 인간은 그렇게 진

화해왔습니다. 그러니 아이 키우는 동안은 사소한 일(손빨래, 정리 정돈)에 너무 신경쓰지 마세요. 아이가 알아주지도 않아요. 엄마가 지치면서까지 뭘 가르칠 필요도 없어요. 아이가 싫어하는데 효과가 나겠습니까? 엄마만 상처받아요. 공부 안 시키면 아이가 어떻게 되겠느냐고요? 염려 마세요. 아이는 다 될 대로 되니까요. 우리도 그렇게 컸잖아요. 그러면 너무 무책임한 엄마 아니냐고 하실 수도 있겠네요. 어머님은 좀 그러실 필요가 있습니다. 엄마 이전에 사람이니까요.

잠시 제 이야기를 해야겠군요. 저는 침착한 편이고 계획적인 걸 좋아합니다. 근데 제 딸아이는 즉흥적이고 흥이 넘칩니다. 저와는 딴판입니다. 즉흥적인 아이는 정리가 잘 안 되잖아요. 흥이 많으니 매사를 낙천적으로만 받아들여 준비성도 떨어지고요. 방 정리도 안 하고, 해야 할 일도 자꾸 미루다 결국엔 안 하고 넘어가는 게 저와 너무 달라서 매사에 잔소리를 하게 되더라고요. 그러니 저도 힘들고 아이도 힘들었습니다. 근데 딸아이 성격의 장점도 있어요. 어떤 상황에서도 재미있는 걸 생각해 내고 늘 밝습니다. 친구도 많고 어른들도 우리 아이를 좋아하고요. 세상을 긍정적으로 바라보니 스트레스도 잘 안 받아요. 제 딸아이를 못 마땅하게 생각하는 사람은… 결국 저뿐인 거지요.

어떤 사람이든 장점만큼 단점도 고르게 지니게 마련이지요. 저나 제 딸아이나 마찬가지입니다. 다만 제가 어른이고 아이의 생존을 결정하는 입장이다 보니 제 마음대로 아이를 조종하고 싶은 겁니다. 부부 사이라면 대등한 관계니까 다투기라도 하겠지요. 근데 부모 자식 사이가 이러면 답이 없어요. 약자인 아이가 고스란히 상처를 받을 수밖에 없습니다. 다행히 제 딸아이는 중학교 때 저에게 선언을 했습니다.

"난 나대로 살겠다. 부모는 더 이상 나를 바꾸려 하지 마라. 계속 이러면… 더는 말을 안 듣겠다."

이런 말을 하고 싶었겠죠.

"나는 부모와 다른 그냥 '나'예요. 제발 부모 잣대로 바꾸려 하지 마세요."
"내 성격이 부모님과 달라도 그건 내 문제잖아요. 부모님 탓 안 할 테니 조종하지 마세요."
"나는 나 자신을 믿어요. 부모님도 저를 믿어주세요!"

저는 잘하려는 욕심이 있어서 남들보다 더 집요하게 뭔가를 하려 합니다. 그러다 보니 늘 피곤할 수밖에 없습니다. 왜 이런 인간이 되었을까요? 심리학책을 보니 제가 엄격한 분위기의 양육 환경에서 자랐을 거래요. 아직 자의식이 생기기 전, 너무 엄격한 통제를 받은 거지요. 그래서 뭐든 잘해야 살아남을 수 있다는 생각을 했을 거래요. 강박적인 사람은 본질적으로 뭘 해도 완벽하게 하려고 하잖아요. 언뜻 보면 믿음직하고 좋은 성격 같지만 이런 사람의 내면엔 자기 자신에 대한 신뢰가 부족합니다. 저 스스로 부족한 사람이라 여기기 때문에 완벽해야 인정받을 수 있다고 생각하거든요. 그냥 대충 살아도 될 텐데 전 그게 잘 안 됩니다. 불안해서요. 그래서 계획은 엄청 하는데 막상 실행에 옮기는 건 또 몇 안 돼요. 실패가 두려운 거지요. 그 성격이 어른이 된 지금까지도 저를 지배합니다. 참 딱하지요. 제 딸아이는 저 때문에 덩달아 딱하고요. 문제는 저만 이런 인간으로 살면 되는데 제가 딸아이에게까지 그걸 요구한다는 겁니다.

아이들이 어릴 때 종종 여행을 함께 가곤 했는데요. 저는 제 성격대로 준비를 철저하게 했습니다. 어디 가서 뭘 보고 뭘 먹고 어디서 잘 지를 계획을 하는 거지요. 그래야 안심이 되니까요. 입을 옷, 먹을 것, 지도, 여행 책자… 빈틈이 없나 확인하고 또 확인하지요. 근데 여행이라는 게 변수가 워낙 많잖아요. 그래서 중간에 계획이 틀어지게 마련이고요. 근데 그러면 저는 여행을 멈추고 또 다른 계획을 세우지요. 그 모습이 아이는 이해가 안 되겠지요. 그냥 아무렇게나 여행하면 되는데(사실 여행의 본질이 그렇잖아요) 제가 자꾸 뭘 딱 맞게 끼워 맞추려 하는 모습이 얼마나 이상해 보였겠어요? 그땐 제가 문제라고 생각을 못했어요. 근데 아이들이 크니까 저를 그렇게 진단해주더군요. 아이들에게 미안했습니다. 전 여행 갈 때 항상 아이 스스로 자기 짐을 챙기게 했거든요. 제 아이는 즉흥적인 아이라 항상 뭔가를 빠뜨려요. 물놀이를 하러 바다에 갈 때는 여벌을 빠뜨리고 산에 갈 때는 운동화 대신 샌들을 신고 가더라고요. 아유, 속 터지지요. 그럴 때마다 저는 아이를 나무라면서 다시 챙기라고 했습니다. 그게 바르게 교육하는 거라 생각했어요. 근데 그런 여행을 어떤 아이가 좋아하겠어요. 결국 아이가 중학생이 될 무렵, 더 이상 저와 여행을 안 가겠다고 선언하더라고요. 그제야 저는 제가 얼마나 아이를 괴롭혔는지 깨달았습니다. 그래서 사과하고 약속했습니다. 약속이라기보다 협정이었지요.

- 어떤 일이 있어도 서로의 삶을 비난하지 않기
- 어떤 일이 있어도 서로에게 자신의 삶을 강요하거나 조종하지 않기
- 어떤 일이 있어도 각자 자신의 생각이 있음을 인정하고 인정해주기

'어떤 일이 있어도'라는 표현이 반복되어 있죠? 제 딸아이가 이 문장을 꼭 넣어야 한다더라고요. 제가 약속을 너무 자주 깼거든요. 막상 아이와 약속해놓고 제 성에 안 차면 또 깨곤 했습니다. 제 성격이 그러니까요. 우여곡절이 있었지만 약속은 지금까지 지키고 있습니다. 물론 제가 이를 악물고 지키는 거지요. 그 사이에 아이도 컸고요. 쉽

지 않았습니다. 아직 어리니 더 이끌어줘야 하지 않나? 하는 불안이 여전했거든요. 근데 세상에 자식 이기는 부모 있나요. 별 수 없지요. 막상 약속을 하고 나니 저도 좀 후련해지는 것도 조금은 있대요? 어떤 의무감에서 조금은 벗어난 느낌? 왜 있잖아요, 아이가 나중에 커서 이런 일로 원망하지는 않겠구나 하는 안도감. 안 그러면 어쩌겠어요? 제 고집대로 키우다가는 아이와 제 관계가 더 나빠질 거고 저는 딸아이를 비난하겠지요. 그러다간 내 아이의 마음을 잃을 수도 있잖아요. 눈치채셨지요? 어머님이랑 저랑 비슷하다는 것을요. 어머님 보시기엔 아들이 너무 걱정스러운데 정작 담임교사는 별문제가 없다고 하잖아요.

아이와 성격이 다른 걸 걱정하셨는데, 그럼 운 좋게 부모-자식 성격이 똑 닮은 집은 아이를 쉽게 키울까요? 아, 세상에 그런 일은 없습니다. 어떤 상황에서도 부모는 자기 아이를 끝없이 재촉합니다. 자기보다 더 나은 사람으로 만들고 싶어서요. 결국 성격이 부모와 비슷하냐, 반대냐의 문제가 아닙니다. 그냥 자식이면 다 그래요. 특히 우리나라에서는요. 그 이유로 우리나라의 교육 경쟁 열풍을 꼽고 싶어요. 우리나라는 참 이상해요. 자식을 잘 키워야 한다는 생각이 너무 강해요. 그러면서 그 책임은 엄마에게 돌려요. 근데 정작 의사 결정 주도권은 아빠에게 있지요? 도무지 이해가 안 갑니다. 아이를 보살피려면 가정에서 엄마의 영향력을 보여줘야 해요. 그게 권위입니다. 근데 가정에서 엄마의 역할은 집안일과 아이 챙기는 일에 한정하잖아요.

아이가 볼 때 엄마는 지금 절대자가 아닙니다. 떼쓰고 말 안 들어도 되는 상대인 거지요. 엄마를 우습게 볼 수밖에 없는 구조입니다. 한편, 영향력이 강한 아빠는 직장에 매여 아이와 시간을 보낼 틈이 없어요. 이런 상황에서 엄마는 힘들 수밖에 없어요. 설상가상으로 시부모님은 며느리의 교육 능력을 탓하세요. 이런 상황에서는 답이 없어요. 어머님께 제가 손빨래하시는 이유를 물었지요? 아이가 하도 유난스럽게 놀아 옷이 늘 더러워져서 손빨래를 할 수밖에 없다고 답하셨어요. 살뜰하시네요. 하지만 전 걱정스러워요. 왜냐하면, 손빨래를 한다고 해서 아이 옷이 덜 더러워지는 건 아니거든요. 엄마가 손빨래하는 모습을 보고 아이가 옷을 덜 더럽힐까요? 지금까지의 상황으로 짐작 건데 아이는 전처럼 놀걸요. 그래도 어머님은 계속 손빨래를 하시겠군요. 가끔 이런 생각도 드시겠어요.

'나는 아이를 위해 이렇게 힘들게 일하는데 아이는 왜 계속 험하게 놀까?'

이러면 상황이 더 나빠지겠지요? 혹시 엄마 자격 부족이라고 느낀 나머지 스스로 벌을 주고 계신 건 아닐까요? 이제는 일일이 손으로 빨지 마세요. 덜 깨끗해져도 괜찮으니 세탁기에 던져 넣으세요. 세탁기로 도저히 안 되는 빨래라면 버리세요. 그리고 옷은 저렴한 걸로 사 입히세요. 그런다고 나쁜 엄마가 되는 거 아닙니다. 반대로 손빨래 계속한다고 좋은 엄마가 되는 것도 아닙니다. 뭘 입든 아이는 아이대로 크게 되어 있어요. 냉정하게 말씀드리면, 지금 어머니가 힘든 건 어머니가 그런 쪽으로 자처한 면이 있어요. 애 키우는 게 원래 힘들고 지루하고 지겨워요. 마음대로 안 되는 아이를 붙들고 씨름하는 건 마찬가지입니다. 그런데 어머니는 스스로를 부정적으로 평가하고 실의에 빠져 있는 겁니다. 아이가 좀 예민한 편이긴 하지만, 그런 아이들이 의외로 많아요. 그런 애들이 섞여 학교에도 오고 자라서 사회를 구성합니다. 엄마만 안심하시면 되겠네요. 선생님에게 떼쓰는 건 1학년은 원래 다 그래요. 겨우 만 여섯 살을 지났잖아요. 아직 아기네요. 괜찮아요. 앞으로는 조금 덜 좋은 엄마가 되셔도 돼요. 아니, 조금 나쁜 엄마여도 괜찮아요.

다른 엄마들은 아이들은 엄청 잘 키우는 것처럼 보이지요? 깔끔한 옷을 입은 아이가 엄마 말도 잘 듣고 학교에서는 공부까지 잘하는 걸 보면 그렇게 생각할 수도 있어요. 하지만 그 아이들도 집에 가서는 드러눕고 생떼 부리고 수없이 야단맞습니다. 그러면서 사람이 되어갑니다. 자식 키우는 일에 관한 한, 모든 부모들은 자기가 부족하다고 생각해요. 그래서 평생 자식에게 미안해해요. 아무리 아이를 잘 키워도 그건 마찬가집니다. 그러니 앞으로는 아이 키우다 힘들다 느껴지시면 그 자리에서 일단 한 발 빼세요. 그 시간에 분위기 좋은 곳에 가서 차도 한 잔 드시고 취미 활동도 하세요. 그러면서 힘든 육아에 지친 자신에게 상을 주세요. 확대경을 들고 아이의 부족한 면을 하루 종일 들여다보면서 스스로를 괴롭히지 마시고 적당한 거리를 두세요. 마냥 부족한 줄만 알았던 아이가 하루하루 자라는 게 보이고, 그러다 보면 어느 날 훌쩍 자란 대견한 아들을 마주하게 되실 겁니다.

엄마가 학교에 오는 게 싫은 아이

Q. 3학년, 1학년 남자아이를 키우는 전업맘입니다. 저는 3학년인 큰아이 때문에 걱정입니다. 아이가 다니는 학교는 학기에 한 번씩 학부모를 초대해 참관수업을 합니다. 그런데 아이가 그때마다 엄마가 학교에 오는 걸 싫어해요. 예전에도 좋아하지는 않았지만 그 정도는 아니었는데, 이제는 아예 안내장을 안 보여주더라고요. 결국 모르고 있다가 당일에 같은 아파트 단지에 사는 엄마들이 알려줘서 부랴부랴 갔습니다. 아이가 좀 덜렁거리는 편이라 까먹었나보다, 생각하고 학교에 갔더니 아이가 놀라는 거예요. 담임선생님께도 엄마가 바빠서 못 오신다고 미리 말을 해두었더라고요. 난감했습니다. 저녁에 아이에게 물어보니 엄마가 바쁠까 봐 그렇게 말했다고 하더라고요. 그래도 물어보지 않고 거짓말을 하면 안 된다고, 엄마가 너를 학교에 보내주고 옷이랑 가방도 사주고 밥도 해주는데, 당연히 네가 학교에서 공부 열심히 하는지 볼 권리가 있다고 말했습니다. 운동회 때는 저에게 먼저 말 안 하고 외할머니한테 같이 가자고 말을 했어요. 외할머니가 다

리가 아파서 못 뛰니 엄마랑 가라고 했는데도 며칠이 지나도록 저에게 말을 안 하더라고요. 결국 제가 같이 갔고, 같이 달려서 일등을 하긴 했습니다. 그럴 땐 또 좋아하더라고요. 승부욕이 강한 편이어서 동생과 게임을 할 때에도 지면 난리 나거든요. 그래서 동생이 져줄 정도입니다. 그런데 왜 할머니한테 같이 가자고 했을까요? 아이를 좀 늦게 본 편이라 혹시 엄마가 늙어 보일까 봐 그러는 걸까요? 나름대로는 젊은 엄마들에게 뒤처지지 않으려고 애씁니다. 아이와 함께 책도 읽고 공부도 꾸준히 봐주고 아이 학교 끝나는 시각에 맞춰 교문 앞에서 기다렸다가 같이 오고요. 아이가 엄마를 잘 따라주는 편이라 공부 욕심을 냈는데 제가 심했던 걸까요? 열심히 가르쳐서 전문직으로 키우고 싶거든요. 엄마들 마음이 다 그렇잖아요. 제가 좀 서두르는 것 같다는 충고를 가끔 듣기는 하지만… 솔직히 서운합니다. 고학년은 엄마가 학교 오는 걸 싫어한다는 건 알아요. 하지만 저학년 때는 엄마가 학교에 오기를 바라지 않나요?

A. 그 녀석, 왜 그러는 걸까요? 우리는 모르지만 아이는 알고 있을 겁니다. 지금은 물어보실 시기가 아닙니다. 조금만 기다려봅시다. 제가 지금부터 말씀드릴 내용은 이 기다림의 시간을 보내는 방법입니다. 잘 넘기시면 물어보지 않아도 아이가 먼저 술술 말할 겁니다.

말씀하신 대로 저학년 아이들은 엄마가 학교에 오는 걸 좋아합니다. 아이들은 본능적으로 자신의 능력을 엄마에게 보여주고 싶어 하거든요. 그럼 그 능력을 평소에 보여주면 되지, 왜 굳이 학교까지 와서 봐주길 바랄까요? 여기엔 아이들의 독특한 사정이 있습니다. 아이들은 엄마들이 자기를 잘 모를뿐더러 과소평가한다고 생각합니다. 아이들이 학교에서 토로하는 말을 들어보세요.

내가 어제 설거지를 할라 그랬단 말이에요. 그런데 엄마가, 야, 그릇이나 깨지 마라, 그러잖아요. 내가 할 수 있다 그러니깐 할머니가 야, 설거지는 엄마 하라 그러고 넌 이리로 와서 니 흘린 거나 마저 먹어, 그러면서 막 웃잖아요.

내가 구구단 다 외웠는데, 누나가 갑자기 9 곱하기 9는 얼마냐 그래서, 내가 금방 생각이 안 나, 구일은 구, 구이 십팔… 하다가, 생각이 잘 안 나 쪼끔 있었는데, 누나가 바보라 그러잖아요. 나 진짜 구구단 다 외워요! 선생님도 봤잖아요.

아이들은 이렇게 자기의 성장을 증명하고 싶어 합니다. 또 가족들은 아이의 그런 모습을 흐뭇하게 받아들이고 있네요. 이야기에 나오는 누나는 동생과 경쟁 관계라기보다는 아이의 능력을 검증하는 역할입니다. 누나가 까다롭게 굴수록 아이의 능력은 더욱 세련되게 다듬어질 테니까 중요한 역할이네요. 만약 가족이 아이의 이런 이해 수준을 미리 알았더라면 어땠을까요? 그래서 아이를 그저 귀여운 존재 말고, 성장하는 개별적 존재로 대했더라면? 아이들이 성장하는 속도보다 그 성장을 이해하고 인정하는 가족의 반응 속도는 대부분 느립니다. 그러니 아이들은 항상 자신의 성장을 인정받으려고 안간힘을 쓸 수밖에 없습니다. 그 과정에서 진짜 '성장'이 일어나는 거고요. 그런데 이게 아이들 입장에서는 피곤한 일입니다. 아무리 노력해도 자기를 어린애 취급하는 것 같거든요. 이런 상황이 지속되고 아이가 지치면 어떤 일이 일어날까요? 자기 능력을 보여주려는 시도(성장 동기)를 점점 줄여갑니다. 보통 4, 5학년 때에 위기가 오지요. 그래서 아이에게는 칭찬이 필요합니다. 지속적이면서도 판에 박히지 않은, 아이를 감동시키는 칭찬 말입니다. 아이의 능력을 충분히 공감하고 인정해주면서, 지금보다 더 높은 단계로의 성장 동력을 제공하는 칭찬. 좀 더 자라 사춘기가 되면 아이들은 내가 뭘 잘 해도 부모가 자기 기대만큼 환호하지 않는다는 걸 압니다. 또 내가 잘하는 게 부모와 무슨 상관이 있겠느냐는 냉소적인 태도도 보입니다. 어쩌면 어머님의 아이는 아직 어린데도 벌써 이러한 상황에 가 있는지도 모릅니다.

엄마가 학교에 오는 걸 싫어하는 아이들은 엄마에게 약점을 들키고 싶지 않아합니다. 우리나라 아이들의 약점이라면 단연 공부일테니 참관수업을 할 땐 더 싫겠네요. 자기가 잘 못하는 모습을 들킬지도 모르니까요. 그래서 저학년 교사들은 참관수업을 할 때 평소와 조금 다르게 수업을 준비합니다. 가능하면 아이들이 골고루 발표할 수 있게 수업을 진행하는 거지요. 하지만 어떤 아이들은 끝내 발표를 안 하기도 합니다. 답을 몰라서라기보다 엄마 앞에서 발표하는 것 자체를 부담스러워하기 때문입니다. 이유를 물어보면 이런 말을 합니다.

내가 목소리가 좀 작단 말이에요. 그런데 오늘 아침에 엄마가 큰 소리로 말하라 그랬단 말이에요. 그런데 엄마가 맨 뒤에 서 있었단 말이에요. 어떻게 거기까지 들리게 해요.

난 발표할 때 자꾸 손을 주머니에 넣는단 말이에요. 엄마는 그러지 말래요. 나도 안 넣으려 그랬는데 나도 모르게 손이 주머니에 들어가 있다니까요.

내가 할라 그런 걸 친구가 먼저 발표했어요. 그러면 난 다른 걸 말해야 되잖아요. 근데 바로 내 차례가 오니까 생각이 안 나서 말을 못 했죠.

아이들은 엄마를 너무 의식하고 있어요. 아이들은 그냥 '아이답게' 틀리기도 하고 실수해도 되는데 스스로 그런 생각을 감히 못 하는 거죠. '평소처럼 하면 엄마가 만족하지 않을 거라'는 압박을 느끼고 있습니다. 아이 스스로 이런 생각을 만들어냈을 수는 없지요. 운동회도 마찬가지입니다. 운동회는 특성상 경쟁을 해야 하거든요. 이긴 편과 진 편, 한 명의 일등과 일등을 하지 못한 다수가 존재합니다. 달리기를 잘 못하는 아이가 엄마 보는 데서 꼴등을 하면 기분이 어떻겠어요? 아이들은 그런 상황이 불편합니다. 또 집단 무용을 할 때, 엄마가 보면서 다른 친구와 비교할까 봐 괴롭습니다. 반대로 운동을 잘하는 아이는 엄마가 운동회에 와서 자기의 활약을 봐주기를 기다리겠지요? 하지만 그런 아이는 소수지요. 부모는 할 말이 없습니다. 내 아이가 남의 아이보다 처질까 봐 불안해하며 공부를 시키는 건 사실이잖아요. 아이 입장에서는 운동회나 참관수업이나 그저 똑같은 경쟁인 셈입니다. 언젠가 비행기를 타기 위해 공항 탑승구 앞 의자에 앉아 있던 날의 일입니다. 승객 중에는 아이들을 동반한 부모들도 있었습니다. 탑승구가 열리자, 부모들이 자기 아이들을 재빨리 불러 모으더니 줄을 먼저 서려고 서두르기 시작했습니다. 한두 아이가 재빨리 선두 쪽으로 달려가니 다른 아이들도 우르르 따라가다가 그만 몇 아이가 서로 엉켜 넘어졌습니다. 한 아이의 부모가 이러는 거예요.

"내가 못 살아, 정말. 이런 데서 울면 어떡해! 빨리 일어나 이리 와 줄 서!"

먼저 아이가 괜찮은지 살피는 척이라도 해야 하잖아요. 아이가 창피함을 느끼지 않도록 달래야 하고요. 그런데 그 자리에서 야단을 치다니. 좌석은 이미 정해졌기 때문에 먼저 타나 나중에 타나 결국 좌석대로 앉게 마련이잖아요. 그리고 승객이 모두 타야 출발하고요. 꼴

찌로 탄다고 손해보는 것도 아닙니다. 그런데 그 비행기를 조금이라도 먼저 타려고 탑승장에서 뛰는 사람들을 떠올려보세요. 어쩌면 지금 우리는 아이들을 이렇게 키우고 있는지도 몰라요. 머잖아 참관수업도 운동회와 똑같아질 겁니다.

제가 교사로 일하는 동안 교육과정이 여러 번 바뀌었는데요, 경쟁보다 배려(특히 사회적 소수자·약자에 대한)를 강조하는 교육으로 변하고 있습니다. 다행스러운 일이지요. 학교에서도 경쟁을 시키지 않으려 애씁니다. 예전보다 대회가 줄었고 개인 간의 경쟁보다 집단의 협동을 강조합니다. 공부를 조금 덜 가르치더라도 인성과 안전 교육에 더 신경 쓰는 거지요.

다른 엄마보다 늙어 보일까 봐 신경 쓰실 필요도 없습니다. 아이에겐 중요하지 않아요. 학부모님이 생각하는 엄마의 역할을 자연스럽게 하세요. 다른 엄마들과 경쟁하실 필요 없습니다. 내 아이에게 받는 '좋은 엄마' 칭찬 외 타인의 평가는 의미 없어요. 아이와 함께 책도 읽고 공부도 봐주고, 학교 끝나는 시각에 교문 앞에서 기다렸다가 같이 오신다고 하셨지요? 잘하셨어요. 그런데 아이의 의견은 물어보셨나요? 엄마가 학교 오는 걸 싫어한다고 해서요. 만약 일방적으로 결정하신 거라면 이것도 아이에게는 압박입니다. 아무리 어려도 자기 생각이 분명히 있거든요. 아이들은 대부분 엄마가 교문 앞에서 기다려주는 걸 좋아하지만, 독서와 공부를 엄마랑 하는 걸 모두가 좋아하지는 않아요. 같이 공부하면서 좋은 말만 듣지는 않으니까요. 그래서 엄마와 하교하는 즐거움을 포기하면서까지 엄마가 학교 오는 걸 막고 싶었는지도 몰라요. 이런 아이들의 생각보다 많답니다.

그런데 어머님의 아이는 아직 자기 욕망을 포기하지는 않았군요. 저는 이 부분이 대견합니다. 다른 건 다 양보하면서도 엄마를 학교에 못 오게 하고 싶은 욕망을 지켜내고 있잖아요. 그 욕망은 엄마를 향한 자존심인지 모릅니다. '다른 건 엄마 뜻대로 해주겠어. 하지만 나도 내가 정말 원하지 않는 것 하나는 지켜낼 거야' 하는 자존심 말입니다. 이런 자존심이 성장 동기가 되거든요. 맞서본 아이가 오기도 지닐 수 있으니까요. 앞으로 삶을 주체적으로 결정할 씨앗이 되어줄 겁니다. 이런 아이들을 보고 옛 어른들은 '저놈 고집은 있지만, 커서 뭘 해도 하겠다'라고 말씀하셨으니까요. 아이로서도 꽤나 용기가 필요했을 겁니다. 참관수업 안내장을 숨길 땐 들켜서 혼날 각오를 해야 하니까요. 그러면서 스트레스를 받았을 거고, 동생을 이기는 쾌감으로 풀려고 했을 겁니다. 만약 제 짐작이 맞다면 아이가 너무 가엽잖아요. 그동안 알게 모르게 아이를 압박하셨다면 이제 수위를 좀 낮춰 보세요. 오늘 하굣길에 이렇게 먼저 얘길 꺼내 보면 어떨까요?

"엄마는 우리 ㅇㅇ가 공부하느라 힘들었을까 봐 가방 들어주고 싶고, 같이 집에 가는 게 좋아서 그랬는데… 우리 ㅇㅇ의 생각이 궁금해. 네가 좋다고 하면 엄마는 앞으로도 계속 교문에서 기다리고 싶어. 오면서 같이 아이스크림도 사 먹고 싶고. 하지만 싫다고 하면 엄마도 참아볼 거야."

효도를 어떻게 가르칠까요?

Q. 4학년, 6학년 아들을 키우고 있습니다. 얼마 전, 친정에 행사가 있어서 모처럼 가족들이 모였습니다. 모이면 어른들은 으레 집안 이야기를 하게 마련이잖아요. 누구네 집 누가 부모에게 어떻게 했다더라, 뭐 이런 이야기를 하다가 자연스레 효도 이야기가 나왔어요. 제 아버지께서 아이들을 부르시더니 너희들도 이다음에 부모에게 효도해야 한다고 말씀하셨어요. 6학년짜리 큰아이는 별생각 없이 가만 듣고 있는데, 4학년짜리 둘째 아이가 왜 자기만 효도를 해야 하느냐는 거예요. 친정 어르신들 앞에서 당돌한 태도를 보여 제가 아이를 좀 나무랐는데, 그 자리에서 얼굴이 벌게져서 대들더라고요. 민망했습니다. 아버지는 저와 남편을 불러 아이 교육을 잘 시키라고 한참 훈계를… ㄲㄲ 그 일이 있은 뒤로 아이들에게 효도에 관한 이야기를 해보았는데, 그때마다 반응이 별로예요. 특히 둘째는 설득하기가 어렵습니다. 지난번 일 때문인지 앞으로는 할아버지 댁에 안 가고 싶다고까지 해요. 여태까지 가정에서 효에 대해 따로 가르친 적이 없어서 그럴까요? 효도에

대한 책을 같이 읽고 얘기를 하려고 해도 아이들과 대화가 잘 안 됩니다. 학교에서도 효 교육을 하는 걸로 알고 있는데…. 제가 어릴 땐 효도하는 걸 당연하게 생각하고 부모님께 잘하려고 애썼는데 요즘 아이들이 원래 이런지 제 아이만 이런지 모르겠습니다.

A. 네, 학교에서도 효 교육을 합니다. 나름 한다고 하는데 그 효과가 할아버지 앞까지 미치지는 못했군요. 수업할 때는 아이들도 재미있어합니다. 내가 했던 효도를 주제로 만화 그리기/ 효행 신문 만들기/ 효에 관한 기사 찾아 스크랩하기/ 집안 어른의 인생을 전기로 쓰기/ 효에 관한 내용으로 노래 가사 바꿔 부르기/ 어버이날 카네이션 만들기/ 삼행시·오행시 짓기/ 효행 속담 만들기/ 효행 뉴스 제작하기/ 부모님께 편지 쓰기/ 표어·포스터 그리기/ 부모님께 영상 편지 만들어 보내기/ 효도 상품 만들기/ 부모님 손발 그리기. 저희 학교에서 하고 있는 효 교육입니다. 참 다채롭지요?

유럽의 어느 나라에서 홈스테이를 한 적이 있습니다. 당시 집주인이 젊은 부부였는데 바로 옆집에 늙으신 어머니가 혼자 사시더라고요. 얘기를 하다가 부모 모시는 이야기를 하게 되었는데 이 부부 말이 자기 어머니는 여든 살이 되면 양로원에 가실 거래요. 노모 입장에서는 양로원보다 아들과 손주가 옆집에 있는 지금의 집이 더 낫지 않겠느냐고 했더니 그래도 할 수 없대요. 자기가 가끔 양로원에 들러서 보면 된대요. 한국 같으면 자식이 비난받을 일이라고 했더니 이해를 잘 못하더군요. 부모가 돌아가실 때까지 모시면 자기 삶이 불편하지 않겠냐고, 자기도 부모가 좋지만 모시고 살 만큼 가깝게 느끼지는 않는다는 말을 아무렇지 않게 하더라고요. 개인의 의사와 자유를 중요시 여기는 서양과 달리 연장자 중심의 위계를 중시하는 우리나라는 효 사상이 국가 이데올로기에 가깝습니다. 경로효친, 효부상, 효도 관광 같은 말을 초등학생들도 알지요. '효도를 하지 않으면 나쁜 놈' 분위기라고 할까요? 《삼강행실도》가 어쩌고저쩌고, 《명심보감》, 《주자가례》… 배울 것이 차고 넘치는 현대에 와서도 효 사상은 학교 교육의 중요한 비중을 차지하고 있습니다. 교과서(도덕, 국어, 사회)도 효에 많은 페이지를 할애하고 있고요. 심지어 따로 시간(창의적 체험 활동)을 내기도 합니다. 해마다 어버이날이면 아이가 색종이로 만든 카네이션과 부모님께 쓴 편지를 학교에서 만들어오지요? 하지만 아이들이 막상 효도를 하는 것 같지는 않다고요? 어찌 된 일인지 아이들에게 물어보면 되겠군요.

저학년

효도요? 나 효도 많이 하는데. 어제도 엄마 발 아프다 그래서 주물러줬어요.

➡ 효도는 부모에게 뭔가를 해주는 것

우리 오빠는 효자예요. (그럼 너는?) 나요? 난 불효자예요. 할머니가 그랬어요.

➡ 효도에 대한 가치 판단을 타인에 의존함

우리 할머니가 그러는데 부모에게 효도하면 자식이 잘 된대요. 불효자식은 잘 못 산대요.

➡ 효도의 당위성이 기복 신앙에 기반함

효도해야죠. 우리 엄마가 할머니가 되면 효도할 거예요.

➡ 효도는 나이든 부모에게 하는 것

고학년

우리 엄마 아빠가 저를 안 낳았으면 지금처럼 힘들게 안 사셔도 되는데 저 때문에 고생하세요. 전 효도 꼭 할 거예요.

➡ 효도는 낳아준 은혜를 갚는 것

나보고는 사촌 언니가 입던 옷 입으라 그러면서 동생은 사달라는 거 다 사준단 말이에요. 그래서 커서 효도 안 할거라 그랬죠.

➡ 효도는 부모에게 받은 만큼만 하는 것

저희 할머니가 요양 병원에 계시는데 작은아빠랑 고모는 한 달에 30만 원씩 내거든요. 우리 아빠는 장남이라서 50만 원 내요. 엄마가 싫어하시죠.

➡ 효도는 돈이 필요한 것

아이들 특유의 천진한 대답들이네요. 근데 뭔가 씁쓸합니다. 효도를 일상생활과 별개라고 생각하고 있네요. 부모님과 친하게, 가까이 지내는 것만으로도 이미 효도인데 아이들에게 효도라는 건, 반드시 뭔가를 '따로' 해야 되는 건가 봐요. 진심에서 우러나오는 게 아니라 선생님이나 부모님이 하라고 했기 때문에 한다는 식입니다.

최근에 아이들을 데리고 수학여행을 다녀왔습니다. 유적지 관람을 마치고 나오는 길목에 다양한 기념품을 파는 가게가 있더군요. 그중 대나무로 만든 효자손을 파는 곳이 있었습니다. 많은 아이들이 효자손을 사더군요. 그냥 효자손이 있고 '효자손'이라고 쓰여 있는 효자손이 있었는데요. '효자손'이라고 쓰인 효자손은 이천 원, 글자가 없는 효자손은 천 원이었습니다. 재미있는 건 대부분의 아이들이 글씨가 있는 이천 원짜리를 샀다는 겁니다. 글씨가 있다는 이유로 두 배를 받다니, 아이들에게 '글씨가 없어도 기능은 똑같은데 두 배 비싼 걸 살 필요가 있겠느냐', 너희들이 원하면 천 원짜리로 교환해주겠다고 설득했습니다. 그런데 몇몇 아이들을 빼고 대부분의 아이들은 흔들리지 않더군요. '효자'라는 글자가 물건의 부가가치를 두 배로 높여주는 현상, 어떻게 생각하십니까? 효자손 가게에는 수공예 목걸이나 머리핀처럼 실제로 부모님들이 좋아하실만한 기념품들이 많이 있었습니다. 또 효자손은 집집마다 이미 대부분 있잖아요. 그런데도 사는 이유가 궁금해서 물어보았습니다.

"효도할라고요. 효자손이잖아요."

"이왕이면 효자손 글씨 있는 게 좋죠. 더 효도하는 거 같잖아요."

아이들의 의식 속에 효도에 대한 강박이 있었던 겁니다. 그 강박 때문에 천 원을 더 쓴 셈이지요. 우리가 잘못된 방법으로 효를 가르치는 건 아닐까요? 효도에 대한 아이들의 강박은 부모님으로부터 옵니다. 어쩌면 부모님은 용돈을 주면서 이런 말을 했을 겁니다.

"엄마 아빠가 힘들게 피땀 흘려 번 돈이야. 아껴 써."

"나중에 자라면 다 갚아."

"엄마 아빠 늙으면 네가 책임져."

반복해서 듣다 보면 아이 마음속에 부담이 쌓이지요. 이게 해소되려면 아이가 효도를 해서 갚는 상황이 와야 하는데 아이 수준에서 할 만한 효도가 사실 별로 없어요. 효도 못 하는 부담을 죄책감으로 치환해서 지닌 아이가 '효자손'을 발견한 겁니다. 같은 용돈을 주더라도 이렇게 말했다면 어땠을까요?

"엄마 아빠가 널 위해서 용돈을 조금 준비했어. 수학여행에서 즐겁게 쓰면 좋겠어."

"엄마 아빠는 널 위해 돈을 쓰는 게 행복해."

"엄마 아빠 걱정은 하지 마. 우린 너만 행복하면 돼."

같은 내용이라도 어떻게 말하느냐에 따라 아이는 다르게 받아들입니다. 아이가 돈을 쓰는 모습도 다르고요. 당연히 그 이후의 삶도 다르겠지요? 부모의 양육 태도가 아이의 삶을 어떻게 바꾸는지를 보여주는 예입니다. 아이들에게 효도를 강조하는 부모님 입장에서는 그렇게 하지 않으면 효도를 배우지 못할까 봐 걱정이라고 합니다. 노파심에서 자꾸 강조하게 된다는 거지요. 근데 만약 엄마 아빠 걱정은 말고 너의 행복을 위해 살라고 하면 아이들은 효도를 안 할까요? 효도라는 게 결국 부모와 자식과의 관계잖아요. 부모 자식 사이가 좋으면 효도는 자연스럽게 이루어집니다. 굳이 효도라고 칭할 필요도 없이 말이지요. 우리 어릴 때만 해도 부모를 무서워(?)했기 때문에 부모의 잔소리에 반항할 엄두를 못 냈지요. 또 부모님 말씀을 자꾸 듣다 보면 내면화되어 효도해야겠다는 마음이 저절로 생기기도 했고요. 엄격한 관계를 전제로 상명하복식의 교육이 그때는 통했다는 뜻입니다. 그런데 요즘 애들은 어디 그런가요? 싫으면 바로 반응이 나오지요. 둘째 아이처럼요. 자기감정을 감추지 않고 드러내잖아요. 또 첫째 아이가 반항을 하지 않는다고 해서 그 아이가 외할아버지의 훈계를 받아들였다고 볼 수 있을까요? 진실을 알면 슬퍼질지도 몰라요. 이데올로기로부터 자유로워지는 방법은 효도를 강요하지 않는 겁니다. 기대하지 않으면 강조할 필요가 없어져요. 당연히 할아버지의 훈계를 불편하게 들을 필요도 없고 반항할 필요도 없어집니다. 어떤 부모님은 자기는 효도 받을 생각도 없고 강조한 적도 없는데도 아이가 강박이 있는 것 같다고 걱정합니다. 하지만 아이들은 부모의 직접적인 대화뿐 아니라, 비언어적 행동으로도 의도를 알아챕니다. 특히 고학년들은 말이죠.

"엄마가 새 가방을 사주셨는데요. 나중에 제가 돈 벌면 명품 가방으로 돌려달래요."
"우리 엄마 아빠는 늙어도 저랑 안 산대요. 대신 저한테 아무것도 안 물려줄 거래요."
"제가 결혼하면 엄마 아빠 집에서 같이 살고 싶어요. (이 말에 옆 아이가), 야, 너 시부모 있으면 장가 못 가!"

아이들은 이미 '우리 부모님은 대가를 바라신다'는 걸 알고 있습니다. 아이들 대화를 듣다 보면 마치 '부모란 자식에게 뭔가를 요구하려고 준비 중인 존재'처럼 보입니다. 아이들이 《심청전》을 읽고 쓴 한 줄 느낌을 보시지요.

"심청이 아버지 쩐다. 자기 눈을 뜨려고 딸을 팔다니. 와, 대박!"
"엄마가 일찍 돌아가신 것도 불쌍한데 아빠가 시각장애인이라니! ㅠㅠ"
"딸 목숨과 바꾼 쌀을 또 뺑덕어멈에게 뺏긴다. 그런 주제에 궁궐 잔치에 간다. 완전 ㅎㄷㄷ"

심청이의 효성에 대해 언급한 아이들보다 심청이의 운명을 안타까워하는 아이가 많습니다. 반면 부모님과 비슷한 처지인 심청이 아버지는 동일시가 안 되네요. 아이들이 바라보는 효는 우리가 익숙하게 받아들였던 그 전통 가치와 사뭇 다릅니다. 물론 아이들을 그렇게 만든 원인 또한 우리들이겠지요.

어느 어버이날, 어머니를 모시고 옷 가게에 갔던 일이 떠오르는군요. 제 나름의 어버이날 기념행사였지요. 얄팍한 의도로, 마음속에는 이미 얼마짜리 정도를 사드리면 되겠다는 계산도 있었습니다. 아, 그런데 어머니께서 그날따라 제법 비싼 옷을 고르시는 겁니다. 저도 모르게 '칠십 가까운 노인네가 뭐 그리 비싼 옷을 사시지? 앞으로 얼마나 입는다고'라는 생각이 들었습니다.

그동안 제 의식 속 어머니는 여자가 아니라 그냥 엄마였던 거지요.

자식에게 희생은 당연히 하면서도 자기를 위해서는 돈 한 푼 쓸 줄 모르는 엄마요. 요즘 아이들과 수준이 똑같지요? 저부터가 이 모양인데 제 아이들에게 어떻게 효도를 기대하겠습니까? 요즘 젊은 세대들은 '내가 너희들 때문에 참고 살았는데…'라고 말하면, '다른 대안이 없어서' 그렇게 산 거 아니냐고 따집니다. 부모님 당신의 윤리 규범이 강요한 것이지 자식이 원한 건 아니라는 거지요.

또 젊은 부모들 역시 자식을 키우는 관점에 대한 생각이 변하고 있습니다. 내가 낳은 자식이 행복하면 좋지만 아니어도 할 수 없다고 생각합니다. 그래서일까, 공부든 뭐든 아이가 좋아하는 걸 지원하는 부모가 늘고 있습니다. 부모든 자식이든 자신의 삶을 희생해서 가족을 위하겠다는 마음도 전보다 줄고 있고요. 오랫동안 우리 사회는 부모의 일방적인 희생을 미풍양속으로 당연시했지만 다음 세대 아이들은 그렇지 않아요. 이게 자연스러운 건지도 모릅니다. 사람과 사람 사이를 사랑과 이해가 아닌 강제적 윤리로 규정하면 결국 모두 괴로워질 테니까요. 그런 점에서 다시 생각해봅시다. 효도는 여전히 미덕입니까? 부모를 삶의 동반자로 이해하기보다 섬김과 은혜 갚음의 상대로 규정하는 '효도' 대신 '사랑'은 어려울까요?

아이와 대화를 많이 하세요.

《심청전》이든 뭐든 책을 읽을 때, 아이가 이해하고 받아들일 수 있는 가치가 뭔지 생각해보세요. 심청이처럼 몸을 바다에 던져서라도 효도를 해야 한다는 가치 말고, 아이들 수준에서 느끼는 감정에 집중하세요. 굳이 고전에서만 찾으실 필요도 없습니다. 아이들이 좋아하는 요즘 드라마, 만화영화에도 부모 자식 간 사랑에 대한 내용은 많으니까요. 외할아버지가 효도를 강조하신 속마음도 잘 풀어서 설명해주세요.

효에 대한 아이의 생각이 차츰 부모님에 대한 사랑과 연민으로 기울 때까지 기다려주세요.

아이가 받아들이지 않는 가치를 심어주려고 애쓰지 마세요. 아이는 효도를 못하고 있다는 죄책감 때문에 그 대화를 피하는지도 모릅니다. 아이도 나름 자기 수준에서 최선을 다해 엄마나 외할아버지의 생각을 이해하려 애쓰는데 잘 안 되니까 싫은 내색을 하는 겁니다. 그러는 아이의 마음도 편치 않을 겁니다. 이런 아이를 인정해주는 과정이 필요합니다.

부모님의 삶을 아이가 가깝게 느낄 수 있게 도와주세요.

아이들은 부모님이 늙어 가난할 거라는 생각을 못 합니다. 부모님이 앞으로 몇 살까지 더 일할 수 있고, 그 뒤로는 소득이 많이 줄게 될 거라는 걸 아이들이 알아야 합니다. 보통은 이런 과정이 부모의 일방적인 통보로 알려지지요. 제가 대학 가고 싶다고 했을 때, 어머니가 대학에 보낼 여유가 없으니 공장에 취직이나 하라고 하신 것처럼요. 어른들의 직장 생활은 고난의 연속이잖아요. 그런 걸 평소에 솔직하게 말하는 겁니다. 어떤 부모님은 그래서 아이와 함께 가계부를 쓰기도 합니다. 가정의 경제 사정을 이해시키고, 가정을 잘 꾸려 가기 위한 엄마의 노력을 보여줄 수 있는 좋은 방법입니다.

아이를 위해 헌신하는 부모의 모습을 보여주세요.

두 아이를 키우기 위해 어머님은 많은 노력을 하고 계십니다. 아침에 일어나기 싫어도, 주말에 쉬고 싶어도 힘든 내색 않고 아이와 놀아주시잖아요. 돈 버는 일이 힘들지만 너희들이 잘 자라는 모습을 보니 기운이 난다고 말해주세요. 부모님이 직장에서 있었던 속상한 일을 아이들에게 솔직히 말해주셔도 됩니다. 4, 6학년이면 다 이해하고도 남아요. 수업 시간에 부모님에 대해 발표하다가 눈물짓는 아이들도 있거든요. 다만 집에서 부모님과 나누지 않을 뿐입니다. 해보지 않아서 그래요. 부모님이 얼마나 애쓰는지 알면 아이들은 자연스레 고마운 마음을 가집니다. 부모님의 헌신이 얼마나 위대한 것이었는지 아는 날, 아이는 비로소 효자가 되는 겁니다.

가난하다고 기죽은 아이

Q. 4학년 여자아이를 기르고 있습니다. 아이의 일기장을 보다가 충격을 받았습니다. "우리 집은 너무 가난하다. 나는 왜 이렇게 가난한 집에서 태어났을까. 엄마 아빠가 나를 잘 키우려고 힘든 일을 하는 게 불쌍하다." 얼마 전, 집세를 올려줘야 하는데 여건이 안 돼서 남편과 의논하다가 말다툼을 했습니다. 문제가 잘 해결되어 잊고 있었는데 아이는 그게 계속 신경 쓰였나봐요. 여유 있는 집은 아니지만 그렇다고 당장 끼니 걱정을 하는 것도 아닌데 아이는 말끝마다 우리 집은 왜 가난하냐고 한탄을 합니다. 네가 걱정할 문제가 아니라고 해도 여전합니다. 아이가 2학년 때였어요. 직장이 쉬는 날이라 하교 시간에 맞춰 학교에 데리러 갔습니다. 교문에서 기다리는데 저 멀리 아이와 친구들이 나오더군요. 그런데 제 아이가 자기 가방 말고도 두 개를 더 들고 낑낑거리며 나오는 거예요. 저와 눈이 마주치고는 얼른 친구들에게 가방을 돌려주더라고요. 제가 그 아이들에게 "너희는 왜 친구에게 가방을 들라고 시키냐" 하고 물으니 글쎄, 우

리 애가 먼저 들어주겠다 그랬대요. 집에 오면서 왜 남의 가방을 들어줬느냐고 물으니, 그래야 친구들이 자기한테 먹을 걸 사준대요. 엄마한테 간식 사 먹을 돈을 달라고 말하면 되지 않느냐 하니 "우리 돈 없잖아" 그러는 겁니다. "아냐, 우리 돈 있어. 너 용돈 줄 돈 있어" 그렇게 말해도 잘 안 믿는 것 같았어요. 얼마 전에는 아이가 쓰던 스마트폰이 고장났습니다. 그런데 아이가 말끝마다 "최신 폰, 제일 비싼 폰 아니면 아예 사주지 말라"고 합니다. 우리 집은 왜 가난하냐고 신세 한탄을 하는 아이가 비싼 폰을 사달라고 하는 마음은 뭔지 모르겠습니다. 아이 아빠는 지방을 오가며 일하지만 열심히 하고 있고, 저도 일을 합니다. 직장 생활하느라 아이에게 신경을 못 써서 그런 걸까요? 가난 때문에 아이가 기를 못 펴는 것 같아 마음이 아픕니다. 안 그래도 일이 잘 안 풀려 속상한데 아이까지 뜻대로 안 되네요.

A. 4학년짜리가 벌써 자신의 가정 형편을 파악하고 있군요. 아이는 지금 우리 집이 가난한 게 불만입니다. 그래서 기가 죽어 있고요. 그 상대는 자기보다 잘 사는 (것처럼 보이는) 친구들이네요. 아이는 친구들에게 기죽지 않기 위해 최신 휴대폰이 필요하다고 생각합니다. 또 아이의 행동에는 어떤 오기와 배짱도 느껴집니다. 자존감을 잃기 싫어하는 마음 말입니다.

학교에서는 진로 교육을 합니다. 진로 교육에서 빠지지 않는 게 지금 나의 상황을 이해하고 미래의 계획을 짜는 겁니다. 그러려면 우리 집 경제 현황을 알아야겠지요? 우리 부모가 나를 대학에 보내주고 어학연수도 보내줄 형편인지, 대학을 포기하고 바로 구직에 나서야 하는지 말입니다. 그런데 가난을 부끄러워하고 체면을 중시하는 문화에서는 부모가 자식에게 솔직하기 어렵지요. 그래서 아이들은 각자 이해 가능한 선에서 나름대로 파악합니다.

우리 집이 부자라고 생각하는 이유

1. 차가 있어요.
2. 컴퓨터가 있는데 노트북을 또 샀어요.
3. 넓은 아파트에 살아요.
4. 최신 스마트폰을 사주셨어요.
5. 학원을 여러 군데 다녀요.
6. 용돈을 많이 받아요.
7. 집에 택배가 자주 와요.

우리 집이 가난하다고 생각하는 이유

1. 엄마 차가 경차예요.
2. 컴퓨터가 오래됐는데 내년에나 새로 사준대요.
3. 아파트 아닌 주택에 사니까요.
4. 식구 중 최신폰 쓰는 사람이 없어요.
5. 돈 때문에 부모님이 싸우는 걸 봤어요.

6. 용돈을 안 주세요.

어떤 점은 그럴듯하지만 어떤 점은 아이스럽지요? 경차를 예로 들어 볼까요? 어떤 아이는 가난해서 경차를 탄다고 생각합니다. 왜 아이들이 이런 생각을 하게 되었을까요? 아마도 평소에 부모님께 이런 말을 들었을 겁니다. "돈이 없으니 경차나 타야지 뭐. 우리 같이 가난한 사람이 무슨 중형차를 타겠어!" 자기가 경차를 타면서 느끼는 불편과 열등감을 자기도 모르는 사이에 아이 앞에서 드러냈던 거지요. 이런 자책을 들으면 아이는 가난한 게 부모 잘못이라고 생각합니다. 또 그런 부모를 우습게 알기 시작해요. 아이는 성장하는 내내 이런 정서를 고스란히 마음속에 담아둡니다. 또 경차 타는 사람들을 보면 '저 사람도 가난한 모양이네. 가난한 사람들은 경차나 타야 돼'라고 생각하겠지요? 경차를 타며 한탄하던 부모님을 떠올리는 거지요. '지금 경차를 타는 저 사람도 우리 아빠처럼 못난 사람이겠네.' 만약 나중에 부자가 되어 좋은 차를 사면 경차 타는 사람을 무시해도 되겠다고 생각하는 거지요. 운전하다가 큰 차가 끼어들면 아무 말 안 하면서 작은 차가 끼어들면 자기를 무시한다며 화내고 욕하는 사람 있지요? 빈익빈 부익부 경제구조에서 가난한 집 아이는 어른이 되어도 가난할 확률이 높습니다. 경차를 타게 되겠네요. 아이가 경차 타는 신세를 한탄하면서 자학하는 모습을 한 번쯤 떠올렸다면, 아이 듣는데 함부로 말을 하진 못 하겠지요. 다행히 아이가 중산층이 되었다고 가정해봅시다. 아이는 어떤 차를 사고 싶어 할까요? 살림에 무리가 되더라도 비싼 차를 고르겠지요. 어릴 때 맺힌 설움이 있으니까요. 결국 그런 소비 때문에 또다시 가난해질지 모릅니다. 부모의 양육 철학이 이렇게 아이들에게 큰 영향을 줍니다. 하지만 제가 만난 어떤 부모님은 경차를 타는 까닭이 유한한 화석연료를 아끼고 매연물질을 배출을 줄이기 위해서라고 하시더군요. 지구환경에 도움이 되기 위해 일부러 경차를 타신다는 겁니다. 이런 가정에서 자란 아이는 경차를 다르게 생각하겠지요? 불필요한 자괴감을 느끼지도 않을 거고요. 다음은 부모님의 경제관이 얼마나 중요한지를 보여주는 예입니다.

저학년

- 우리 집이 가난한지 부자인지 생각이 별로 없음.
- 사달라고 조르면 대부분 사주시는 걸로 봐서 우리 집은 부자임.
- 난 나중에 커서 돈 많이 벌 자신 있음.

고학년

- 친척에게 돈을 빌린 부모님이 불쌍함. 내가 돈 벌어서 집을 사드리겠음.
- 우리 부모님은 무책임하고 무능한 부모임.
- 돈도 없으면서 자식은 왜 낳아서 나를 고생시키나?
- 부모님이 가난해진 건 나를 키우느라 돈을 많이 써서임.
- 부자들이 자기들만 많이 먹고 가난한 사람들에게 월급을 조금 주는 게 문제임.

아이들 글이 섬뜩하지요? 하지만 정신적 성숙과 학교교육이 더해지면 이런 대견스러운 글들이 늘어납니다.

- 우리 부모님은 가난하지만 나를 열심히 키우심. 부모님의 은혜에 감사함.
- 큰돈은 못 벌지만 새벽부터 밤까지 일하시는 아버지가 존경스러움.
- 외삼촌 때문에 큰 빚을 졌지만 원망하지 않는 엄마가 멋짐.
- 스마트폰이 망가져서 내가 스스로 중고 스마트폰을 검색해서 구매한 것이 자랑스러움.
- 국가는 가난한 사람들이 기본권을 지키며 살 수 있게 노력해야 함.

어머님의 아이는 4학년이니까… 머잖아 이런 멋진 아이로 성장하겠군요. 가난하지만 나를 잘 키우려고 끝없이 희생하시는 존경하는 부모님은 초등학교 4학년 아이가 떠올릴 수 없는 존재입니다. 지금은 비싼 스마트폰을 친구에게 자랑하고 싶은 나이입니다. 물론 그 또래 중엔 그런 걸로 떼를 쓰지 않는 성숙한 아이도 있습니다만 그렇다고 우리 아이를 나무랄 수는 없습니다. 아이의 성장에는 시간이 많이 걸려요. 하지만 현재 아이의 상황을 이해하셨으니 앞으로는 더 쉬우실 겁니다.

어쩌면 가난의 문제와는 별개로 스마트폰과 관련해 친구들에게 상처받은 일이 있을지도 모릅니다. 상처가 너무 아파 엄마가 가난한 걸 알면서도 비싼 폰을 사달라고 조르는 건지도요. 혹시 야단치셨나요? "엄마는 돈 없으니 나중에 네가 돈 벌어서 비싼 걸 사든 맘대로 해, 난 모르니까." 아이들은 이런 대화 속에서 상처를 키워갑니다. 만약 그러셨다면 아이에게 사과하세요. 그러고 나서 솔직하게 가정 경제를 설명해주세요. 4학년이면 학교에서도 배워서 잘 이해할 겁니다.

"엄마 아빠가 사실은 이러이러한 일이 있어서 요즘 우리 집이 조금 어려워. 그래서 네가 원하는 대로 다 해주지 못해서 미안해. 너를 낳을 땐 정말 이 세상에서 가장 좋은 것만 해주고 싶은 마음이었는데 그렇게 못했어. 엄마 생각에는 지금 최신폰을 사는 것보다 더 중요한 일에 돈을 쓰는 게 나을 것 같아. 그것 때문에 너를 화나게 해서 미안해. 지금 엄마 아빠가 열심히 노력하고 있으니까 우리 집 형편은 곧 좋아질 거야. 조금만 참아줄래?"

비록 지금은 여유가 없지만 앞으로는 돈을 더 모아서 살림을 키우고 아이에게 좋은 교육도 제공할 계획을 갖고 계시잖아요. 그걸 그대로 아이에게 설명해주세요. 지금부터 몇 년을 저축해서 얼마가 모이면 어떤 집으로 이사를 할 거고, 또 네가 대학교에 가면 쓰려고 따로 돈도 모으고 있어(통장을 보여주며). 지금 네가 4학년이니까… 네가 몇 살이 될 즈음엔 우리 집이 이런 수준으로 형편이 좋아질 거야. 부모가 얼마나 치밀하고 계획적인 사람인지 알게 되면 안심하겠지요. 그리고 부모님의 성실함을 자랑스러워하는 아이로 자랄 겁니다. 성실함으로 이뤄나가는 삶의 위대함을 몸소 보여주시는 셈이네요.

내 아이에게 제대로 된 돈의 개념을 가르치는 것은 이 사회가 돈의 노예가 되어가는 걸 막기 위한 행동이기도 합니다. 돈과 자본주의를 숭상하는 사람들, 부자들의 독식을 용인하는 사회를 허락하지 않는 시민으로 사는 방법은 많으니까요. 아이와 함께 뉴스를 보면서 부모님께서 생각하시는 바람직한 경제관을 설명해주세요. 아이에게 더없이 좋은 멘토가 되시는 겁니다. 아이는 부모님의 생각을 지켜보면서 건강한 자존감을 지닌 시민으로 성장할 겁니다.

맞벌이, 아이에게 어떻게 설명할까요?

Q. 3학년 남자아이를 키우는 직장맘입니다. 아이가 초등학교에 입학할 무렵 일을 시작했습니다. 요즘 아이는 아침마다 출근하지 말라고 떼를 씁니다. 엄마가 왜 일을 하는지 설명해줘도 안 통합니다. 엄마도 힘드니 좀 도와달라고 하면, "힘들면 안 하면 되잖아" 이렇게 나옵니다. 그러면서도 어떤 날은 얼마나 힘들었느냐고 어깨를 주물러주기도 하거든요. 일을 시작하던 초기에 비해 지금은 퇴근 시간도 앞당겨졌고 일정해져서 아이와 보낼 시간도 늘었는데 아이의 반대가 여전해서 걱정입니다. 담임선생님 말씀으로는 학교에서 평범한 아이라고 합니다. 1, 2학년 때는 5시까지 학교 돌봄 교실에 있다가 할머니가 데리고 오셨고, 3학년부터는 학교가 끝나면 학원에 들렀다가 집에 옵니다. 미안한 마음에 사달라는 것도 비교적 잘 사주는 편이고, 생일 파티도 친구들보다 더 성대하게 치러줬는데도 그때뿐이네요. 3학년이면 부모의 직장 생활을 이해해줄 것 같은데 아이는 왜 점점 더 어려지는지 모르겠습니다. 맞벌이라 부모의 애정을 충분히 못 받은 걸까요? 친

정 엄마가 아파트 옆 동에 사시면서 아이를 돌봐주십니다. 그런데 올해 들어 친정 엄마가 취미 활동을 시작하셔서 일주일에 3일은 돌보미에게 부탁하고 있습니다. 외할머니의 취미 활동을 잠시 참아달라고 부탁드리는 게 나을까요? 아빠도 퇴근이 늦어서 아이 챙기기와 집안 살림은 외할머니가 주로 하시고 아이 교육은 학교와 학원에서 해결하고 있어요. 아빠는 주말에 쉬고 저는 평일에 쉬는데 제가 쉬는 날은 가끔 학교와 학원을 빼고 체험여행을 하기도 합니다. 아이가 저와 함께하는 여행을 좋아해서 피곤해도 한 달에 한 번은 꼭 가는 편인데, 이것도 언제까지 해야 할지 고민입니다. 당장 일을 그만두고 아이에게 집중하고 싶지만, 오랫동안 고전하다가 이제 겨우 자리를 잡아가는 중이라 그만둘 여건도 못됩니다. 잘 살아보려고 일을 하는 건데 아이에게 못할 짓을 하는 건 아닌지 모르겠어요ㅠㅠ.

A. 아이고, 맞벌이하시랴, 아이 키우시랴, 힘드시겠어요. 결론부터 말씀드릴게요. 일 계속하세요. 요즘 같은 불경기에 직장 구하기가 얼마나 힘듭니까. 열심히 해오셨고 요즘엔 번창하는 중이라면서요? 이런 기회를 징징이 아들 녀석 때문에 놓칠 순 없지요. 그러려니 하세요. 지금은 어려서 엄마 눈에 밟히지만, 그래도 다 크게 되어있으니 염려 마세요. 맞벌이에 대한 죄책감도 갖지 마세요. 엄마 혼자 잘 살자고 그러는 게 아니잖아요. 3학년이면 다 알아요. 학교에서 일하는 엄마에 대해 얼마나 많이 다루는데요. 요놈 시키가 지 엄마 앞에서 어

린 척 떼를 쓰는 거죠. 징징대면 엄마가 약한 모습을 보이니까요. 제가 아무리 위로를 드려도 마음속에 죄책감이 여전하시겠지만, 그래도 내려놓으세요. 아이가 받아들여야 해요. 그럴 나이도 됐고요.

아이 입장에서 엄마가 일을 한다는 건 재앙이긴 합니다. 아이들은 항상 엄마와 함께 있고 싶어 하니까요. 생존을 보장해주고 가장 강력한 조력자인 엄마. 제가 1학년 담임일 때 나의 꿈 말하기를 한 적이 있어요. 커서 어떤 일을 하는 사람이 되고 싶은지를 말하는 건데, 한 남자 아이가 엄마가 되고 싶다고 하더라고요. 옆에 있던 아이가 야, 넌 남잔데 어떻게 엄마가 되냐, 그래도 아이는 엄마가 되고 싶대요. 그러자 다른 아이들도 사실은 자기들도 엄마가 되고 싶대요. 어린이집, 유치원이 생기면서 아이들이 엄마와 너무 많이 떨어져 있었던 거지요. 학교 공부가 끝나도 바로 집에 가지 못하고 돌봄 교실에서 할머니 오실 때까지 기다렸잖아요. 돌봄 교실에서 아무리 맛있는 간식을 줘도 엄마 품만 못하지요. 아이들은 이런 상황을 어떻게 이해하고 있을까요?

저학년

유치원 졸업하면 집에서 엄마랑 있는 줄 알았단 말이에요. 그런데 인제부터는 또 학교를 가라 그래서 깜짝 놀랐어요.

지난번에 엄마가 8시까지 회사에 갔단 말이에요. 그러니깐 나를 7시 반에 학교에 내려줬죠. 그때 쫌 무서웠어요. 학교에 아무도 없었으니까요.

우리 엄마가 늦게 왔을 때 아빠가 엄마보고 막 뭐라 그랬단 말이에요. 그럼 나도 엄마한테 그러죠. 으이구, 엄마. 때려쳐!

고학년

엄마가 상담사라서 저랑 말할 때 친절하고 상냥해요. 저도 심리학과 가려고요.

엄마가 회식하고 술 먹으면 다음 날 아침에 못 일어나시거든요. 제가 우유에 선식 타 놓고 깨우면 엄마가 좋아하세요.

우리 엄마 가게에 진상 손님이 있어요. 근데 요즘 따라 자주 온대요. 돈 벌어서 좋긴 한데 엄마가 힘들까 봐 걱정돼요.

저학년, 고학년 아이의 생각이 제법 다르지요? 저학년 아이들은 엄마와 떨어지는 상황을 제대로 이해하지 못하고, 심지어는 어디서 어떤 일을 하는지도 잘 모릅니다. 그저 엄마가 무조건 집에 있기를 바랍니다. 그러나 고학년이 되면 엄마의 직장 생활을 인정하고 받아들입니다. 심지어는 일을 하는 엄마를 멋지다고 생각하는군요. 엄마 힘들까 봐 걱정하고 돕습니다.

어머님은 어차피 일을 계속하실 거지요? 그렇다면 아이에게 약한 모습을 보이는 건 자제하세요. 아이가 불안해하거든요. 제가 이렇게 생각하는 이유는 어떤 날은 얼마나 힘들었느냐고 어깨를 주물러주기도 하는 아이가 일하러 가지 말라고 떼를 쓴다고 말씀하셨기 때문이에요.

아이는 지금 엄마가 '아주 힘든' 일을 한다고 생각해요. 3학년이면 아직 노동의 강도를 잘 모릅니다. 어떤 아이는 엄마의 일을 안 좋은 쪽으로 부풀려 상상합니다.

"우리 엄마가 ㅇㅇ생명 에프피(FP, 보험설계사)인데요. 오늘 고객님 상담하러 수원에 가야 된단 말이에요. 그런데 지난번에 엄마 차를 고쳤는데 또 뭐를 교환해야 된대요. 수원이 머니까, 오다가 차가 망가질지도 모르잖아요. 그래서 제가 아빠한테 엄마 차 고쳐줘야 되는 거 아니냐 그러니깐 아빠가 엄마더러, 돈 안 벌어도 되니깐 수원에 가지 말구 오늘 교환하라 그러는 거예요. 그래서 나도 엄마한테 그러라 그랬는데 엄마가 그건 다음에 교환하더라도 오늘은 무조건 수원에 가야 된다 그러는 거예요."

➡ 지난번에 엄마 차 내비게이션 수리를 했고, 이번에는 엔진 오일을 교환해야 하는 상황이었는데 아이 혼자 나쁜 쪽으로 부풀려 상상함.

• 선생님, 저 오늘 일찍 갈래요. (왜?) 우리 엄마 가게(정육점)에 고기 써는 기계가 수리 들어가서 손으로 고기를 썰거든요. 그래서 엄마가 손목이 시큰시큰 하대요. 파스 사러 가려고요.

➡ 확인 결과, 기계는 당일에 수리 완료. 엄마는 시큰거린다는 말을 한 적도 없다고 함.

어른들에겐 아무 일도 아닌데, 왜 아이들은 걱정을 사서 할까요? 두 가지 이유 때문입니다.

부모가 하는 일에 대해 정확한 정보를 주지 않아 아이가 불안해해요.

차에 대해 잘 모르는 아이는 엄마에게 큰 사고가 날지도 모른다고 생각합니다. 엄마 아빠에게 제대로 된 설명을 듣지 못한 거지요. 그걸 신경 쓰느라 공부고 뭐고 아예 정신이 절반은 나가 있더라고요. 그래서 제가 도대체 무슨 일이 있기에 그러나 싶어 부모님께 전화를 걸었거든요. 오히려 엄마는 아이가 차에 대해 알고 있었다는 사실에 놀라더군요. 아이에게 차 얘기를 한 적이 없다는 겁니다. 결국 엄마의 상황을 아이에게 설명하지 않아서 아이는 쓸데없는 걱정을 한 겁니다.

3학년은 자의식이 만들어지는 시기입니다. 이 시기엔 현실적인 문제를 고민하기 시작해요. 막상 고민은 하는데 그 고민에 대한 이론적 근거는 없어서 때론 황당한 상상을 하곤 합니다. 뉴스를 보고 뜬금없이 "북한이 미사일을 쏘면 우리가 다 죽나요?" "뱀이 내 방에 들어오면 어떡하죠?" 수선을 떨지요. 아드님 또한 엄마가 힘들까 봐 어깨를 주물러주었을 겁니다. 자신의 걱정을 덜기 위한 행동인 셈입니다. 그런데 그것만으로는 걱정이 완전히 해소되지 않았던 거지요. 그래서 아이는 엄마가 아예 일을 나가지 않기를 바라는 겁니다. 그러니 떼를 써서라도 막을 수밖에요.

엄마를 사랑해서 그래요.

아이들이 엄마 걱정을 들여다보면 엄마를 사랑하는 마음이 있습니다. 친구 엄마는 집에 있는데 우리 엄마는 매일 고생하는 게 안타까운 겁니다. 아이가 성숙한 거라고 봐야 할까요? 아닙니다. 이런 식으로 철드는 건 장기적으로 좋지 않아요. 건강하지 않거든요. 마음속에 죄책감이 켜켜이 쌓여 있거든요. 이 죄책감은 어디서 왔을까요? 엄마입니다. 만약 평소에 이런 말을 하신다면요.

"내가 지금 누구 때문에 이 고생을 하는데? 다 너 잘 키워보려고 그러는 거야"

우리는 자식들에게 알게 모르게 이런 말을 하곤 하지요? 너 때문에 (이혼을) 참고 사는 거야. 너 때문에 (안 죽고) 사는 거야. 너 때문에… 제 어머니께서도 가끔 그러셨어요. 자식만 없었으면 열두 번도 더 도망을 가셨을 거래요. 그럼 이런 말을 들으면서 자란 아이는 어떨까요? 자기 때문에 부모가 하지 않아도 될 고생을 한다고 생각하겠지요. 내가 사랑하고 의지하는 엄마가 나 때문에 고생을 하다니. 해결 방법은 딱 한 가지겠군요. 내가 없어지는 것 말입니다.

"나만 없어지면 되죠. 그럼 엄마 아빠도 나 땜에 돈 안 벌어도 되니깐 안 싸우겠죠."

상담을 하다 보면 이런 말을 하는 아이가 가끔 있습니다. 아이의 '없어진다'는 말의 의미를 아시겠죠? 이런 생각을 하는 아이가 어떻게 자존감을 키우겠습니까. 자기 존재를 부정하는 아이는 정서적으로 성장할 동력을 갖추지 못합니다. 그래서 아이가 어릴 땐 아이에게 이런 말을 하면 안 됩니다. 적어도 저학년일 때는요. 아이가 고학년이 되면 나아질까요? 네, 나아집니다. 몸이 커지면서 자의식도 생기고 자기 삶에 대한 애착이 새롭게 생겨나거든요. 이때부터는 이기적인 성향을 띠기 때문에 어지간한 일로는 좌절하지 않아요. 그래서 똑같은 상황에서도 저학년 때와는 다른 생각을 합니다. '나만 없어지면 되겠구나'에서 '불쌍하기도 하지, 왜 날 낳아서 이 고생을 하실까'로 바뀌는 거지요. 어떻게 이렇게 바뀌게 되었을까요? 죽으면 해결된다는 건 결국 자신의 삶을 포기하는 걸 의미하잖아요. 고학년이면 자기 존재에 대해 보호하려는 생각(독립심)이 형성됩니다. 엄마가 불쌍하긴 하지만, 그렇다고 내가 죽어 없어짐으로써 엄마의 상황을 해결해줄 순 없다고 생각합니다. 부모를 위해 없어져주기엔 자기 삶이 소중합니다. 또 나를 낳은 건 엄마니까 엄마도 자기 행동의 결과에 대해 책임을 져야 한다고 생각합니다. 할 수 없다는 거지요. 그래도 엄마가 일터에 나가서 고생하는 걸 생각하면 마음이 아픕니다. 그렇다고 그 마음을 일일이 엄마에게 표현할 만큼 용기를 내지도 못 해요. 대신 마음속에 쌓아 놓지요. 또 '죄책감'입니다. 저학년 때에는 어머님의 아이처럼 어깨를 주무르면서 고마움과 미안함을 표현하는 걸로 죄책감을 해소하지만, 사춘기가 되면 쑥스러워서 표현 못 합니다.

"우리 엄마는 잘 때 끙끙 소리를 내고 코도 골아요. 그걸 보고 있으면 눈물이 나요."
"엄마가 가게 문 닫고 들어오면서 항상 장을 봐 오거든요. 베란다에서 내려다보다 얼른 내려가서 받아오니까 엄마가 고맙대요. 눈물이 핑 돌았어요."
"우리 아빠가 두 번 말아먹었대요. 아빠가 돈을 잘 벌면 엄마도 고생을 안 할 텐데."

고학년 아이 중에는 도덕 시간에 부모님 이야기를 하면서 눈물짓는 아이도 있습니다. 이런 아이들이 정작 엄마 앞에서는 안 그런 척합니다. 이럴 때 엄마가 먼저 말문을 터주면 얼마나 좋을까요? 아이는 기다렸다는 듯 엄마에게 고마움, 미안함을 털어놓겠지요. 그러면 아이 마음도 후련해질 테고요. 혹시 어머님의 아이가 죄책감을 갖고 있다면 당장이라도 풀어주세요. 아이 마음이 가벼워질 수 있게 도와주세요.

간단합니다. 반대로 하면 되거든요. 그냥 솔직하게 어머님의 생각을 말하면 됩니다. 사실, 일하는 게 아이 때문만은 아니잖아요. 하시는 사업이 힘들었지만 그걸 유지해온 이유가 있어요. 그 일로 성공하고 싶은 마음 때문입니다. 일을 하시는 게 아이 때문이 아니라, 하고 싶어서(성취욕, 자아실현) 하는 거라고 말해주세요.

"엄마가 일하는 게 싫구나? 사실 엄마가 지금 일을 하는 이유는 엄마의 꿈 때문이야. 엄마는 헤어 디자인을 좋아했어. 그런데 어릴 때 가난해서 배우지 못했어. 그래도 항상 꿈을 간직하고 있었단다. 다행히 우리 ㅇㅇ가 건강하게 커 주고 씩씩하게 학교도 잘 다녀줘서 지금은 엄마가 이 일을 배웠어. 앞으로는 예전처럼 힘들지 않을 거야. 엄마 가게에 일 도와주는 이모도 두 명이나 있는걸. ㅇㅇ도 나중에 커서 피아니스트가 되고 싶지? 엄마가 번 돈으로 피아노를 사줄 수 있어서 정말 기뻤어. 우리 ㅇㅇ도 엄마처럼 꼭 꿈을 이루면 좋겠어."

아이와 함께 시간을 보내주지 못해 미안하지만, 다행히도 지금 아이의 도움(이해) 덕분에 엄마가 열심히 일하고 있고, 그래서 사는 게 즐겁다는 걸 알려주세요. 또 돈을 벌수 있고 그로 인해 우리 가정에 도움이 된다는 것도 설명해주세요. 힘들 때도 있지만, 재미있고 보람 있다고. 아이는 자기가 그동안 힘들었지만 참아온 것들이 결국 엄마에게 이로운 일이었다는 생각에 뿌듯할 겁니다. 엄마가 꿈을 이루는 데 자기도 기여했다고 자존감이 강해지는 계기가 되겠지요.

맞벌이 부모가 그렇지 않은 부모에 비해 아이와 많은 시간을 함께하지는 못하겠지만, 그렇다고 맞벌이가 애정 결핍의 원인이 되지는 않습니다. 3학년이면 함께하는 시간의 양보다는 질이 중요한 시기입니다. 질문에서 볼 때, 아이가 더 많은 애정을 요구하는 것 같지는 않아 보입니다. 만약 아이가 또래에 비해 정서적으로 발달이 느리다면 일을 접는 한이 있더라도 아이에게 집중하시라고 답해드릴 겁니다. 그런데 아이는 지금 3학년 아이의 전형적인 정서적·인지적 발달 수준입니다. 곧 징징이의 가면을 벗을 겁니다.

외할머니의 취미 활동 또한 좋은 일입니다. 아이 하나 보려고 모두 포기하고 사시는 할머니들에 비하면 얼마나 멋집니까. 일주일에 3일 안 본다고 해서 애정이 식을 관계가 아닙니다. 아이가 어렸을 때부터 봐주셨으니 거의 십 년간 아이에게 매달려오셨을 텐데, 이제 취미 활동도 하시면서 활력을 찾으셔야지요. 아이도 할머니가 자기 삶을 즐길 줄 아는 분으로 알겠군요. 여행도 마찬가지입니다. 현재(한 달에 한 번)도 나쁘지 않지만, 더 줄이셔도 됩니다. 뭐, 길어야 한두 해 정도 지나면 아이가 이제 엄마랑 그만 가고 싶어 할 테니 저절로 줄어들긴 하겠지만요. 지금은 엄마가 아이를 위해 여행을 가지요? 곧 머잖아 아이가 엄마를 따라가주는(?) 상황이 옵니다. 그때가 아이 스스로 독립하고 싶어 하는 시기겠지요. 엄마 입장에서도 뿌듯하실 겁니다. 체험 학습으로 인한 결석이 잦아 아이의 교우 관계에 나쁜 영향을 끼치지 않을까 하는 걱정도 마세요. 엄마와 여행하면서 자기를 드러내는 아이는 교우 관계도 좋습니다. 여행지에서 작은 기념품을 사다가 아이 친구들에게 선물하면 더 좋겠군요.

열 가구 중 네 가구가 맞벌이를 하고 있습니다. 이 중 40대 맞벌이 비율이 가장 높아요. 40대면 학부모님처럼 아이가 초등학생인 시기지요. 왜 30대가 아니라 40대일까요? 30대에는 아이가 너무 어려서 두고 나갈 엄두를 못 내니까요. 많이들 어린이집에 아이를 보내지만, 그 중 절반이 가정 양육을 받고 있습니다. 그만큼 양육 때문에 일을 못하는 엄마들이 많다는 뜻이지요. 결국 아주 소수의 아빠 육아휴직자를 제외한 대다수, 그러니까 기혼 여성의 20.7퍼센트가 임신·출산·육아 등으로 일을 중단합니다. 일을 중단하면 당연히 경력 단절이 오겠지요? 더 이상 육아를 엄마 책임으로 미루면 안 된다는 뜻이지요. 국가 차원에서의 인력 손해도 크니까요. 어머님처럼 맞벌이하면서 아이를 키우는 엄마들은 가정과 사회를 위해 이미 최선을 다하고 계신 겁니다.

이혼이 망설여집니다

Q. 6학년 남자아이와 3학년 여자아이를 키우고 있습니다. 아이 아빠와 이혼할 계획이어서 얼마 전에 아이들에게 얘기했습니다. 큰아이는 별 반응 없이 알았다고 하는데, 작은 아이는 울고불고하며 반대하더라고요. 자기는 누구랑 살게되냐고 묻길래 아빠랑 살지만 엄마도 자주 만날 거라고 얘기해줬는데도 아이가 받아들이지 않습니다. 아빠와도 여러 번 얘기를 했는데 말할 때마다 울고 떼를 씁니다. 지금은 그냥 차차 적응하겠지 포기한 상태입니다. 엄마와 떨어지기 싫어하는데, 아이 아빠가 양육권을 주지 않겠다고 하는 데다가 저 또한 이혼 후 직장을 다녀야 해서 아이를 키우기 어려운 상황입니다. 아이가 슬프게 우는 걸 보면 제가 지금 잘못된 결정을 하는 것 같아 힘듭니다. 하지만 그렇다고 다시 되돌릴 수도 없습니다. 저는 이혼하는 여자의 나쁜 케이스거든요. 배우자의 외도, 폭행… 어두운 터널을 이제 겨우 벗어나나 싶은데 아이가 마음에 걸립니다. 아이를 생각해서라도 모든 걸 참고 다시 원래대로 되돌려야 할까요? 아이가 자랄 때까지 몇 년이

라도 이혼을 뒤로 미루는 게 나을까요? 이혼녀라는 편견이나 경제적인 어려움은 기꺼이 감수할 준비가 되어 있는데 아이만 생각하면 가슴이 찢어집니다. 이렇게까지 이혼을 해야 하는 건지… 제가 만약 선생님 제자라면 어떻게 조언하시겠습니까? 어떻게 하면 아이에게 엄마를 이해시킬 수 있을까요?

A. 마음고생이 많으셨겠네요. 제자가 이런 고민을 말해온다면 전 주저 없이 찬성할 거 같아요. 아이만큼 제자도 소중하니까요. 20, 30대에 결정한 결혼을 죽을 때까지 유지하는 게 힘들죠. 평균수명 100세 시대니까 서른에 결혼하면 70년을 함께 사는 건데, 70년 중에서 그래도 초기 20년은 그나마 쉽게 지나간대요. 아이들을 낳아 키우느라 정신없어서요. 하지만 20년이 훌쩍 지나 아이들이 독립해 나간 뒤의 남겨진 50년은 어떡하나요? 50년이면… 어머님이 살아온 세월보다 훨씬 더 긴 시간이지요? 결혼 한 지 20년 지나서 헤어지는 황혼 이혼은 앞으로 더 많아질 거래요. 지금까지 쭉 그래왔으니까요. 법적으로도 배우자에게 재산이나 연금을 공평하게 분할하라고 보장하고 있어요. 사회 인식도 변하고 있고요. 이젠 이혼을 하느냐 마느냐가 아니라, 어떻게 지혜롭게 잘할지를 생각할 시대입니다. 이혼을 부정적으로 볼까 봐 주변의 시선이 걱정된다면 그냥 참고 사세요. 이혼을 마음먹었다면, 다른 사람들은 가볍게 무시하세요. 그냥 입방아니까요. 우리의 삶은 결혼 서약과는 아주 많이 다르잖아요. 이왕 큰 결심을 하셨으니

지금까지보다 백 배, 천 배 더 행복하게 사세요.

아이는 왜 엄마의 이혼을 반대할까요?

이유는 간단합니다. 엄마 아빠의 이혼이 자기에게 불리한 상황이니까 그렇죠. 아이는 본능적으로 자신의 생존에 대해 염려합니다. 지금까지는 엄마 아빠가 힘들거나 말거나 아이의 생존엔 별지장이 없었잖아요. 그런데 엄마 아빠가 이혼을 해서 헤어진다면? 당장 안위에 문제가 생기는 걸 본능적으로 직감합니다. 점잖게 반대하면 설득의 효과가 떨어지는 걸 아니까 울며불며 매달립니다. 그런데 아이는 왜 아빠보다 유독 엄마에게 매달리는 걸까요? 엄마와 아빠가 다투는 모습을 봤잖아요. 아빠 목소리가 더 큰 것도요. 아이는 판단했을 거예요. '아빠는 무서워. 아빠랑 살면 힘들 거 같아. 난 엄마랑 살고 싶어.' 대부분의 아이들은 이런 이유로 엄마를 선택합니다. 아이로선 당연한 선택이지요.

지금은 어려서 부모님의 이혼을 두려워하지만, 초등학교 고학년만 돼도 부모님의 이혼을 어느 정도 이해합니다. 배우거든요. 교과서에는 우리 사회의 다양한 형태의 가족이 나옵니다. 이혼, 재혼, 한 부모, 다문화, 다 종교 가정… 가정을 이루는 방법은 여러 가지가 있고 그런 가정에도 각각 위대함이 있다는 것, 누구든 자신의 선택은 존중받아야 한다는 것, 다름을 이유로 차별한다면 안 된다는 걸 배워요. 엄마에 대한 아이의 원망은 오래가지 않을 것이고, 결국 엄마의 결정을 응원하는 딸이 될 거예요. 제가 자신 있게 말할 수 있어요.

딸아이, 어떻게 설득할까요?

매년 새로운 아이들을 교실에서 만나고 있는 저는 이혼 또는 재혼 가정의 아이들을 늘 만나요. 그만큼 흔하다는 뜻이지요. 아이들의 부모님이 이혼했는지, 재혼했는지는 제가 어떻게 알까요? 아이들이 먼저 말해준답니다. 자기 속을 감출 나이가 아직 안 된 거지요. 부모님들이 이혼 사실을 담임에게 직접 알려주시는 경우는 드물어요. 아이가 어떤 문제가 있기 전에는요. 부모님 스스로도 담임에게 이혼, 재혼을 숨기고 싶어 한다는 거지요. 엄마인 나에 대한 편견을 가질지 모르고, 그 편견이 고스란히 내 아이의 교육에 영향을 미쳐서 내 아이가 불이익을 받을 거라고 생각하나 봐요. 하지만 제 생각은 다릅니다. 그렇게까지 감추실 필요 없어요. 담임교사도 사람이니까 이해 못 할 일이 아니예요. 어떤 부모님은 심지어 아이더러 부모의 이혼 사실을 아무에게도 말하지 말라고 시키기도 합니다. 하지만 아이들은 지키기 힘들어요. 놀면서 늘 엄마 아빠 이야기를 하거든요. 아이에게 하루 종일 거짓말을 하라고 시키는 셈입니다. 아이들은 꾸며내느라 힘들 수밖에 없고 얼마 안 가 거짓말은 드러납니다. 이런 아이는 교사 눈에 띄어요. 어디 교사뿐인가요? 친구들도 다 알아요. 어쩌면 어머님의 아이가 그런 친구들, 부모님이 이혼한 친구들의 마음고생을 옆에서 지켜봤는지도 모릅니다. 어머님이 스스로 당당할 수 있다면, 그래서 아이에게도 자연스럽게 투영할 수 있다면 아이는 엄마의 이혼을 감출 필요가 없겠지요. 오히려 다시 삶을 설계하고 힘들었던 시간을 스스로 벗어난 엄마의 용기를 배울 수 있을지도 모릅니다. 또한 머잖아 학교에서 자연스럽게 자신의 상황을 드러낼 수 있을 만큼 강해질 겁니다. 아이의 담임에게 어머님의 상황을 말씀드리고 도움을 요청하세요. 3학년이면 담임의 영향력이 아직은 큰 나이입니다. 부모님의 이혼으로 불안한 생활을 하던 어느 날, 선생님이 아이를 불러서 이런 얘기를 해준다고 가정해봅시다.

"○○이 주말에 엄마 만났다며? 재미있었어? 엄마랑 떨어지기 싫어서 속상했지? 그래도 다음에 또 만날 테니 너무 슬퍼하지 마. 원래 사람은 사랑해서 결혼하고 아기도 낳아 키우지만 또 서로 힘들어지면 따로 살기도 한단다. ○○이 부모님은 더 행복하게 사시려고 용기내서 결정하신 거야. 그래도 ○○이가 슬퍼할까 봐 엄마도 너에게 잘하시는 걸. 혹시 엄마에게 할 말이 있는데 잘 못 하겠으면 선생님에게 알려줘. 선생님이 대신 말해 줄게."

한결 안정을 느끼겠지요? 저도 이런 부탁을 자주 받습니다. 아이들은 자기가 신뢰하는 상대에게 자신의 불안을 털어놓음으로써 극복합니다. 어쩌면 따님 역시 선생님께 이미 말씀드렸을지도 몰라요. 다만 먼저 담임에게 말하지 않는 한, 담임도 내색은 안 할 겁니다. 저도 그러거든요.

6학년 아들도 마찬가지일 겁니다. 아무렇지 않아 보인다고 해서 정말 아무렇지 않을 나이는 아니거든요. 아이들은 스스로 독립할 능력이 생기기 전까지는 자기의 생존을 부모에게 의존하기 때문에 부모의 관계 변화는 충격일 수밖에 없습니다. 그런데도 불안을 보이지 않은 건 어른스러워서 그럴 겁니다. 엄마가 속상해할까 봐, 동생이 저렇게 엄마를 힘들게 하는데 자기까지 그러면 엄마가 망설일까 봐 아이 나름대로 최선을 다해서 엄마를 응원하고 있는 겁니다. 그런 아들을 둔 어머님이 부럽네요. 가정에서 상대적 약자인 엄마를 걱정하고 편드는 건 아들의 본능이거든요. 아빠의 경제적 도움 없이 엄마가 어떻게 혼자 살까, 엄마가 외롭거나 힘들지는 않을까, 엄마와 떨어져 아빠와 살아야 하는 동생이 불쌍하다, 나는 어떤 오빠가 되어주어야 할까… 이런 걱정은 아들을 더 빨리 성장시키기도 합니다. 물론, 좋은 예일 뿐, 대부분의 사춘기 아이들은 부모의 이혼을 삐딱하게 봅니다. 그렇잖아도 이유 없는 반항이 많아지는 시기니까요. 늘 자기에게 잔소리하던 부모가 어느 날 이혼을 하는 걸 보면서 '엄마 아빠도 똑바로 못 살면서 왜 나한테만 잘하라고 잔소리야!' 하는 마음을 갖기도 합니다. 아직 불완전한 시기라 그렇습니다. 이럴 때는 아들에게 솔직하게 말씀하시는 게 가장 좋습니다. 엄마가 왜 이혼을 하게 되었는지, 어떤 점이 참기 힘들었는지, 그리고 앞으로 어떻게 살 계획인지 공유하세요. 그러면 불안은 줄고 신뢰는 커질 겁니다.

이혼을 생각 중인 부모님께 제가 가장 하고 싶은 조언은 아이에게 전 배우자에 대한 적대감을 드러내지 말라는 겁니다. 이야기를 한번 지어내 볼까요? 엄마를 만나러 가는 날, 아빠는 아이에게 제일 예쁜 옷을 입히고 용돈까지 주면서 이렇게 말하는 거지요.

"우리 ○○이 그동안 아빠랑 잘 지내줘서 고마워. 오늘 엄마 만나서 재미있는 시간 보낼 거지? 아빠가 함께 가지 못해서 정말 미안해. 대신 ○○이가 엄마랑 맛있는 거 먹게 돈을 주고 싶어. 엄마랑 맛있는 거 사 먹어. 그리고 엄마랑 뭐 하고 놀았는지도 아빠에게 꼭 말해줘~"

아이가 엄마 아빠 모두를 좋아할 수 있도록 도우세요. 엄마가 어떤 걸 좋아하는지, 생일은 언젠지 아빠가 아이에게 알려주면 좋지요. 아이는 아빠가 엄마와 이혼은 했지만, 여전히 엄마를 존중하고 배려한다는 걸 배울 겁니다. 그게 부모가 자식에게 보여줄 수 있는 가장 품격 있는 이혼입니다. 이렇게 배려하는 사이라면 애초에 이혼을 하지도 않았을 거라고요? 네, 전 부모의 도리를 말씀드리는 겁니다. 내키지 않아도 잠시 가면을 쓰고서라도 꼭 이렇게 하세요. 이혼에 맞닥뜨렸을 때 어른의 분노만 생각하지 마시고 아이 감정도 고려하세요. 아이들 양육 문제는 진지하게 대화하세요. 부부 사이가 나쁘지, 아이들 사랑은 이 세상 누구보다 뜨겁잖아요. 우리나라 부부들은 너무 감정적인지도 몰라요. 외국 영화를 보면 이혼, 심지어 각자 다른 배우자와 살면서도 자연스럽게 아이들과 만나잖아요. 다 자식을 위해 그러는 거지요. 어쩌면 이런 게 지혜로운 이혼일 겁니다. 앞으로 잘 지낼 결심이 섰다면, 마음고생하신 건 이제 잊으세요. 이혼은 끝이 아니라 시작하는 거니까요. 잘 사시길 빕니다. 아이는 걱정 마세요. 엄마를 이해할 겁니다.

딸과 친해지고 싶은 새엄마

Q. 저는 계모입니다. 남편에게는 2학년짜리 딸 하나가 있습니다. 수줍음이 많지만, 귀엽고 사랑스러운 아이입니다. 남편은 아이가 6살 때 이혼했고 8살이던 작년에 저와 재혼했습니다. 남편을 사랑하고 아이와도 잘 지내려고 노력하는데 아이는 아직 저에게 마음을 열지 않습니다. 아이는 친엄마를 일 년에 서너 번 정도 만납니다. 아이는 저를 '엄마'라 부르지 않습니다. 아빠가 시키면 할 수 없이 하긴 하는데 저와 둘이 있으면 안 합니다. 학교에서 공부한 것들도 저에게 보여주지 않아요. 가끔 우연히 본 것처럼 칭찬해주면 좋아하긴 합니다. 저희는 아이와 시간을 많이 보내려고 시부모님 댁에서 분가를 했습니다. 남편은 아이가 친엄마 정을 못 떼서 저한테 마음을 안 주는 거라고, 앞으로는 엄마를 못 만나게 하려 해요. 저더러는 아이에게 오냐오냐 끌려가지 말고 다른 엄마들처럼 야단도 치면서 정을 쌓아보라고 합니다. 저도 그러고 싶은데 아이는 제게 은근히 냉정합니다. 내색하지는 않지만 친엄마 만나는 날을 꽤 기다리는 것 같습니다. 담임선생

님과 상담을 했는데 학교에서 말은 별로 없지만 다른 아이들과 다름 없이 지낸다고 합니다. 아이에게 좋은 엄마가 되고 싶습니다. 아니면 좋은 친구라도요.

A. 고민을 읽는 제 마음이 따뜻해졌습니다. 염려 마세요. 아이도 엄마를 좋아하게 될 겁니다. 곧요. 그런데 스스로 '계모'라 칭하시는군요? 우리나라 사회에서 계모는 '아버지가 재혼함으로써 생긴 의붓어머니'라는 사전적 의미 외에 몇 가지 정서적 함의가 있지요? 전처 소생의 아이를 학대하는 부정적인 뉘앙스 말입니다. 《장화 홍련》, 《콩쥐 팥쥐》 같은 이야기의 영향 때문이겠지만요. 앞으로는 '엄마'라고 스스로 생각하세요. 엄마의 마음으로 아이를 아끼고 사랑하시면 엄마죠. 언제나 살 비비고 싶은 대상. 힘들 때마다 안기고 싶은 엄마. 그런 엄마가 되실 겁니다. 아니, 이미 되셨어요!

외로워 마세요. 이혼, 재혼 가정은 아이들도 익숙해요.

제가 담임했던 모든 반에 이혼, 재혼 가정의 아이가 있었습니다. 우리나라 이혼율을 보면 당연해요. 그래서인지 요즘 아이들은 부모의 이혼 또는 재혼에 대해 스스럼없어요.

"나는 원래 우리 엄마랑 학교도 가고 놀이터도 가고 싶단 말이에요. 그런데 엄마랑 아빠랑 이혼했단 말이에요. 아빠랑 살아야 된단 말이에요. 오늘도 난 아빠랑 학교 오기 싫었단 말이에요. 아빠가 차 탈 때 빨리빨리 타라고 그러니까요. 난 솔직히 엄마랑 살고 싶단 말이에요. 그런데 안 되죠. 아빠가 손을 '딱' 잡고 새엄마를 델구 왔으니까요."

저학년 중에는 진짜 아무렇지도 않게 이런 말을 하는 아이가 있어요. 아이가 이렇게 말하면 또 주변 친구들도 한 마디씩 하겠지요?

아이 1: 헐, 새엄마가 왔다구? 와, 너 인제 디졌다.

아이 2: 야, 그럼 너 인제부터는 아빠 말고 새엄마랑 학교 오냐? 더 좋을 수도 있어. 새엄마는 차 빨리 타라구 소리 안 지를지도 모르니까.

아이 3: 맞어, 원래 첨엔 새엄마가 이상할 수도 있단 말이야. 그런데 또 좋을 수도 있어. 우리 엄마도 새엄마였단 말이야. 근데 지금은 좋아.

아이 1: 맞어. 얘네 새엄마 되게 좋아. 지난번에 나랑 ㅇㅇ한테 하드 사줬어. 우리 엄만 새엄마가 아닌데 파리채로 날 막 때리잖아.

아이가 아빠를 부담스러워하는 건 차를 빨리 타라고 하는 것, 그 이상도 이하도 아닙니다. 아이들은 사람과 사람의 관계를 혈연관계로 치환하지 않아요. 얼마나 친절한가가 중요합니다. 쉽죠? 친절한 새엄마는 과거의 어색한 '새엄마'였지만 지금은 '좋은 새엄마'입니다. 그런데 아빠는 자기도 모르게 아이의 인심을 잃고 있잖아요. 오히려 아이로 하여금 엄마를 그리워하게 만드는군요. 더 치명적인 건 이혼하면서 누구와 살고 싶은지를 아이에게 물어보지 않은 겁니다. 초등학교 저학년이면 엄마 손길이 필요한 나이잖아요. 그런데 아빠가 아이의 동의도 없이 아이를 '붙잡아' 키우고 있습니다. 엄마가 양육을 포기했거나 아빠가 아이를 안 줬겠지요? 아이 양육권을 놓고 다투는 과정에서 정작 아이는 소외되었습니다. 마치 물건처럼요. 그러니 아이 입장에서 아빠가 좋을 리 없지요. 새엄마는 당연하고요. 결국 아빠 때문에 죄 없는 새엄마가 힘들게 된 겁니다.

재혼 과정도 마찬가지입니다. 어느 날 갑자기 아이 앞에 여자 어른이 떡 나타났잖아요. 그것도 아빠 손을 '딱' 잡고요. 아빠가 좋은 건 아니지만 그래도 할 수 없이 아빠와 잘 지내보려고 애쓰던 아이에겐 충격입니다. 새로 나타난 아줌마가 아빠와 한 편인 걸 확인했으니까요. 자기와는 손도 안 잡고 빨리 차에 타라고 야단만 치면서 모르는 아줌마 손을 잡으니 그 배신감이 얼마나 크겠어요? 혼자 남겨졌다고 생각한 아이는 한동안 불안·우울 증세를 보였습니다. 교실에서 사소한 일로 화내고 큰 소리로 떼쓰고… 저를 꽤나 힘들게 했습니다. 그런데도 아이의 부모님은 아이가 불안한 까닭을 잘 알아채지 못하더라고요. 그저 아이가 별나서 그런 줄 알았대요. 아이가 제 몸에 상처를 새기며 얼마나 아파했는지 모르는 거지요. 원래 인생이란 그런 건지도 모릅니다. 내 아픔이 타인의 아픔보다 더 크게 마련이니까요. 그 아픈 와중에 아이는 이런 걱정을 합니다.

'저 아줌마는 날 좋아할까? 무섭지는 않을까? 내가 잘못하면 아빠한테 일러서 날 혼나게 하지는 않을까? 왜 아빠는 엄마 대신 저 아줌마를 데려왔을까? 엄마는 내가 안 보고 싶을까?'

아이가 새엄마를 멀리하는 건, 친엄마에 대한 애정 때문입니다. 자기가 새엄마를 좋아하게 되면 친엄마가 싫어할 거라고 생각하는 거지요. 2학년이면 마냥 어린 것 같지만 엄마에 대한 애틋함을 충분히 지니고 있어요. 세상에서 가장 믿을 만하고 강한 대상이었던 엄마라는 존재가 아이 마음속에 굳건히 자리하고 있습니다. 함께 살던 집에서 엄마가 나갔으니 아빠가 엄마를 쫓아냈다고 이해합니다. 엄마 아빠 사이가 어떠해서 이혼했는지는 아이가 알 바 아닙니다. 다만 엄마가 나를 보고 싶어 하는데 아빠가 못 보게 하고, 엄마는 나와 살고 싶어 할 텐데 아빠가 그것도 못하게 한다고 생각합니다. 그런 아빠가 이번엔 어디서 새엄마를 데려왔잖아요. 아이로선 더 이상 희망이 없어지는 겁니다. 엄마가 집에 돌아올 가능성이 완전히 사라졌잖아요. 엄마가 불쌍하기 때문에 새엄마를 좋아하면 안 되는 겁니다. 이 죄책감이 아이로 하여금 새엄마에게 거리를 두게 만들고 있어요. **아이가 '엄마'라고 부르지 않고 냉정하게 나오는 건 아빠 때문입니다.** 이런 사례는 아주 많아요. 아니, 제가 겪은 대부분이 그랬습니다. 엄마를 못 만나는 아이들이 의외로 많은데 이유는 아빠와 주변 가족들의 반대 때문이더군요. 반대에는 나름의 사정이 있겠지만 대체로 이런 생각을 하시더군요.

'친엄마가 아이를 자주 만나면 아이가 새엄마보다 엄마를 더 좋아할 것이다.'
'엄마와 아이를 서로 못 만나게 하면 언젠가 정이 떨어질 것이다.'
'어차피 아빠가 키울 거니까 친엄마는 안 만나는 게 아이의 안정에 도움이 된다.'

아이를 배에 품은 적 없는 사람의 한계죠. 엄마와 아이는 끊어질 수 없습니다. 제가 그동안 담임했던 아이들도 어느 정도 머리 커지면 다들 엄마에게 가더라고요. 엄마와 살지 않더라도 자유롭게 만나고 전화도 합니다. 엄마와 사는 아이가 자라 아빠와 살게 되는 경우보다, 아빠와 살던 아이가 엄마 쪽으로 기우는 경우가 훨씬 더 많았습니다. 왜 그럴까요? 아빠들은 이해하지 못하는 천륜이 엄마와 자식 사이에는 있는 게 아닐까요? 어릴 적 먼 나라로 입양된 아이가 왜 엄마를 찾아오겠습니까? 안 찾아오고는 못 견디는 겁니다. 그런데 지금 어머님의 남편은 아이를 볼모로 아이와 엄마를 괴롭히려 해요. 아이가 친엄마를 보고 싶어 하는 건 아이와 친엄마의 영역입니다. 아빠가 맘대로 결정할 수 없어요. 민법 4조에 나와 있는 '만 20세까지는 아빠가 친권…' 조항도 소용없습니다. 어차피 만 20세가 넘어 성년이 되면 친권은 자동으로 소멸하잖아요. 다시 말해, 아빠가 아무리 막아도 어차피 아이가 원하면 엄마에게 갈 권리가 있는 겁니다. 남편이 친엄마를 벌주려는 의도로밖에 안 보여요. 아빠는 아이의 데면데면함을 친엄마 탓으로 돌리고, 그 와중에 아이는 엄마가 보고 싶어 울고. 치사해요. 우리 반 아이들 표현대로라면 홍칫뿡!이죠.

아이도 생각이 있어요. 엄마가 보고 싶은지 아닌지 다 스스로 판단합니다. 아이가 6살에 엄마와 떨어졌잖아요. 엄마에게 정이 들고도 남을 나이입니다. 엄마가 아빠에게 어떤 잘못을 했는지는 아이에게 중요하지 않아요. 알아도 이해하지 못합니다. 아빠랑 보낸 시간이 아무리 길어도 엄마와 함께 쌓은 시간을 이길 수는 없습니다. 결국 아이와 새엄마의 관계는 아이와 아빠 관계의 연장선인 거지요. 아빠가 이혼과 재혼을 결정하면서 아이를 얼마나 신경 쓰셨는지를 돌이켜보세요. 아이의 모든 절망을 원인 제공자인 아빠가 해명해야 합니다. 물론 친엄마 역시 아이에게 사과해야 해요. 그 과정이 잘 되었다면 아이는 지금 새엄마와 더 가깝게 지내고 있을 겁니다.

새엄마를 무서워하는 것보다 냉정히 대하는 게 차라리 낫습니다.

아이가 새엄마에게 감정을 드러내고 있잖아요. 다소 차갑긴 하지만요. 처음 만났을 땐 아예 무시였지요? 저는 매년 경험합니다. 해마다 새로운 아이들을 만나니까요. 아이들은 새 담임인 저를 좋아하자니, 작년에 자기를 사랑해주었던 담임에게 미안합니다. 제가 이 책에서 반복해 거론하는 죄책감 말이지요. 제가 관찰해보니 아이가 낯선 사람을 만나면 친해지게 되는 과정은 대충 이러하더군요.

1단계 : 난 작년 선생님이 더 좋아. 새 선생님한테는 관심 안 가질래!

➡ 무반응의 시기

2단계 : 작년 선생님은 친절했는데 새 선생님은 무서울지도 몰라. 난 싫어!

➡ 비판적 생각기

3단계 : 새 선생님이 불쌍해 보여. 나라도 좀 잘 해줄까?

➡ 관심이 연민으로 이어지는 시기

4단계 : 우리 선생님도 친절한 걸. 지금 선생님이 제일 좋아!

➡ 연민의 기억들이 쌓여 호감으로 표현되는 시기

어머님의 경우 2단계에 진입하셨습니다. 그동안 참고 애쓰신 결과지요. 그럼 3단계는 어떻게 가야 할까요? 아이로 하여금 연민을 느끼게 하는 단계 말입니다. 3단계, 4단계는 이어져 있습니다. 거의 동시에 오기도 합니다. 지금은 새엄마와 아주 친해진 우리 반 아이들의 말을 들어볼까요?

비가 왔단 말이에요. 그런데 나 씌워주느라 새엄마 어깨가 비를 맞았잖아요. 안경에도 물이 묻었더라고요. 내가 닦아줄까 생각했죠.

아빠랑 외식할 때 아빠는 만두, 새엄마는 김밥, 난 떡볶이를 시킨단 말이에요. 그런데 나랑 새엄마 둘이 외식할 땐 새엄마가 김밥 대신 내가 좋아하는 떡볶이를 시켜줘요.

아빠가 칠천 원 주고 새엄마 쓰레빠를 사 왔어요. 그런데 새엄마가 나한테 만 원짜리 장화를 사줬죠. 쓰레빠보다 더 비싼 거예요.

아이 입장에서 생각해주세요.

어머니 고민 속에 묘사된 아빠의 행동을 미루어 볼 때 이혼하는 과정에서 아이는 배제시켰을 것 같습니다. 서양과 다르게 우리나라는 아이의 의사를 가볍게 생각하는 편이에요. 하지만 앞으로 아이가 새엄마와 가까워지는 속도는 아이가 주도할 수 있게 해주세요. 아빠가 재촉하지 말라는 겁니다. 또 새엄마 역시 '오버'하실 필요도 없습니다. 그냥 시간에 의지해보세요. 아이가 새엄마를 반드시 '엄마'라고 불러야 한다는 생각도 버리세요. 호칭 같은 형식이 중요한 게 아니라 인정하는 마음이 중요한 거니까요. 아줌마라 부르든 뭐라 부르든 아이는 자기가 필요한 만큼 새엄마를 이용하면서 가까워질 겁니다. 그게 아이의 방식이니 서운해하실 거 없어요. 남편에게도 이제는 마음속 생각을 아이에게 표현하라고 하세요.

"우리 딸, 엄마가 보고 싶은데 못 봐서 힘들지? 엄마랑 같이 못 살게 해서 미안해. 아빠도 엄마랑 잘 살아보려고 했는데… 힘들었어. 그래서 할 수 없이 이혼했어. 그리고 다시 행복하게 살고 싶어서 새엄마랑 결혼했어. 아빠 혼자 결정해서 미안해. 그래도 아빠는 너랑 같이 살아서 너무 좋아. 엄마가 보고 싶으면 언제든지 엄마를 보게 해줄게."

어른들이 진지하게 말하면 아이들은 어떻게든 이해해보려고 애를 써요. 아빠가 이렇게 말해주면 아이의 외로움이 덜할 겁니다. 아이가 엄마를 만나러 가는 날엔 내키지 않으시더라도 아빠가 엄마에게 데려다주게 하세요. 아이가 새엄마와 친엄마 사이에서 난처할 필요가 없게 만들어주세요. 아이만의 감정을 존중해주세요. 아이 보는 데서 아이 엄마와 친한척 인사도 나누세요. 정 안되면 연기라도 하세요. 이렇게 하면 아이가 안심해요. 친엄마를 못 만나게 하면 새엄마를 더 좋아하게 될 거라고요? 그건 환상입니다. 서로 다른 영역의 문제거든요. 만약 아이가 친엄마를 더 자주 보고 싶어 하면 친엄마도 시간을 내서 충분히 만나줘야 합니다. 아이가 엄마와 살고 싶다고 하면 엄마에게 보내줄 생각도 해야 해요. 또는 가정 체험 학습을 제출하고 엄마와 며칠 보낼 수도 있고요. 이런 방법이 있다는 걸 아이에게 숨기지 마세요. 아이가 원하면 새엄마와 아빠는 아이 편에서 뭐든 해주겠다는 믿음을 주세요. 엄마 역시 아이를 키울 여건이 안 되면 그 처지를 아이에게 솔직하게 설명해야 합니다. 아빠 핑계를 대면 안 됩니다. 어른들은 아이들이 아무것도 모를 거라고 생각하고 자기들의 상황을 숨기거나 왜곡합니다. 그렇게 아이를 바보 취급합니다.

아빠는 친엄마에 대한 나쁜 감정을 아이에게 투사하지 마세요.

부모의 이혼 후 새엄마와 사는 아이가 그린 가족화를 본 적 있어요. 새엄마 아빠 할머니 동생은 예쁘게, 친엄마는 밉게 그렸더라고요. 가족화에 친엄마를 그렸다는 건 가족으로 인정한다는 의미인데(마음속 존재), 얼굴도 기억 못 하는 친엄마에 대해 얼마나 부정적인 얘기를 많이 들었으면 밉게 그렸을까요? 아이가 애잔했습니다. 아이의 친엄마에 대해 이야기할 때에는(아이가 조금 더 자라고 새엄마와 친해지면 반드시 친엄마에 대해 물어올 겁니다) 아이의 속마음을 먼저 살펴주세요. 어른들의 감정대로 말씀하지 마시고 아이 마음에 좋게 말해주세요. 나쁜 배우자라도 아이에겐 가장 좋은 부모일 수 있습니다. 제 제자의 경우는 조부모들이 안 좋게 말하더군요. 아이 앞에서 아이 친엄마를 비난하는 거지요. 친척들이 아이 앞에서 함부로 말하지 않게 막아주세요. 어려도 다 알아듣습니다. 그리고 안 잊어요. 다 상처로 남아요. 어른들은 잠시 스트레스를 풀겠지만, 아이는 속앓이를 합니다. 아빠가 친엄마를 못 만나게 하는 이유가 뭐냐고 제가 물었지요? '이혼 사유였던 엄마의 무절제한 행동을 아이가 보고 배울까 봐'라고 하셨어요. 그 말을 들으니 엄마를 밉게 그렸던 우리 반 아이의 할머니(시어머니)의 말이 기억났어요.

"아이고, 슨상님. 그년이 어떤 년인지 알어유? ○○○하고 ○○○하고 ○○○한, 천하에 죽일 년이에유. 그런 년이 어떻게 자식을 키우겠어유."

자기 아들과 이혼했으니 시어머니 입장에서는 싫겠지요. 자식을 두고 갔으니 독한 엄마고요. 자기는 더한 것도 참고 살았는데 요즘 젊은 것들은 툭하면 이혼이니 그것도 미우셨겠네요. 담임 앞에서까지 이런 저주를 퍼부을 정도면, 손주 앞에서는 얼마나 흉을 봤을까요. 죄인 줄도 모르고요. 이혼이 어느 한쪽의 일방적인 잘못 때문에 생기지는 않잖아요. 그런 분위기에서 자라는 아이가 엄마에게 얼마나 섬뜩한 증오감을 지닐지 생각해보세요.

"우리 엄마가요 자기만 재미있게 살려고 나를 버리고 갔단 말이에요. 할머니가 다시 와서 빌면 받아준다고 그랬는데 안 왔단 말이에요. 이담에 내가 어른이 되면요, 돈 벌어갖구 아빠 트럭 사주고요(아빠가 트럭 운전사). 할머니는 지팡이 사줄라고요. (엄마한테도 사줄 거냐는 질문에) 엄마는… 그냥 물어만 볼라고요. (왜?) 엄마가 뭐 갖고 싶은지 내가 지금 모르니깐요."

아이는 아빠, 할머니에게 큰 선물을 사주는 걸로 효도를 하겠다고 하는군요. 엄마에게는 물어만 보겠다고 합니다. 아직 엄마가 밉다는 의미겠지요? 그런데 아주 미운 것 같지는 않습니다. 언젠가 엄마를 볼 거라는 기대가 느껴지지요?

곧 아이의 좋은 엄마, 제일 친한 친구가 되실 어머님, 오늘 남편이 돌아오시면 마주앉아 진지하게 얘기하세요. 더이상 어른들의 미성숙한 감정으로 우리 아이를 불안하게 만들지 말자고요.

4부

개성인가요, 문제인가요?

Q.

- 우리 아이가 ADHD일지도 모른대요
- 친구에게 통 관심 없는 아이
- 거친 내 아이, 전학을 가야 할까요?
- 우리 아이가 동성애 취향인 것 같아요
- 특수학교 제안받았습니다
- 아이가 SNS에 너무 빠져 있어요
- 싸가지 없는 사춘기 딸
- 제 아이가 가해자래요

우리 아이가 ADHD일지도 모른대요

Q. 2학년 아들과 6학년 딸을 키우는 워킹맘입니다. 2학년 아들 때문에 고민인데 하소연할 곳이 없어 여기까지 찾아왔습니다. 얼마 전, 학교에 상담 갔다가 담임선생님으로부터 ADHD 검사를 받아보라는 말을 들었습니다. 아이가 집중이 안 되어 수업 진행이 안 된대요. 자리에 앉아 있지 않고, 일부러 필통을 떨어트려 쏟아진 연필을 줍겠다고 책상 밑에 들어가 안 나온 적도 있다고 합니다. 아이들과 다툼이 많고 놀 때에도 과격한 행동(교실 문을 세게 닫거나 복도에서 뛰는)을 해서 위험해 보인대요. 아이가 급하고 정리가 잘 안 된다는 생각은 했지만 익스트림 스포츠를 좋아하는 아빠를 닮아 그런가 보다 했어요. 다른 아이들보다 정도가 조금 심하다는 생각도 듭니다. 어릴 때부터 엘리베이터를 타면 안전 손잡이 위로 올라가서 뛰어내리는 걸 좋아했습니다. 식당에 가면 가만히 앉아 있지 않았고요. 뜨거운 음식이 있는 곳에 넘어져서 응급실을 간 적도 있습니다. 그나마 스마트폰을 주면 가만 앉아 있습니다. 아이가 아빠를 무서워해서 아빠 말은 잘

듣는데, 저나 시부모님의 말은 듣지 않습니다. 아이를 통제하기가 어려울 때가 있습니다. 놀이터에서 그네나 시소를 탈 때에도 다른 아이들에 비해 좀 위험하게 탑니다. 잠시라도 한 눈을 팔면 아이가 나무에 올라가 있기도 하고 흙을 뿌리거나 돌을 던지며 놀기도 합니다. 그래서 아이를 자주 야단치게 됩니다. 사실 예전 담임선생님도 지나가는 말로 ADHD가 의심된다는 말씀을 하셨습니다. 이번에 또 그 말을 들어 소아 정신과 진료를 받아봐야겠다 생각했는데, 시부모님과 남편은 아이가 어려서 그런 거고 시간이 지나면 좋아질 거라고 반대하십니다. 아빠도 어릴 때 개구졌지만 크고 나서 좋아졌다고요. ADHD 검사를 받아봐야 할까요?

A. 그 정도면 ADHD 맞겠네요. ADHD가 별거 아닙니다. 집중이 잘 안 되고(AD: 주의력 결핍) 행동이 또래에 비해 좀 과격하면(HD: 과잉 행동) ADHD라고 판단합니다. 뇌를 검사하는 게 아니라 아이의 행동을 보고 판단하거든요. 저에게 문의하시기까지 많은 생각을 하셨을 텐데, 쉽게 단정하듯 말해 서운하신지요? 하나 마나 한 위로를 굳이 드리자면 ADHD는 주변에서 흔히 볼 수 있습니다. 같은 사과나 무라도 품종이 부사, 홍옥, 홍로 등 여럿인 것처럼 사람도 키 큰 사람, 작은 사람, 운동신경 좋은 사람, 둔한 사람이 있잖습니까. ADHD도 심한 아이, 가벼운 아이가 있습니다. 어떤 경우는 ADHD인 사람과 아닌 사람이 딱히 구별이 안 되는 경우도 있다고 합니다. 그 중간에 있는 사

람도 많은데 제가 그런 경우입니다. 정리가 안 되고 산만하거든요. 사람은 누구나 그런 경향을 가지고 있습니다. 정도가 심하면 치료를 하면 되고요. 남편과 시부모님께서 반대하셔서 못 하고 계신다고요? 이번 한 번만 눈 딱 감고 하세요. 진료 결과가 ADHD면 치료하면 됩니다. 만약에 ADHD가 아니라면 양육 환경과 기질에 의한 거니까 또 그쪽으로 해법을 찾으면 됩니다. 어떤 결과가 나오든 해결 방법은 많으니 염려 마세요.

제가 블로그를 열고 상담을 하다 보니 ADHD에 관한 질문을 자주 받습니다. ADHD가 아닌 아이를 데려와 ADHD인지 판단해달라고 요청하는 질문이 그 반대의 경우보다 많습니다. 그런 점에서 어머님은 용감하시네요. 용기를 내셨으니 아이 문제도 잘 해결될 겁니다. ADHD가 의심 되는 아이의 경우, 보통 아이에 비해 양육이 힘들다는 특징이 있습니다. 너무 예민하거나 젖을 잘 먹지 않고, 낮밤이 심하게 바뀌거나 놀다가 다치는 일이 잦고, 떼를 많이 쓰거나 이랬다저랬다 하고, 심지어 틱을 동반하는 경우도 있습니다. 유아기 때 이런 아이는 학교에 가서도 비슷한 모습을 보입니다. 과잉 행동 양상은 성장과 더불어 유아기 때보다 확대되고요. 몇 년 후 고학년이 되면 '고학년스러운' 문제 행동으로 확대될 가능성이 높습니다. 제가 담임했던 고학년 ADHD 아이가 보인 모습은 이런 것들이었습니다.

- 교유 관계의 부적응/ 폭력 문제 발생

- SNS 활동 과다
- 혼자 하는 게임에 빠짐
- 성격이 급함
- 승부욕이 너무 강함
- 도구 교과(국, 수, 사, 과)에 약함

치료가 되지 않은 채 성인 ADHD가 되면 위험한 행동으로 다쳐서 병원에 자주 들락거리게 되거나 약물중독의 위험이 있어 직장 생활을 오래 하지 못하고, 이성의 호감을 얻기 힘들어 이성 교제가 어렵고, 결혼해 아이를 낳아도 폭력적인 부모가 될 가능성이 높습니다. 지금은 아이가 어리고 부모님이나 교사의 힘으로 어느 정도 통제가 가능하기 때문에 증상이 덜 드러나지만, 자라면서 힘이 세지고 머리(자의식)가 커지면 말을 잘 안 듣기 때문에 부모님이 힘들어집니다. 지금부터 아이의 성장에 적절하게 대응하면서 나빠지지 않도록 이끌어주면 아이는 시행착오를 안 겪어도 되겠지요? 전문가의 안내가 필요하고 부모님과 누나의 역할이 중요합니다. 효과는 분명히 있으니 포기하지 마세요.

ADHD라고 해서 기죽지 마세요. 주변 사람들이 아이의 가정교육을 운운하며 손가락질합니까? 신경 쓰지 마세요. 그들이 몰라서 그래요. 자식에 관한 한 영원히 자랑할 것도, 영원히 부끄러워할 것도 없습니다. 사람의 생은 너무 길기 때문에 아이의 삶이 언제 전화위복이 될지 알 수 없거든요. 우리가 살아온 인생 그 자체가 이미 증명하고 있지요? 지금 아이가 ADHD로 힘든 시간을 보내고 있다는 것, 이것만이 중요합니다. 전문가를 어서 찾아가셔야 하는 이유는 부모님이 이미 아이를 통제하기가 어렵기 때문입니다. 통제 안 되는 아이를 키우는 건 힘든 일이지요. 아이 역시 혼란스럽고 힘든 상황입니다. 자기는 아무렇지도 않다고 생각하는데 주변에서 너무 많은 제재가 들어오거든요. 아이가 감당하기 힘들어요. 그러니 **ADHD를 아이 잘못으로 덮어씌우지 마세요.** 검색해보셨겠지만, ADHD는 뇌의 문제입니다. 아이가 정신이 없는 건 뇌 신경회로 문제일 것이고, 행동이 급하고 과격한 것이나 위험한 놀이를 주저 없이 한다는 건 차분히 생각할 여유를 갖지 못하는 거니까 전두엽 문제일 겁니다.

ADHD 아이는 ADHD가 아닌 아이로 살아본 적이 없기 때문에 ADHD가 아닌 아이의 상황을 모릅니다. ADHD는 장애일까요? 대부분은 장애가 아닙니다만 어떤 아이에게는 장애일 수도 있습니다. 장애라는 게 별거 아닙니다. ADHD 특성 때문에 일상생활에 지장을 받는다면 장애입니다. 그런데 다른 장애에 비해 유독 ADHD 아이는 야단을 더 많이 맞습니다. 멀쩡해 보이는 아이가 자꾸 일을 저지르니 혼날 수밖에요. 참아주기 힘든 행동들을 하거든요. 우리가 시력이 약한 아이를 야단치지는 않지요? 대신 안경을 씌워주잖아요. 담임교사가 검진을 권한 이유는 '안경'이 필요하기 때문입니다. **담임의 의견을 가볍게 여기지 마세요.** 교사들은 매일 수십 명의 아이들을 보고 해마다 새로운 아이들을 받아 한 해를 가르칩니다. 경험 많은 농부가 농사를 잘 짓듯 교사들만큼 아이들에 대해 잘 아는 사람은 없습니다. 특히 그 증상이 확연하게 드러나게 마련인 ADHD 아이는 금세 알아봅니다. 새 학급을 시작하고 하루 이틀만 지켜보면 거의 알아요. ADHD 아이는 자기 행동을 숨길 수가 없거든요. 또 심한 아이의 경우 전학년 담임이 따로 알려주기도 합니다. 그럼 왜 교사들은 학기 첫날에 "당신 아이가 ADHD인 것 같으니 병원을 방문해 검사해보시라"고 하지 않을까요? 교사 나름대로 검증하는 시간이 필요하기 때문입니다. ADHD 성향의 아이가 들어오면 교사는 그 아이가 타고난 ADHD인지 아닌지를 파악합니다. 타고나지 않은 ADHD가 있다니 무슨 뜻일까요? 똑같이 수업 시간에 돌아다니는 아이라도 원래 그런 아이가 있는가 하면(아드님의 경우입니다), 태어날 땐 그렇지 않았는데 양육하는 과정에서 그렇게 되는 아이가 있습니다. 예를 들어, 부모가 지나치게 엄격하거나 기준이 높아 칭찬 대신 무시와 멸시를 받은 아이는 일부러 동떨어진 행동을 하거든요. 반대로, 부모가 아이를 너무 방임한 경우 부모의 사랑을 받고 싶은 마음에 ADHD 흉내를 냅니다. 아이 나름 살아남기 위한 노력입니다. 멀쩡한 아이가 이렇게 하려니 얼마나 힘들겠어요? 사실 아이는 '공부 못하는 아이' 흉내를 낼 뿐인데 우리가 ADHD라고 혐의를 씌우지요. 이게 반복되면 후천적 ADHD 성향을 띱니다. 슬픈 일이지요. 이 지경에 이르도록 아이를 어리석게 키우는 부모가 정말 있을까 싶지요? 〈우리 아이가 달라졌어요〉라는 티브이 프로그램에 가끔 소개가 되더군요. 이런 아이는 치료 대신 양육 환경을 바꿔주면 고쳐집니다. 그럼 아이가 태어날 때부터 ADHD인지, ADHD 연기를 하는 건지는 어떻게 알까요? 교사가 관찰하면 파악이 됩니다. 아이는 아이거든요. 몇 가지 유도 질문을 하면 금세 알아요. ADHD 아이들은 이런 경우 논리적인 대화가 잘 안 되거나 폭이 좁은 대화만 가능합니다(ADHD 아이의 엄마들은 아이와 '대화'가 잘 안 된다고 답답해하는데 근거 있는 말입니다). 이런 경우 담임은 ADHD에 대한 확신을 갖게 됩니다. 학교에는 ADHD 정도가 심한 아이와 짐작은 되지만 아직 문제 행동이 드러나지 않는 아이가 섞여 있습니다. 제 생각에 보통 한 반에 2~3명은 ADHD 성향이 있습니다. 대략 열대여섯 명 중 한 명 꼴이지요. ADHD는 증상이 가벼운 아이부터 심한 아이까지 천차만별입니다. 이 중에서 정도가 심하다고 판단되는 아이에 한해 부모님께 알려드립니다. 법으로 정해진 건 아니고, 어디까지나 담임교사 판단입니다. 즉, 교사에 따라 알리는 경우도 있고 알리지 않는 경우도 있는데, 저는 알리는데 몹시 신중한 편입니다. 안 좋은 경험 때문이지요.

당시는 교육학책에 ADHD라는 개념만 있을 뿐 대중화되기 이전이었는데, 제가 부모님을 오시라 해놓고 댁의 아이가 이러이러하니 한번 정신과 진단… 저도 참… 제 이야기를 들은 부모님 표정이 상상되시지요? 멀쩡한 아이를 정신병 환자 취급하는 교사가 되어 민원의 대상이 되었습니다. 여기저기 불려가 소명자료를 내고… 부모님을 만나 달래드리느라 힘들었습니다. 이런 경우 학부모님이 주장하는 내용은 주로 이러합니다.

"애들은 다 이렇게 큰다. 나도 그렇게 컸는데 교사가 뭘 안다고 내 자식을 병신 취급하냐?"
"부모인 내가 볼 때 이상 없는데 무슨 근거로?"
"우리 애가 좀 개구져서 그렇다. 교사가 아이를 삐딱하게 보면 어떻게 믿고 학교에 보내겠느냐?"
"교사라면 이런 아이 일수록 차별하지 말고 잘 구슬려서 가르칠 생각을 해라."

교실에서는 일 년 내내 사건 사고가 끊이지 않습니다. 주로 ADHD 아이가 문제의 핵심에 있게 마련이지요. ADHD 아이들은 특성상 싸움을 걸거나 수업을 방해하니까요. 부모님을 의식하다 보면 아이에게 잘못을 훈육하는 게 부담이 됩니다. 자기 아이를 ADHD로 의심하는 담임의 교육 행위를 좋게 봐주지 않으니까요. 같은 말이라도 오해가 생길 수밖에 없고, 그럴 때마다 부모님은 사사건건 학교에, 교육청에 민원을 넣습니다. 문제는 부모의 이런 태도를 아이가 그대로 보며 자란다는 겁니다. 아이 또한 제 훈육을 무시하거나 대듭니다. 그 아이에게 괴롭힘을 당했다는 피해 아이가 여럿인데도 부모님께는 선생님이 자기만 야단친다고 호소하더라고요. 이럴 때 교사가 아이 앞에서 위축된 모습을 보이면 통제력을 벗어난 그 아이가 다른 아이들을 마음껏 괴롭히기 때문에 그냥 둘 수도 없습니다. 교사들은 아이의 행동을 기록했다가(생활기록부 행동특성 및 종합의견 누가기록) 부모님의 민원이 발생하면 그 기록을 근거로 제시합니다. 담임으로서도 힘든 일이지요. 아이도 마찬가지였을 겁니다. 부모님 마음은 편했을까요? 거의 이십 년 전 얘기네요. 이제 와 생각해보면, 제가 너무 앞서갔지 싶습니다. 이런 이유로 아이의 ADHD 진단 권유를 망설이는 교사가 있습니다. 하지만 손해는 아이에게 고스란히 돌아갑니다. 장기적으로 부모에게도요. 교사는 일 년 가르치고 상급 학년으로 올려보내면 끝이지만, 부모야 어디 그런가요? 평생 책임이잖아요. 그래서 저는 교사는 학부모에게 욕을 먹더라도 ADHD가 의심되면 검사를 권유해야 한다고 생각합니다.

제 경우, 학급에서 관찰한 아이의 행동특성을 정리한 뒤 가정에서도 비슷한지 학부모에게 여쭙니다. 교사에게는 보여도 부모님은 놓치는 특성이 있으므로 가정에서의 상황을 예로 들어 설명드립니다.

주의력 결핍이 의심되는 경우

- 부모님이나 형제가 말을 할 때 잘 안 듣는다.
- 분류하거나 나열하고 순서나 절차가 필요한 일(국어, 수학, 사회, 과학)에 약하다.
- 가위로 오리기, 색칠하기 같은 정교한 작업이 안 되거나 실수를 한다.
- 형제 또는 사촌들과 놀이를 할 때 오래 못 간다. 금세 집중력을 잃고 산만해진다.

과잉 행동이 의심되는 경우

- 자기 차례를 기다리지 못하고 나선다.
- 식사 시 식탁에 안 앉거나 앉아도 꼼지락거린다. 부모님 허락 없이 자리를 뜬다.
- 조용히 티브이를 시청하는 게 어렵다.
- 집에서 뛰거나 기어오른다. 못하게 해도 또 한다.
- 말이 많아 수다스럽고 어른들 대화에 불쑥 끼어든다.
- 부모의 말이 채 끝나기 전에 급하게 대답한다.

어떤 부모님은 이런 아이가 정말 있느냐고 묻습니다. ADHD 아이를 키워보지 않은 부모는 그런 아이를 키우는 부모의 고통을 모릅니다. 이런 아이도 자라면서 점점 좋아질 수 있을까요? 네, 성장하는 기간 동안 조금은 좋아집니다만, 완치가 되지는 않습니다. 위 항목 중에서 지금 7개가 해당되는 아이가 어른이 되면 3~4개로 줄어드는 정도지요(성인 ADHD). 어른들 중에도 성격이 급해서 일을 그르치거나 실수를 하는 사람, 일을 할 때 집중이 잘 안 되거나 산만한 사람이 있지요? 성인 ADHD에 해당한다고 보면 됩니다.

부모님께 ADHD를 설명드리면서 예로 드는 그림이 있습니다. 아이의 머릿속에 여러 색깔의 화살표가 마치 폭발하듯 사방으로 흩어져 달아나는 그림입니다. ADHD 아이의 정신(관심사)이 그러합니다. 이렇게 관심가는 게 많으니 집중이 어렵고 집중을 해도 지속될 수가 없습니다. 감도 높은 안테나를 수 천 개 지닌 라디오라고나 할까요? 주변 곳곳에서 몰려오는 새로운 자극들이 아이로 하여금 지금 하는 것을 어서 멈추고 다른 새로운 것을 시작하라고 자극합니다. 어른들은 이런 아이에게 끝없이 잔소리를 합니다. ADHD 아이 입장에서는 자리에 얌전히 앉아 오래도록 선생님을 향해 집중하는 게 오히려 이상한 일입니다. 그래서 단번에 바뀌는 게 불가능합니다. 달리기가 잘 안 되는 아이더러 1주일을 줄 테니 우사인 볼트처럼 달리라고 하는 것과 같아요. 한 번에 뭉뚱그려 지시하지 마시고 그때그때 꾸준히 행동 안내를 주세요. 아이가 엘리베이터 손잡이 위에 매달리는 걸 좋아하면 그때마다, 아이가 이해할 때까지 그러면 왜 안 되는지 설명해줘야 합니다. ADHD 아이들은 못하게 해도 또 한다고 했지요? 백 번, 천 번이라도 설명하고 또 하세요. 손잡이는 손으로 잡는 거야. 거기에 올라가면 떨어질 수도 있고, 네가 다치면 엄마 마음이 아프니까 올라가지 마. 아이로 하여금 자기를 싫어해서 혼낸다고 느끼지 않게 해주세요. 내가 다치면 엄마 마음이 아프다는 걸 이해하면, 엄마를 사랑하는 만큼 엄마 걱정을 안 끼치려고 조심합니다. 아이의 순수하고 예쁜 마음을 이용하는 거지요. 의외로 야단치는 것보다 효과가 좋습니다. 그런데 질문을 보면 어머님은 그렇게 하시는 것 같지는 않습니다. 오히려 식당에서 스마트폰을 들려주시는 걸로 아이를 통제려고 하시는 군요. ADHD 아이들은 자극적인 걸 좋아합니다. 놀이도 더 자극적인 것, 게임이나 동영상도 폭력적이고 선정적인 걸 좋아합니다. 아시다시피 스마트폰은 끝없이 아이를 빠져들게 합니다. 식당에서 스마트폰을 주지 마세요. 대신 아이가 좋아할 만한 대화를 나누세요. 식당에 가는 까닭이 좋은 사람과 즐거운 대화를 하면서 맛있는 음식을 먹기 위해서잖아요. 아이 또한 마찬가지입니다. 만약 어른들끼리만 어울리신다면 아이가 어떻겠습니까? 그 자리에서 일어나 다른 재미있는 게 없는지 식당 안을 돌아다닐 수밖에 없는 거지요. 식당에서 뛰어다니는 아이들을 잘 보면 아이가 문제라기보다 어른들이 아이에게 관심을 안 줘서인 경우가 많아요. 돌아다니다 보니 ADHD 아이들이 좋아하는 자극적인 것(뜨거운 불, 손님들 사이 아슬아슬한 길)들이 눈에 들어오네요? 아이는 공공장소에 와 있다는 걸 잠시 잊어요. 그래서 ADHD입니다.

"어제 닭갈비 먹으러 갔단 말이에요. 근데 짜증 났어요. (왜?) 닭갈비를 먹을라 그랬는데 무릎에 떨어져갖고요. (뭐가 떨어졌어?) 닭갈비요. 그런데 아빠가 내 머리를 때리고 팔을 잡아당겼어요. 눈물이 났어요. 또 먹을라 그랬는데 아빠가 물을 뿌렸어요. 그리고 아빠가 저를 강제로 끌고 밖에 나가서 하나도 못 먹었어요. 엄마랑 동생은 닭갈비를 먹었는데…"

➡ 식당에서 아이가 뜨거운 닭갈비를 쇠 주걱으로 뒤집다가 무릎에 떨어뜨림. 아이가 화상 입었을까 봐 아빠가 아이를 뒤로 끌어당겨 찬물로 열을 식히고 응급실에 감.

ADHD 아이가 어른과 얼마나 다르게 상황을 인식하는지 느껴지지요? ADHD 아이는 집중이 잘 안 되기 때문에 상황의 흐름을 이해하는 능력이 떨어져 종종 이렇게 맥락을 빼먹습니다. 아이의 말 어디에도 자기가 다쳤다는 말이 없잖아요. 아빠가 ADHD를 이해했으면 아마 이렇게 대처했을 겁니다.

"이건 뜨거운 거야. 만지면 다칠 수도 있으니 어른이 해줄 때까지 기다리자. 대신 우리가 지난번에 먹었던 닭갈비에 대해 이야기해볼까?"

➡ 아이가 쇠 주걱을 만지지 못하게 처음부터 차단함.

"아이고, 저런! 아빠가 잠깐 한눈판 사이에 우리 아들이 다쳤네. 아빠가 금방 치료해줄게. 아파도 조금만 참아!"

➡ 화상 난 곳을 찬물로 식히는 과정에서 아이에게 그 까닭을 설명해줌.

"오늘 닭갈비도 제대로 못 먹고 병원에 가서 슬펐지? 우리 아들 다쳤을까 봐 아빠도 가슴이 떨려서 제대로 못 먹었어. 대신 치료 끝나고 맛있는 거 먹자!"

➡ 아이의 기분을 살펴주고 공감해줌.

야단 대신 설명을 하게 되겠지요. 반복되면 아이도 자기 안전을 위해 조금씩 더 생각하게 되고 사고도 줄어듭니다. ADHD 아이들은 어른들 뿐 아니라 친구들에게도 이해를 못 받습니다. 친구 관계라는 게 자기와 비슷하거나 뭔가 통해야 형성되는데 ADHD 아이들은 소통이 자연스럽지 않아 따돌림으로 이어지는 경우가 많습니다. 따돌린다기보다는 피하게 되는 거겠죠. 같이 어울리게 교사가 주선을 해도 이어지지 않더라고요. 2학년이면 교실에서 알까기 놀이를 많이 할 텐데요, 이거 하나도 쉽지 않습니다. 한 아이가 먼저 바둑알을 손으로 튕겨서 상대방의 알 하나를 떨어뜨립니다. 상대편 아이도 알 하나를 튕겨 반대쪽 알을 떨어뜨릴 차례지요? 이런 경우 ADHD 아이들은 있는 힘껏 알을 튕기는 경우가 많습니다(급한 성격, 강한 승부욕). 그러면 그 알은 교실 어느 구석으로 굴러가 버립니다. 상대 아이는 "그렇게 세게 튕기면 어떡해! 잃어버린 바둑알을 찾아 와!" 화를 내고 놀이는 멈춥니다. 이럴 때, "아, 미안해. 내가 찾아올게. 그리고 다음엔 살살할 테니 한 번만 다시 하자"라고 말하는 ADHD는 많지 않아요. 대부분 같이 화를 냅니다. 자연스럽게 같이 놀 아이들이 줄어듭니다. 2학년이면 아직 그런 친구도 포용하는 아이가 간혹 있지만, 고학년이 되면 주변에 친구가 거의 없어집니다. 이런 경우 학급 아이들이 자기 아이를 따돌린다고 부모님이 원망하기도 합니다.

일찍 진단을 받으면(18세 이전) 건강보험 적용을 받습니다. 전문가의 안내에 따라 꾸준히 치료해보세요. 총명탕을 지어 먹으면 낫는다더라, 어떤 민간요법이 특효라더라, 이런 말은 믿지 마세요. 안타까운 마음을 이용해 돈을 버는 사람들에게 속지 마세요. 검증된 전문가만 신뢰하세요. 6학년 큰아이의 역할도 부모님 못지않게 중요합니다. 누나는 동생이 다른 아이들에 비해 손이 많이 간다는 걸 알고 있을 겁니다. 자기에게 그만큼 관심이 덜 온다는 것도요. 6학년 여자 아이는

ADHD만큼이나 격변이 큰 시기입니다. 소외감을 느끼지 않게 큰아이에게 신경 써주세요. 오누이 관계가 어릴 때 건강하게 형성되지 않으면 나중에 부모님이 늙고 두 아이가 성인이 되었을 때, 동생은 그저 누나의 짐이 됩니다. 누나가 동생을 가엽게 여기고 잘 돌봐주면 좋지만, 보통은 동생과 거리를 두려 하거나 아예 부모님과 함께 동생을 야단치는 관계가 될 수 있어요. 이러면 동생은 가족에서 고립됩니다. 자식들이 우애를 잃고 서로 반목하며 자라는 걸 지켜보는 부모도 괴롭고요. ADHD 진단을 받으면 의사가 부모님과 누나에게 알맞은 역할을 안내할 겁니다. 그런데 아직 '어린' 누나 입장에서 그걸 잘 지키는 게 쉽지 않습니다. 그렇다고 누나를 나무라지 마시고 설득하세요.

아이의 검진을 반대하시는 시부모님의 심정을 충분히 이해하지만, ADHD는 말하고 드러내야 치료가 쉽습니다. 또 아이 양육에 관한 한, 엄마의 판단이 가장 정확해요. 만약 아이가 ADHD로 진단이 나오면 전문가가 치료(약물복용, 행동 치료)를 시작할 겁니다. 약을 먹으면 아이는 바로 효과를 보입니다. 우리 반 아이의 경우, 어쩌다 약을 안 먹고 오는 날은 제가 알아볼 수 있을 정도로 행동 차이가 컸어요. 약을 먹고 아이가 차분해지면 학습에 참여가 잘 되니 제가 칭찬을 하겠지요? 칭찬 받은 아이는 좋은 행동을 더 하려하고요. 약의 종류나 기능, 부작용에 관한 건 전문의가 판단하고 설명해줄 겁니다.

얼마 전까지만 해도 ADHD라는 용어는 생소했습니다. 그럼 과거엔 ADHD가 없었을까요? 생각해보니 제가 국민학교에 다닐 때에도

ADHD에 해당하는 친구가 있었습니다. 축구 골대에 올라가고(그러다 떨어져 다치기도 하고) 공부 시간에 떠들고, 말썽도 잦아서 선생님께 늘 혼났지요. 그래도 약을 먹거나 따로 관리되지는 않았잖아요. 아이들은 으레 그렇게 큰다고 생각했기 때문입니다. 이때가 ADHD 아이들에게는 오히려 좋은 시절이었는지도 모릅니다. 그러다 경제적인 여유와 함께 교육에 대한 관심이 커지면서 ADHD로 진단받는 아이가 늘었습니다. 가끔 아이 키우는 문화를 예전처럼 되돌릴 수 있다면 얼마나 좋을까 생각합니다. 학교 끝나면 학원 대신 온 동네 골목을 뛰어다니며 놀던 그 시절, 툭탁거리며 다퉈도 어른들이 눈물 쓱 닦아주며 등 떠밀어 악수 시키면 화해하던 시절, 온 동네 어른들이 남의 집 아이도 내 새끼처럼 챙겨주던 시절. 생각만으로도 따뜻해지는군요. 다시는 그때로 돌아가지 못할 거라 생각하니 더 간절해집니다. 오늘은 닫힌 현관문을 열고 아래층, 위층, 앞집, 옆집 아이들이 실컷 놀게 해보세요. 좀 별난 녀석이 있더라도 아이들끼리 포용하고 잘 어울릴 수 있게, 우리가 먼저 별난 어른이 되어보면 어떨까요?

친구에게 통 관심 없는 아이

Q. 2학년 남자아이를 키우고 있습니다. 제 아이가 친구를 안 좋아해서 고민입니다. 학교에서 누구랑 놀았느냐고 물어보면 혼자 놀았다고 합니다. 혼자 노는 게 좋대요. 친구들과 어울리게 해주려고 같은 반 엄마들 모임에 가거나 또래의 사촌들을 불러도 혼자 놀아요. 아이는 어릴 때부터 제 옆에만 있으려 했고, 낯가림도 꽤 오래 했습니다. 제가 너무 아이를 끼고 키워 그런가 싶기도 하고 마침 둘째도 낳게 되어 아이를 어린이집에 보냈는데 거기서도 주로 혼자 놀았어요. 다행히 유치원에서는 단짝 친구가 있었는데, 초등학교에 입학하면서 헤어졌습니다. 그 아이는 제 아이를 별로 그리워하지 않는데 아이는 아직도 친구를 그리워합니다. 아이가 뭐든 혼자 하는 걸 좋아하다 보니 책을 좋아하는 편이고 학교 공부도 그럭저럭 따라가기는 합니다. 얼마 전 위층 사는 같은 반 아이가 생일 파티에 초대했는데 망설이더니 끝내 안 가더라고요. 선물을 사 들려 집 앞까지 데려다줬는데도 못 들어갔습니다. 답답해서 야단을 치면 웁니다. 반대로 2살 어린 동생은 활달하

고 친구들과도 잘 어울립니다. 형 보란 듯 친구들을 집에 자주 데리고 옵니다. 가끔은 왜 형은 친구랑 못 노냐고 무시를 해서 그것도 걱정입니다. 담임선생님 말로는 그냥 교실에서 조용한 아이라고 합니다. 발표도 시키기 전에는 거의 안 하고, 쉬는 시간에는 주로 책을 읽거나 그림을 그리나 봐요. 특이한 건 주로 고속도로를 그린다는 것입니다. 집에서도 그런 그림을 그리길래 잔소리를 했더니 이젠 학교에서 그리나 봐요. 아이가 이대로 자라면 나중에 사회에 나가서 적응을 못할까 봐 걱정입니다. 저는 적극적인 편이고 아이 아빠는 조금 내성적인 성향이지만 아이만큼 심하진 않았대요. 아빠는 방학 때 캠프를 보내면 어떠냐고 합니다. 단체 생활을 하는 병영 캠프나 예절학교에 보내면 좀 나아질까요?

A. 많은 부모님이 자녀를 외향적인 아이, 적극적인 아이로 키워야 한다고 생각하십니다. 초등학교 저학년 때 특히 그러시더군요(고학년이 되면 포기하십니다). 이런 부모님들이 상담 오시면 주로 하시는 걱정을 소개해보겠습니다.

"우리 아이는 자신감이 없어요."
"저렇게 숫기가 없어서야 사회에 나가 자기 몫을 당당히 요구할 수 있을까요?"
"내성적인 아이는 이 사회에서 살아남기 힘들잖아요."

사실 숫기와 자신감은 관계가 없습니다. 숫기 없는 아이가 자신감 넘치는 예는 얼마든지 있어요. 과묵하지만 가슴에 열정을 품은 아이 말입니다. 반대로 친구들과 적극적으로 어울리지만 결정적인 순간에는 자신감이 없는 아이도 있어요. 이런 세태를 반영하듯 저학년 아이들을 대상으로 한 상업적 치료 프로그램 시장이 큽니다. 하지만 학교엔 원래 숫기 없는 아이들이 더 많습니다.

교실에는 걱정을 유발하는 다양한 '놈'들이 있습니다. 싸우는 놈, 고집 센 놈, 시비 거는 놈, 피해 의식에 빠진 놈, 신경질 내는 놈, 욕하는 놈, 친구 괴롭히는 놈… 이런 '놈'들에 비하면 어머님의 아이는 문제도 아닙니다. 있는 듯 없는 듯 혼자 조용히 '알아서' 하는 아이잖아요. 제 생각엔 취향 차이가 아닐까 싶어요. 모든 엄마는 공부도 잘하고 친구들과도 잘 어울려 노는 아이를 바랍니다. 하지만 이건 불가능해요. 공부를 잘하는 성격적 요소와 사회성 좋은 요소는 원래 서로 다르거든요. 친구가 좋아서 허구한 날 밖으로 돌아다니는 아이가 어떻게 공부를 잘하겠습니까? 제가 이런 말씀을 드리면 부모님들은 수긍을 안 하십니다. 심지어 어떤 어머니는 공부도 잘하고 성격도 활달한 사람들의 예를 드시더라고요. 서울대 나온 배우 누구와 아나운서 누구는 안 그렇지 않냐고요. 결론부터 말씀드리면, 내향적인 성격의 초등학교 2학년 아이를 바꿀 수는 없습니다. 성공한 예가 없어요. 아이의 성향은 만 3, 4세에 완성됩니다. 어머님은 외향적인 성격이라 내향적인 아이가 마음에 안 드세요. 외향적인 성격은 타인에게 잘 다가가고 사람을 잘 사귑니다. 상대에게 잘 보이려고 양보도 잘하고 연락도 자주 하지요. 남들보다 관계를 위해 더 노력합니다. 그래서일까, 타인이 자기 뜻대로 움직여주길 바랍니다. 좋게 말하면 격려하는 걸 좋아하는 거고, 나쁘게 말하면 통제하고 싶은 마음이 있는 거지요. 근데 내향적인 성격은 자기 일을 자기가 알아서 '자유롭게' 하고 싶어 합니다. 누가 자기를 통제하려고 하는 걸 싫어하지요. 어머님의 아이가 그런 마음입니다. 그런데 아이가 아직 힘이 없으니 엄마에게 싫다고 말하지 못하지요. '내가 엄마 마음에 안 드는 행동을 하면 버림받을지도 모른다'는 불안을 마음 한 구석에 지녔거든요. 하지만 그래도 싫을 땐 어떻게 할까요? 다른 방법으로 호소하겠지요? 눈물 말입니다. 그런데도 어머니는 계속 바꾸려고 하세요. 아이가 힘듭니다. 교실에는 이런 아이들이 꽤 있습니다.

아이 : 오늘 비가 와서 빨간 장화를 신고 올라 그랬죠. 근데 엄마가 노란 장화 신으래요. 그런데 노란 장화는 작년에 산 거라서 짝다구요.

교사 : 그럼 엄마한테 노란 장화는 짝으니깐 빨간 장화 신고 싶어요, 그러면 되잖아.

아이 : 음… 그냥요. 내가 쪼끔만 참을라구요.

교사 : 그럼 참으면 되겠네. 근데 지금은 왜 화가 났어?

아이 : 그냥…신경질이 좀 날라그러잖아요…

정당한 이유가 있는데도 엄마에게 주장하지 못합니다. 하지만 속으론 기분이 상했군요. 그런데 그 상한 기분조차 맘껏 드러내지 못합니다. 엄마에 대한 아이의 이런 자잘한 마음이 점점 쌓이면 아이에게 좋을 리 없지요. 신경질을 내면서까지 자기 욕망을 포기하는 아이로 자랄 필요는 없겠지요.

"너는 왜 친구들과 어울려 안 놀고 혼자 있고 싶어 하니?" 물으면 아이들은 이렇게 말합니다.

"친구들과 노는 것보다 혼자 노는 게 편해요."
생각할 시간이 많은 아이는 깊이 사고합니다. 주변 분위기에 휩쓸리지도 않으며 스스로 알아서 합니다. 어머님의 아이도 여기에 해당하겠군요. 책을 좋아하고 공부도 곧잘 따라가잖아요.

"혼자 놀면 상처받을 일이 없죠."
타인으로 인해 받을 수 있는 상처를 미리 경계하고 있습니다. 하지만 염려 마세요. 아이가 힘이 생겨(신체가 자라) 스스로를 방어할 나이가 되면 저절로 좋아집니다. 대신 아이에게 강압이 가해지지 않게 조심하고, 사소한 것도 아이가 스스로 결정할 수 있게 존중해주세요(입고 싶은 옷 입기, 외식할 때 메뉴 물어봐 주기, 취향 존중하기). 친구 생일잔치에 억지로, 그것도 엄마가 고른 선물을 들려 보내신 건 좀 심하셨어요. 아이가 운 건 엄마가 야단쳐서가 아니라 상처 때문이었는지도 모릅니다.

"친구랑 재미있게 논 적이 없어요."

친구, 사촌 등과 어울릴 기회가 적은 경우입니다. 주로 엄마 또는 돌보미와 노는 아이들입니다. 어른들은 무조건 아이에게 맞춰주잖아요. 사회성을 위해서는 아이가 좌절도 느끼게 해야 극복하려는 오기도 생기는데, 어른 위주의 놀이는 이런 기회를 차단합니다.

교사가 외향적이면 수업 시간이 아주 활발합니다. 선생님 목소리도 크고 아이들 활동도 많이 시키지요. 외향적인 아이들은 이런 수업 분위기를 좋아합니다. 자기 성격과 딱 맞으니까요. 하지만 내향적인 아이들에겐 어떨까요? 난 그냥 혼자 조용히 선생님 설명을 들으며 이해하고 싶은데 선생님은 자꾸 뭘 하라고 하겠지요? 반대로 내향적인 교사의 교실에서 외향적인 아이는 수업이 지루하고 졸릴 겁니다. 이건 누구의 잘못이라고 할 수 없는 성향의 차이에서 오는 결과입니다. 선생님이 좋아서 그 선생님 과목을 더 잘하게 된 경험이 있으시죠? 선생님-학생의 궁합(성향)이 이런 겁니다. 그래서 저는 수업을 할 때 외향적인 활동과 내향적인 활동을 섞으려 노력합니다. 둘 다 배려하려는 거지요. 발표는 외향적인 아이들에게 기회를 더 주고 깊이 생각할 결과물은 내향적인 아이 몫으로 밀어주는 거지요.

심리학자들 말에 의하면, 인정 욕구가 강한 사람들이 성공하는 경우가 많다고 합니다. 성공하면 자기를 인정해줄 거라는 기대가 끝없이 노력하게 만들거든요. 결국 채워도 채워도 끝이 없어서 세상 모든 사람들의 인정을 받을 때까지 끝없이 이어집니다. 어떤 이는 그 과정에서 무리한 수단과 방법(나쁜 짓)을 쓰기도 하지요. 어릴 때 인정 욕구를 극복하게 하는 건 이래서 중요합니다. 자기 자신을 이해하는 과정에서 타인의 시선이나 평가에 의지하면 아이는 너무 힘듭니다.

영원히 '을'일 수밖에 없는 직장인들은 제대로 성장하지 못한 상사의 인정 욕구를 충족시켜 주기 위해 감정 노동을 해야합니다. 어머님은 아마 아이의 사회생활을 염두에 두셨을 겁니다. 요즘은 혼자 하거나 마음에 맞는 소수가 모여서 하는 일도 꽤 많습니다. 저에게 아이 그림을 찍어서 보내주셨지요? 꽤 좋던데요? 2학년 아이인데도 입체 교차로를 그릴 정도의 공간 감각을 갖고 있고요. 아이의 그림 재주를 살리면 화가나 디자이너, 만화가가 될 수도 있습니다. 주변 사람들과 일부러 친한 척할 필요 없이 혼자 하면 되는 일이네요.

병영 캠프에 보내려는 계획도 다시 생각하세요. 친구들과 어울리는 것도 싫은데, 모르는 아이들이 모인 그곳이 즐거울까요? 억지로 보내신다면 아이는 울면서라도 가겠지만 상처받을 거예요. 그런다고 성격이 바뀌지도 않아요. 캠프가 아이를 바꿔준다는 광고는 믿지 마세요. 사람은 그렇게 바뀌지 않습니다. 동생이 형을 우습게 보는 것도 아이에게는 상처입니다. 동생은 지금 형이 뭔가 모자란다고 생각하고 있습니다. 그래서 형에게 자기 친구들을 자랑하는 겁니다. 자기보다 어린 동생이 놀릴 때 받는 상처와 불쾌감은 또래에게 받는 상처보다 큽니다. 동생은 형을 대하는 엄마의 태도에서 힌트를 읽었을

겁니다. 형제끼리 그런 일로 에너지를 소진할 필요는 없겠지요? 동생이 형을 존경하는 마음을 갖게 하는 것도 잊지 마세요. 동생의 성장에도 꼭 필요하거든요. 형이 동생에게 자기 그림을 선물하게 유도하거나 형이 알고 있는 걸(독서, 공부) 동생에게 가르쳐주게 하는 것도 좋습니다. 알고 보니 형이 혼자 노는 시간에 책을 읽어서 아는 게 많다는 걸 동생이 알게요. 잘 되면 동생도 형의 장점을 배워 자기의 외향적인 성격을 보완할 수도 있을 겁니다. 학교에서 엄마 몰래 그리던 아이의 그림도 집에서 그릴 수 있게 해주세요. 그림을 칭찬해주시고요. 한 발 더 나아가 구글에서 '고속도로 인터체인지' 이미지를 검색해서 자료를 줘보세요. 아이가 그토록 좋아하는 입체 교차로를 만들 수 있게 찰흙이나 블록을 선물해주시면 더 좋고요. 이 모든 것에 앞서서 하실 일이 하나 있습니다. 아이에게 그동안의 일을 사과하세요. 아이가 좋아하는 그림이 인쇄된 종이에 아이가 이해할 수 있는 어휘로 편지를 쓰셔도 좋겠습니다.

사랑하는 ㅇㅇ에게

엄마가 우리 ㅇㅇ에게 왜 친구들하고 못 노냐고 야단쳤지? 엄마가 생각해보니 우리 ㅇㅇ에게 너무 심한 말을 했어. 미안해. 슬펐지? 엄마는 우리 ㅇㅇ가 친구들과 안 놀고 혼자 놀면 심심할까 봐 걱정돼서 그랬어. 그런데 ㅇㅇ가 혼자 놀아도 재미있다는 말을 해줘서 참 다행이라고 생각해. 이제는 ㅇㅇ가 혼자 놀아도 야단 안 칠 거야, 절대로!!!

고속도로 그린 거 엄청 멋지더라? 엄마는 그림 잘 못 그리는데 ㅇㅇ는 잘 그려서 너무 자랑스러워. 그래서 부탁하고 싶은데 ㅇㅇ가 그린 고속도로 그림 엄마한테 선물로 주면 안 될까? 액자에 넣어서 엄마 방에 걸어 놓고 싶어서 그래~♡♡♡

또 아이의 그림을 핸드폰 화면이나 SNS 프로필 사진으로 쓰시고 아이에게도 슬쩍 보여주세요. 아이의 그림을 온 가족이 보는 식탁에 올려놓으시거나 식탁 유리 밑에 깔아 놓으셔도 좋습니다. 물론 식사 시간마다 그림에 대한 칭찬도 하시고요. 그동안 아이가 혼자 있으면서 했던 것들도 하나씩 구체적으로 칭찬해주세요. 아이는 가족 모두에게 인정받았다고 느낄 겁니다. 아이의 인정 욕구가 엄마를 통해 실현되는 거지요. 이런 아이는 나중에 사장님이 되어도 인정 욕구 때문에 남들의 반응에 집착할 필요가 없을 겁니다. 엄마들의 꿈인 '성격이 활달하고 매사에 신중한', 몸도 마음도 건강한 아이는 이렇게 조금씩 만들어지는 겁니다.

거친 내 아이, 전학을 가야 할까요?

Q. 3학년 남자아이를 키우는 전업주부입니다. 아이가 학교에서 친구들을 툭툭 건드려서 걱정입니다. 며칠 전, 점심시간에 앞자리에 끼어 든 친구를 밀어 친구의 식판이 엎어졌다고 합니다. 친구는 울었고요. 아이 말로는 세 번을 참았는데 친구가 끼어들고 사과도 안 해서 화가 났대요. 그런데 담임선생님은 자기만 야단을 쳤대요. 전에도 친구가 먼저 욕을 해서 싸웠는데 선생님은 자기가 욕한 것만 혼내셨대요. 지난 운동회 날엔 자리 문제로 옆 아이와 싸웠는데 주변 친구들이 모두들 제 아이만 나무라더라고요. 제가 아이들 뒤에 있어서 다 봤거든요. 제가 보기엔 둘 다 잘못한 것 같았어요. 그걸 계기로 아이가 평소 친구들에게 미움을 받고 있다는 사실을 알게 되었습니다. 제가 평소에 친구를 때리면 절대 안 된다고 얘기하는데 말을 안 들어요. 아이는 다른 아이보다 좀 과격한 놀이를 좋아합니다. 그래서 다친 적도 있어요. 아빠에게 종아리를 맞으며 혼나도 고쳐지지 않아요. 아빠가 엄격한 편이라 아이가 잘못하면 따끔하게 혼을 내는데 요즘엔 아빠에게

도 반항합니다. 울면서 막 대들어요. 아이는 아빠를 무서워해서 직접 말은 못 하지만 저에게 아빠에 대한 불만을 자주 말해요. 그럴 때마다 아이와 아빠 사이에서 어떻게 해야 할지 난감합니다. 담임선생님은 아이가 분노 조절이 잘 안 되는 것 같대요. 더 늦기 전에 상담을 받아보라고 하십니다. 수업을 방해하고 다른 아이들에게 피해를 준대요. 선생님의 지시도 잘 안 듣는대요. 선생님이 이리저리 돌려가며 말씀하셨지만… 엄마가 잘못 키워서 아이가 폭력적이라는 내용이었습니다. 서운했습니다. 이전 선생님도 제 아이를 불편해하셨어요. 교사들이 이런 생각을 갖고 있으니 아이가 학교에서 어떤 대접을 받을지 상상이 됩니다. 아이 아빠는 이렇게까지 학교를 보내야 하냐고 하네요. 학교를 옮겨볼까요? 남편 직장 때문에 서울에 있어야 하지만 애 아빠와 떨어져 지내는 한이 있더라도 지방의 대안학교로 전학을 보내보면 어떨까 생각 중입니다. 늦게 얻은 아이라서 버릇없을까 봐 일부러 엄격하게 키웠는데 자꾸 힘든 쪽으로 흐르네요. 선생님 보시기에 대안학교나 시골의 작은 학교로 보내면 아이가 나아질까요? 혹시 추천하신다면 어떤 형태의 학교가 좋을지도 알려주세요.

A. 아이고… 걱정이 크시겠어요. 아이가 거칠면 키우기 힘드시지요? 하지만 아직 3학년이라 희망이 있으니 학부모님이 아이를 도울 수 있을지 생각해봅시다. 아이는 지금까지 자라오면서 여러 환경을 지나왔을 겁니다. 타고난 성향이 환경과 결합되어 한 개인의 인격을

이뤘겠지요? 모든 인간은 내면에 폭력성을 지니고 태어나지만 그걸 통제하면서 살도록 진화했는데 어머님의 아이는 공교롭게도 잠재된 폭력성이 겉으로 튀어나왔네요. 어떤 이유로 그렇게 되었는지 살펴볼 필요가 있습니다. 원래부터 거친 아이는 아니었을 겁니다. 세상에 그런 아이는 없으니까요.

아이가 친구를 툭툭 건드린다는 건 시비를 건다는 말이지요? 시비를 걸면 상대로부터 분명 부정적인 반응(분노)을 얻습니다. 그러면 멈춰야 하는데 아이는 계속하네요? 상대가 싫어하는 행동을 하는 것, 이게 폭력입니다. 아이는 지금 자기 잘못을 모릅니다. 자기 행동에 대한 판단이 안 서고 있어요. 자기가 친구를 밀어서 식판을 엎었잖아요. 친구를 화나게 하고 선생님을 곤란하게 했어요. 그런데도 아이는 자기가 뭘 잘못했는지 모릅니다. 오로지 친구에게 놀림을 받아서 화난 것에만 집중하네요? 상대에 대한 공감이 잘 안 되고 있습니다. 교사의 말도 수용하지 않고 적대시하고 있습니다. 이 또한 공감 능력 문제입니다. 자기를 화나게 한 친구를 혼내 준 것뿐인데 이상하게도 담임선생님은 오히려 나의 정당한 복수에 대해 야단친다고 생각하네요.

아이는 왜 이런 생각을 할까요? 3학년인데 벌써 부모님이 감당하기 힘겨울 정도로 거친 아이가 되었어요. 어머님 말씀을 들어보니 야단친 교사에 대해 서운해하시는 것 같아요. 또 아이가 문제 행동을 할 때 개입하시기보다는 피하려 하십니다. 운동회 날, 아이가 다툴 때

보고만 계셨지요? 다툼을 말리는 대신 다른 아이들을 관찰하셨습니다. 담임교사도 있고, 또 운동회 중이라 주저되었을 수도 있겠지만 생각해보세요. 싸우는 아이가 아드님이었어요. 혹시 다른 부모들이 '어머! 쟤는 어느 집 앤데 싸우나?' 할까 신경 쓰이셨나요? 공공장소에서 아이가 사람들의 시선을 끌 때 '내 아이 아닌 척' 하는 심리도 있지요. 주양육자인 부모가 아이의 현실(폭력성, 분노 조절의 어려움)을 직면하고 해결하려 나서지 않으면 교사 혼자서는 못 가르쳐요. 교사는 학교에만 있고, 아이가 학교에 머무는 시간은 고작 하루에 5, 6시간에 불과하잖아요. 물론 부모로서도 할 말이 있긴 해요. 문제 행동 초기에는 적극적으로 대처했는데 시간이 지나면서 지친 거지요. 그래서 학교에 상담을 오라고 해도 이런저런 이유를 대면서 잘 안 오시고 전화도 잘 안 받고요. 교사들도 이런 부모님을 설득하는 일을 힘들어 합니다. 부모와 교사가 힘을 합해 아이를 변화시키면 친구 관계도 회복하고 학교생활도 즐겁게 바뀔 수 있습니다. 청소년 범죄로 소년원에 수감된 어떤 아이의 글에 이런 표현이 있었다고 합니다.

> "가정, 학교, 사회 그 어디에서도 난 사랑받지 못했다. 친구들에겐 피하고 싶은 아이, 엄마에겐 부끄러운 아들, 선생님에겐 골칫덩어리였다."

어머님은 지금 아이의 문제 해결을 아빠에게 의존하고 있습니다. 아이가 아빠에게 야단맞을 때 아이 편을 들고 계세요. 아이를 아껴서 그러시겠지만, 아이는 그러는 엄마를 믿고 아빠에 대한 적대감을 드러냅니다. 야단치는 효과는 없이 야단치는 아빠만 나쁜 아빠로 전락합니다. 부모님이 한마음으로 야단치면 아이는 내가 정말 잘못했나보다 생각하겠지요? 결국 엄마의 태도로 아빠와 아이는 나쁜 사이가 됩니다. 야단칠 땐 치고, 아이가 반성한 다음에 감싸주면 아이는 자기가 혼날 짓을 해서 야단맞았지만, 앞으로 노력하면 아빠도 자기를 믿어준다고 느끼겠지요. **아빠도 무조건 야단만 치는 역할로 머물지 마시고 아이와 친구가 되려고 노력하세요.** 요즘 유행하는 캠핑을 하시면서 아이로 하여금 가족 구성원의 한 역할을 하게 해주세요. 간단해요. 아이에게 텐트 치는 걸 부탁하세요. 텐트 칠 장소를 정하고 팩을 박으면서 책임감도 기르고 신중해지는 연습도 하게 됩니다. 그리고 자기에게 역할을 준 아빠를 좋아하게 됩니다. 만약 야단칠 일이 생기면 아빠가 뭘 걱정하는지 아이에게 말하세요. 친구들과 잘 놀고 선생님께도 인정받으며 자라게 도와주고 싶은데 어떻게 해야 할지 모르겠다고 솔직하게 고백하세요. 이런 말이 종아리 몇 대보다 더 효과가 있을지 몰라요. 또 **야단치는 역할을 엄마와 나누세요. 아빠가 야단쳐야 교육이된다는 생각은 버리세요.** 야단은 아이와 더 가까운 사람이 치는 게 효과가 더 있어요. 질문에는 안 나와 있지만, 아빠가 권위적이실 거라는 느낌이 들어요. 아이 교육을 놓고 엄마와 진지하게 논의하지 않고 엄마를 일방적으로 나무라고 훈계하는 분 같아요. 아이 눈에는 아빠가 엄마를 무시하는 걸로 보이겠지요. 그래서 아이가 엄마 말을 더 안 듣는 겁니다. **엄마도 아이 문제를 피하지 마시고 적극적으로 뛰어드세요.** 물론 처음부터 아이의 문제를 외면하신 건 아닐 거예요. 하지만 아이가 문제 행동을 하면서 엄마가 잘못 가르친 것처럼 보일까 봐(실제 많은 엄마들이 이런 생각을 하니까요) 불편하셨을 겁니다. 아이의 기질이 너무 강해서 어쩔 수 없었을 수도 있어요. 그래도 아이를 위해 용기를 내보세요. 불편하시겠지만 학교를, 그리고 전문 기관을 방문하세요. 그리고 아이의 교육을 의논하세요. 이런 걸 굳이 아빠가 결정(허락)해야 하는 건 아니에요. 엄마도 할 수 있어요. 그리고 **부모님이 먼저 분노 조절의 모델이 되어주세요.** 아이가 일을 내서 담임의 연락을 받으면 야단을 치지요? 심각한 사태는 대부분 이렇게 일어납니다.

선생님의 전화가 옴 → 엄마가 아이를 야단침 → 아이가 반성하는 것 같으면 끝나지만 말을 안 들으면 아빠에게 알림 → 화난 아빠, 아이를 야단침(아이는 엄마를 원망) → 얼마 후, 학교에서 또 연락이 옴 → 엄마가 아이를 더 야단침 → 아이도 엄마에게 더 저항함(아빠에게 일러바친 원망) → 아이가 대들자 이번에도 아빠에게 알림 → 아빠는 아이를 더 심하게 야단침(아이는 엄마에 대한 분노가 상승)

방법은 간단해요. 아이로 하여금 부모님이 아이를 잘 키워보려 애쓴다는 느낌을 주시면 됩니다. 실제로 아이를 너무 사랑하시잖아요. 근데 왜 아이는 그 반대의 느낌을 받을까요? 부모님이 화내는 것처럼 보이니까요. 아이는 이걸 가장 두려워해요. 부모님이 먼저 분노를 조절하는 모습을 보여주세요. 이런 모습들을 보면 아이도 불안에 떠는 걸 멈추고 생각하려고 합니다.

더 늦기 전에 정신과 상담을 받아 보라는 담임선생님 생각에 저도 동의합니다. 아이를 감싸는 엄마와 야단만 치는 아빠라는 상황에서 아이가 쉽게 바뀌긴 힘들 것 같거든요. 담임선생님으로부터 그동안 열심히 아이를 키워온 엄마의 노력을 무시당하는 말(엄마가 잘못 키웠다)을 듣고 속상하셨지요? 기분 나빠셔도 할 수 없어요. 학부모님은 아이 훈육을 피하고 싶어 해요. 전학을 보내겠다고 하신 부분에서 그런 마음이 느껴졌습니다. 하지만 여기서 물러나면 후회하실 수도 있어요. 생각해보세요. 3학년 아이가 친구와 잘 못 지내는데 고학년이 되면 어떻겠습니까? 폭력성은 저절로 나아질 수 없는 영역이거든요. 아이가 이대로 청소년이 되면 위험한 인물이 될 수 있습니다. 한 번 날린 주먹만으로도 상해를 입힐 수 있어요. 그때도 아빠가 아이를 야단칠 수 있을까요? 오히려 아이에게 맞을까 봐 피해 다녀야 할 지도 몰라요. 아이가 한 살이라도 어릴 때 치료하세요. 전문가들은 아이 치료에서 그치지 않고 아이를 양육하는 어른들에게도 아이를 대하는 방법을 세심하게 안내합니다. 검사를 하면 부모의 어떤 양육 태도가 아이의 폭력성을 자극했는지 다 나오거든요(부모 양육 태도 검사). 하지만 치료가 시작되고 아이의 행동에 변화가 오는 걸 보면(분명히 변화가 와요) 부모님의 태도가 달라집니다. 요즘 전문가들은 정말 기가 막힌 방법으로 아이를 치료하거든요.

대안학교나 시골 학교로 보낸다고 아이가 나아지지는 않아요. 흔히 도시 학교에서 적응 문제를 겪는 아이의 부모님들이 이런 질문을 하시는데요. 만약 공부 스트레스가 원인이라면 분명 효과를 보실 겁니다. 그게 맞다 해도 굳이 시골로 보낼 거 뭐 있나요? 도시에서 공부를 덜 시키면 되잖아요. 정말 이런 이유로 시골 학교나 대안학교에 보내는 학부모님도 있기는 합니다. 심지어 부모님은 도시에 살면서 아이만 시골 단체 숙소에 보낸 분도요. 유학이라는 좋은 표현을 쓰기는 하지만 제 눈에는 유배로 보였습니다. 시골학교가 얼마나 좋은지 몰라도 초등학생이 부모와 떨어져 얼마나 교육이 될지 의문입니다. 하지만 이런 경우도 먼저 아이의 의사를 분명히 물어보시고 선택하게 해야 한다는 겁니다. 아이는 아무 생각 없는데(3학년이면 아직 그런 생각을 할 나이는 아니죠) 부모님 자존심 때문에 움직일 일은 아니잖아요. 더욱이 어머님의 아이처럼 친구들과 적응 문제라면? 대안학교 아니라 어느 학교를 보내도 효과가 없습니다. 아이들은 친절한 친구는 좋아하고, 폭력적인 친구를 싫어합니다. 오히려 그 학교에서 잘 지내고 있던 아이들이 어머님의 아이 때문에 혼란을 겪겠지요. 더구나 아이는 아빠와 떨어진 채, 새롭게 적응해야 하는 부담을 가집니다. 안 그래도 불편한 사이인데 말이지요. 전학을 보내면서 아이에게 뭐라고 설명하시겠습니까? 아이는 내가 잘못해서 다른 학교로 쫓겨 간다고 생각할 거예요. 안 그래도 친구들과 새로운 관계를 만들기 힘들어하는 아이에게 이는 가혹한 벌일 수도 있습니다.

우리 아이가 동성애 취향인 것 같아요

Q. 6학년 딸, 4학년 아들을 기르는 직장맘입니다. 얼마 전, 아이들과 티브이 드라마 〈태양의 후예〉를 보다가 일어난 일입니다. 제가 송중기가 참 멋있다고 했더니 딸아이가 송중기보다 여주인공 송혜교가 더 예쁘지 않냐고 하더군요. 그 말을 들은 동생이 불쑥 누나 레즈냐, 여자가 왜 여자를 이쁘다고 하냐, 변태냐, 이러면서 놀리는 거예요. 그 말에 딸아이가 화를 내면서 동생을 때리더라고요. 예상치 못한 행동에 저도 좀 놀라서, 농담 좀 했다고 그렇게 동생을 때리면 되냐고 나무랐는데 아이가 그 좋아하는 드라마를 보다 말고 방으로 들어갔어요. 제가 좀 심했나 싶어 따라 들어가 보니 울고 있는 거예요. 아이를 달래며 이런저런 대화를 나눴는데, 아이가 아무래도 자기는 레즈비언 같다는 충격적인 말을 하네요.

요즘 6학년 여자애들 중 이런 아이들이 있나요? 사춘기라 그러나 보다 생각하면서도 아이가 하는 말을 들으니 장난은 아닌 것 같아요. 학교에 찾아가 볼까 하는데 아이가 못 가게 해요. 선생님께 그 얘기는 하지 말라고요. 생각해보니 다른 여자 아이들에 비해 옷 입는 취향도 덜 여성적이었어요. 여자 아이들은 분홍색을 좋아하잖아요. 그런데 제 딸아이는 싫어하더라고요. 또래들이 남자 아이돌을 좋아해도 제 아이는 전혀 티를 안 냅니다. 어릴 때부터 순하고 머리도 좋아 키우는데 하나도 힘들지 않았어요. 줄곧 반장으로 뽑히는 나무랄 데 없는 아이라고 생각했는데, 동성애 취향이라는 말을 들으니… 저나 남편 모두 놀랐습니다. 어떡하면 좋을까요?

A. 어머님의 고민을 읽으면서 걱정했습니다. 내 아이가 동성애자가 되려고 한다, 이를 막을 방법을 알려달라 요구하실까 봐요. 어머님은 아이의 마음을 이해하고 싶어 하시니 다행입니다. 아이가 동성애 취향이 맞는지 아니면 일시적 환상인지 모르겠지만, 아이가 반장(친구들의 신임을 얻을 만큼 똑똑하다는 뜻)도 하는 걸 봐서 보통의 6학년 여자 아이 이상의 분별력이 있으리라 짐작됩니다. 저는 성적 취향의 문제는 답이 없다고 생각합니다. 허락하냐 마냐의 문제가 아니라는 거지요. 그건 부모로서 자식의 삶을 대하는 가치의 문제고, 인간의 삶을 대하는 철학입니다. 저는 동성애자에 대한 차별은 절대 안 된다고 생각합니다. 아니, 모든 사람은 그 어떤 이유로라도 차별받으면 안 된다고 생각합니다. 저도 처음부터 이런 생각을 갖게 된 건 아니었습니다. 동성애는 HIV 위험을 높인다느니, 사회를 타락시키고 성도덕을 망가뜨린다느니… 사람들이 그렇게 말하면 그런가 보다 하던 때가 있

었어요. 그들이 어떤 비난을 받고 차별을 받든 저와는 상관없었고 관심도 없었지요. 심지어 왜 남들이 말리는데 굳이 저렇게 사나, 딱하다 하는 생각도 했습니다. 그런데 계기가 있었습니다. 교사가 되고나서였지요. 제가 고학년을 담임하면서 만났던 아이들 중 자기가 동성애 취향이라는 걸 드러낸 아이들이 몇 있었습니다. 아이들은 자기가 편하다고 느끼는 상대에게 먼저 커밍아웃을 하게 마련이잖아요. 그 아이에게 제가 그런 대상이었나 싶어 고마웠습니다. 스스로 감춰야 했던 과거에 비해 요즘은 언론에서도 다루고 교육도 하니까 조금 더 자유롭게 드러낼 수 있을지도 모르겠습니다. 저에게 커밍아웃 했던 제자 중 아주 일부를 제외하고는 평범하게 살고 있습니다. 결혼하고 아이를 낳아 기르며 직장 생활도 하지요. 그럼 그 아이들이 예전에 고백할 땐 잘못 알았던 걸까요? 아니면 다행히 평범하게 이성을 만나 결혼해서 사는 게 잘 맞았을 수도 있겠습니다. 하지만 어떤 아이들은 자기의 성 정체성을 감추고 참고 살고 있는 건 아닐까, 생각합니다. 우리 주변엔 이렇게 자신의 정체성을 드러내지 못하고 사는 이들이 있습니다. 우리 사회가 개인의 성적 취향을 존중하는 성숙한 사회로 진보하고는 있지만 아직 각 가정에서까지 그러지는 못하니까요. 반면 자신의 성적 정체성을 유지하는 이들도 있습니다. 성적 소수자들이지요. 근데 어떤 사람들은 이들이 사회를 혼란시키고 타락시킨다고 생각해요. 교실에도 성적 소수자들에 대해 선입견을 갖고 있는 아이들이 있습니다.

"튀고 싶어서 그래요. 레즈나 게이가 멋진 줄 알아요."

"정신력이 약해요. 군대 안 가려고 그러는 걸 수도 있어요."

"걔네들은 변태예요."

아이들이 왜 이런 생각을 갖게 되었을까요? 어른들의 영향이겠지요.

커밍아웃한 제자는 부모님 말씀 잘 듣고 공부 열심히 하는 평범한 아이였습니다. 그 아이가 누군가를 위협하거나 피해를 주는 걸 본 적이 없습니다. 그 아이가 살아가면서 만났을 차별과 멸시를 생각하면 가슴이 아픕니다. 사춘기 무렵에는 자신을 이해해주지 않고 별종 취급하는 부모 때문에, 군대나 사회에선 뭔가 모자라는 존재 취급하면서 따돌리는 동료들 때문에 고통을 받았겠지요. 성적 소수자는 일반인에 비해 자살 충동을 더 자주 느낍니다. 당연한 일이지요. 이들의 자살 충동 이면엔 다양성을 인정 못하는 사람들이 있습니다. 가족으로부터 존중받으며 성인이 된 아이는 사회생활도 건강하게 해내겠지요?

동성애자는 언제나 있어왔습니다. 동성애는 고대 이집트, 그리스 시대뿐 아니라 근현대를 통틀어 항상 존재해왔습니다. 우리나라도 삼국시대(화랑)나 고려(공민왕), 조선(세종대왕의 며느리)에 동성애가 있었다는 기록이 남아 있습니다. 연구 결과 인구의 11퍼센트는 양성애적 특성이 있고, 동성애자는 3퍼센트 정도라고 합니다(영국에서는 인구 100명당 1명 꼴이라고 공식 발표). 그래서 성적 소수자라고 부르는 거지요. 사실 이것도 은근한 차별 아닌가요? '소수자'라니. '너희들은 별난 사람이야'라고 구별 짓는 것 같잖아요. 중세 시대에는 이들을 마녀로 몰거나 금지하는 법률을 제정했고 나치는 동성애자들을 상대로 홀로코스트 범죄를 저질렀습니다. 이야말로 인간이 도덕적으로 얼마나 나약한 존재인가를 증명하는 비극이 아닐까요? 자기와 다르면 집단에서 권리를 빼앗는 집단 이기주의 말입니다. 딸아이의 말을 듣고 가슴이 철렁하신 건 아마도 이들에게 가해진 박해가 떠올랐기 때문이겠지요? 하지만 우리나라도 곧 차별 금지법이 만들어질 예정이고(현재 국회에 계류 중) 사회 인식도 성적 소수자들에게 우호적으로 바뀔 겁니다. 따님이 동성애자인지는 아직 알 수 없지만, 설사 그렇다고 해도 절대 그래서 안 되는 일은 아닌 겁니다. 정확하게 말하면, 아이가 어떤 성적 정체성을 선택하든 옳고 그름이나 정의와 불의 같은 기준으로 비난받을 일이 아니라는 겁니다. 아이의 성적 정체성을 고민하는 부모님과 상담하다 보면 꼭 하시는 말씀이 왜 하필 우리 아이가 그런 애로 태어났느냐는 겁니다. 전 세계적으로 750명 중 한 명 꼴로 다운증후군 아이가 태어나는 것처럼 동성애 취향의 아이도 그냥 태어납니다. 또 선천적이면 어떻고, 후천적이면 어떻습니까? 내 아이가 그렇다는데 그 어떤 이유나 논리가 필요할까요?

6학년이면 성적 정체성이 생기는 나이입니다. 성장 속도가 정말 빠른 시기지요. 운동회 때 6학년 여자 아이들 달리기 하는 거 보셨지요? 어른과 몸이 똑같아요. 뒤에서 보면 아가씨처럼 보이는 이 아이들이 막상 앞에서 보면 눈깔사탕을 물고 헤헤거리지요. 저 아이들이 좀 더 자라 사랑하는 상대를 만나 연애도 하고 삶의 절정을 누릴 때, 떳떳하고 행복하기를 바라시는 거죠? 다행히 지금 우리는 더 이상 그런 시대에 살고 있지 않습니다. 서구 사회만큼 너그럽지는 않지만, 의식 있는 이들의 노력으로 점점 개선되고 있습니다. 이 상황에서 성적 소수자 아이를 둔 부모가 할 일은 무엇일까요?

아이의 감정, 성 정체성에 집중해주세요. 그리고 존중해주겠다는 태도를 미리 분명히 알려주세요. 아이는 마음이 편한 상태에서 자신의 정체성에 대해 더 신중하게 들여다볼 겁니다. 아이가 엄마에게 자기 정체성을 말할 정도면, 이미 친한 친구에게도 말을 했을 겁니다. 지금 부모가 아이를 인정하지 않으면 아이는 앞으로 자신의 문제를 부모보다 친구와 의논하게 됩니다. 이렇게 되면 엄마-딸의 소중한 연결을 잃습니다. 부디 그런 상황을 만들지 마세요. 어떻게든 따뜻하고 단단하게 연대해서 서로 힘이 되는 엄마-딸로 사시는 거지요. 성 정체성과 상관없이요. 아이가 이런 생각으로 살아가게끔 대해주세요.

'내가 어떤 성 정체성을 지니고 있어도 엄마 아빠는 내 편이야. 나는 일부러 나의 정체성을 왜곡하거나 숨길 필요가 없어. 다른 집 부모님들이라면 벌써 난리 치며 정신 병원에 끌고 갔을 텐데 우리 부모님은 고맙게도 내 편이야.'

그리고 아이와 함께 동성애에 대해 공부해보세요. 아이는 아직 자기의 성 정체성을 확실히 모를 수도 있기 때문에 공부하다 보면 동성애자인지, 이성애자인지, 혹은 양성애자인지 구분이 가능해질 겁니다. 사람의 성 정체성은 대부분 변하지 않습니다. 다만 자기 정체성을 잘 모른 채 남들 따라 사는 거지요. 아이는 그런 평범함을 거부하고 자신에게 더 집중하고 있는지도 모릅니다. 아이와 비슷한 성적 취향을 지닌 아이를 둔 가족의 모임도 있으니 아이와 같이 가보셔도 좋습니다. 내 아이뿐 아니라 여러 사람들이 있다는 걸 알게 되면 기운이 납니다. 더 나아가 아이와 함께 편견에 맞서 싸워주세요. 아이는 부모님을 자랑스러워할 겁니다. 아이가 죄를 지은 게 아니니 아이가 죄책감을 느끼지 않게 도와주세요. 어른들에게 대수롭지 않은 타인의 시선이 어린 아이에게는 공포일 수 있습니다. 어떤 아이는 저에게 커밍아웃을 하면서 절대 아무에게도 말하지 말라고 여러 번 강조하더군요. 알려지면 누군가에게 맞아 죽을지도 모른다는 겁니다. 아이가 이렇게 공포를 느낄 땐 이렇게 설명하면 어떨까요?

"어떤 사회도 성적 소수자들 때문에 망하지는 않아. 경제, 정치, 부정부패가 원인이지 동성애가 아니야"

다행히 요즘 학교에서는 차별하면 안 된다는 교육을 열심히 하고 있습니다. 학생 인권 조례도 만들어지고 있습니다. 그래서 아이들 사회에서는 차별 금지법에 대한 상식이 널리 퍼져 있습니다. 사회는 진보하고 있으니 아이가 어른이 되면 지금보다는 더 다양성을 인정하겠지요? 저에게 커밍아웃했던 한 제자는 요즘도 아버지와 서먹합니다. 아버지가 완고해서 이십 대 중반이 되어서야 털어놓았는데, 끝내 인정해주지 않으셨거든요. 부모의 반대와 비난은 아이를 극단적 선택으로 몰고 가기도 합니다. 태어난 모습대로 살고 싶은 건 지극히 당연한 바람이잖아요. 오히려 고민할 필요가 없는 다수의 사람들이 소수자들을 도와야 하는 게 아닐까요?

특수학교를 제안받았습니다

Q. 제 아이는 2학년이고 자폐성 장애가 있습니다. 좀 늦되나 보다 했지 자폐인 줄은 모르다가 다섯 살이 되어서야 알았습니다. 유치원 보낼 때에도 원장님이 난감해하셔서 수업 도중에 아이가 다쳐도 책임을 묻지 않겠다는 각서를 쓰고 겨우 보냈는데, 근처 초등학교에 입학시키고 보니 그 학교에는 또 특수학급이 없네요. 그래서 종일 일반 교실에 있는데 선생님, 친구들이 힘든가 봅니다. 학교에 상담을 갔다가 담임선생님으로부터 특수학교로 전학을 가는 게 어떻겠느냐는 말씀을 들었습니다. 아이 때문에 수업이 곤란한데 다른 학부모들도 뭐라 한다는 게 이유입니다. 제 아이가 낯선 환경을 만나면 울거나 소리를 지르거든요. 자리에 앉아 있는 것도 아직 잘 안 되고 의사소통도 불편합니다. 그런 말씀을 하시는 사정은 알겠는데 그 말을 듣는 순간 선생님도 내 아이 교육을 포기하신 것 같고, 이제 어디로 가야 하나 싶어 눈물이 났습니다. 말을 듣고 안 갈 수도 없고(가라면 가야 하나요?), 특수학교에 보내자니 집에서 너무 멀어요. 이래저래 마음이 불

편해서 여쭤봅니다. 학교에 특수학급이 없는 경우 특수학교로 전학을 가야 하나요? 만약 선생님 아이라면 어떻게 하시겠습니까?

A. 싫으면 안 가셔도 됩니다. 특수학교로 전학을 보내시는 건 부모님의 선택이고 권리입니다. 이는 법으로 보장된 내용입니다. 장애인 차별 금지법 조항 중에서 교육과 관련된 것 몇 가지를 추려 소개해 보면 이러합니다. 장애인의 입·전학을 거부하거나 강요하면 안 되고, 학교 행사에 장애 학생의 참여를 제한할 수 없어요. 교사는 아이 교육 활동에 필요한 편의를 제공해야 합니다. 예를 들어, 장애가 있고, 수업 방해를 한다고 해서 통합 교육(장애를 지닌 아이가 일반 학급에서 보통 아이들과 함께 공부하는 것)을 포기하라고 하면 안 돼요. 그러니까 특수학교 전학을 강요하는 것 자체가 법을 어기는 일입니다. 다른 부모가 자기 아이의 학습권을 이유로 불평하는 건 이해할 만하지만, 그걸 이유로 전학시킬 수는 없어요. 학교는 장애인의 입학을 거부할 수 없어요. 또 만약 학부모님이 이사 등의 이유로 아이를 전학시킬 때에도 그 학교에서 학생을 거부하면 안 돼요. 제가 받은 어떤 사연에는 자기 아이가 특수학급 입급 학생인데 담임선생님이 글쎄 현장 체험 학습에 아이를 보내지 말았으면 하더래요. 큰일 날 선생님이죠. 어떤 방법을 써서든 아이를 데려가 불편 없이 체험할 수 있게 돕는 게 학교가 할 일인데 오지 말라니. 근데 부모 입장에서는 이 말을 듣고도 아이를 보내기가 또 거시기 하거든요. 그래서 속앓이를 하시죠. 앞으로는 그

러지 마세요. 아이가 장애가 있다고 수업이 다 끝나기 전에 집에 데려가라거나 부모님더러 학교에 와서 아이를 따로 챙기라고 해도 안 됩니다(부끄럽지만 예전엔 왕왕 있었던 일이에요). 모든 아이에게 차별 없이 동등하게 교육과정이 정한 학업 시수를 채워야 합니다. 학부모님의 아이는 2학년이니까 월~금요일 중 2일은 4교시, 3일은 5교시를 하겠지요? 그 수업이 다 끝나기 전에 먼저 집에 보내면 절대 안 됩니다(특수교육 진흥법에서 규정).

다수의 다른 아이들에게 피해를 주니까 특수학교로 가라는 말 자체가 말이 안 됩니다. 그건 다수가 소수인 약자를 내치는 폭력이에요. 대략 천 명의 아이 중 한 명은 자폐로 태어납니다. 자기 아이가 그 천 명 중 하나가 아닌 걸 특권 삼아 장애 아이를 밀어내는 건 자식 키우는 어른의 자세가 아니지요. 그런데 막상 학교에는 이런 학부모가 많아요. 자기 아이에게 조금이라도 피해가 간다고 느끼면 가만히 안 있습니다. 인터넷에 올려 사람들에게 알리고 여기 저기 청원을 합니다. 장애 학생으로 인해 다른 학부모의 불만이 터져나오게 되면 교사는 당연히 장애 학생 편에서 학부모를 설득하게 되잖아요? 그러면 왜 장애 학생을 두둔하느냐고 공격해요.

뉴스에 특수학교 건립을 반대하는 주민들 이야기가 나오면 다들 너무한다며 혀를 차는 사람들이 정작 자기 아이 학급에 있는 장애 학생에게 다른 잣대를 대요. 이러니 장애 아이 키우는 부모님 마음이 어떻겠어요?

우리나라 모든 학교는 학생들에게 지속적으로 장애 이해 교육을 해야 합니다(법으로 규정). 아이의 장애가 어떤 건지, 왜 장애 행동을 하는지 설명하고 친구들은 그 아이를 이해하고 받아들이도록 교육해야 합니다. 장애 아이도 수업 참여권이 있으니까요. 보통 '장애 이해 교육 주간'이 따로 정해져 있어요. 이때 장애인 체험을 하고, 장애인을 배려하는 태도를 배웁니다. 말도 못 하는 장애 아이를 일반 학급에서 같이 두면 다른 아이들이 받는 피해는 누가 책임지느냐는 부모님이 실제로 많아요. 근데 정작 아이들은 그냥 그러려니 합니다. 특히 학부모님의 아이처럼 자폐증을 앓는 아이들 열에 아홉 이상은 남에게 피해를 주지 않거든요. 그냥 혼자 조용히 있는 경우가 대부분입니다. 물론 싫은 상황(억지로 자리에 앉기, 특정 냄새 또는 소음에 민감)에서는 울거나 소리를 지르는 걸로 감정을 표현하지만 그건 그 아이들이 말이 자유롭지 않으니 그렇게라도 하는 겁니다. 대부분의 아이들은 그런 반응을 보고 친구의 기분을 이해하니까 그것 또한 소통방법이지요. 장애 학생이라고 하면 아무것도 못하는 줄 알지만 중증 장애가 아닌 이상 안 그래요. 우리 반 아이의 경우 언어적 소통은 어렵지만, 우유 먹을 시간에 우유를 가져와 친구들에게 나눠주는 봉사를 합니다. 손을 잡고 우유 냉장고에 가서 몇 번 알려주니 잘하더라고요. 다른 아이들은 우유를 받으면서 고마움을 표현하고, 장애 아이 역시 친구들이 좋아하니 기분 좋고요. 능률만 생각한다면 교사가 우유를 가져오면 되는데 굳이 역할을 나눠주는 건 교육 때문입니다. 우유를 주고받으면서 고마움을 느끼고, 다음에 나도 친구들을 위해 우유를 가져다 줘야지 마음먹게(내면화) 하는 것 말입니다. 이건 일반 아이뿐 아니라 장애 학생에게도 필요해요. 그 과정에서 교사의 일이 늘어나는 건 어쩔 수 없어요. 또 '내 아이도 우유 심부름을 하고 싶어하는데 왜 장애 학생만 편애하느냐'는 학부모들의 요구를 듣는 것도 교사의 몫입니다.

아이가 다닌 유치원에서 무슨 각서를 요구했다고 하셨지요? 뉴스에 나올 일이네요. 아이가 어리다는 것 자체가 어른에 비하면 이미 장애입니다. 어떻게든 교육기관에서는 아이를 사고로부터 막아줘야 합니다. 조심해도 사고가 나면 어떡하냐고요? 그런 수업이라면 하지 말거나 안전하게 다시 계획해야지요(교육과정 재구성). 우리 반에 장애 학생이 있는데 학교에서 놀이공원에 가기로 했습니다. 아이들은 많은데 인솔 교사는 저 한 명이니 정신이 없을 거잖아요? 아무리 조심해도 사고는 나게 되어 있어요. 이럴 땐 회의 시간에 요구하는 거지요. 우리 반에 인솔 교사를 추가해달라. 그러면 학교는 상황을 봐서 수업 전담 교사를 배정해줍니다. 그러면 저는 장애 학생에게 더 집중할 수 있겠지요. 만약 제가 놀이공원은 무리니 아이를 보내지 마시라고 하면 '장애인 차별 금지법'을 어기는 일입니다. 학교는 매해마다 이 법에 대해 연수하기 때문에 모를 수가 없어요. 그 유치원은 미처 법을 몰랐나본데, 몰랐다고 책임을 면할 수는 없어요. 벌금 3, 000만 원 또는 징역 3년이라는 처벌의 의미는 다음 세대에는 장애를 이유로 눈물 흘리는 아이가 없게 하자는 취지입니다. 이 법이 만들어지기까지 얼마나 많은 장애인들이 시위를 하고 청원을 했는지 몰라요. 이런 법이 잘 지켜져 법에서 보호하지 못하는 부분도 보완되는 좋은 사회가 되어야지요.

혹시 담임선생의 제안은 아이의 자폐성 장애 정도가 통합 교육에서는 교육 효과가 기대되지 않기 때문이 아닐까요? 자폐 스펙트럼이 워낙 넓거든요. 만약 아이가 언어 이해, 착석이 너무 힘들다면, 그래서 교사 지시의 이행이 너무 안 되면, 또는 환경에 대한 민감도가 높아 아이의 긴장 행동(울거나 소리지르거나)이 너무 심하면 실제로 교육이 곤란합니다. 그런 환경에서 담임의 역할은 뭘까요? 그저 아이를 '데리고' 있는 수준입니다. 교육하려고 학교에 보내는 건데 교육이 안 되잖아요. 특수학급이 있다면 특수교사가 교육해야 하지만, 그 학교에는 없잖아요. 아이는 하루를 학교에서 '견딜' 뿐입니다. 아이에게 가혹한 일이지요. 아이를 학교에 보내면서 사회성을 배우기를 기대하셨겠지요? 친구도 사귀고 친구들 사랑도 받으면 더없이 좋겠지만 아이가 낯선 환경에서 2년째 불안해하고 있다면, 언젠가는 좋아질 거라는 바람으로 계속 학교에 보낼지, 다른 선택을 할지 판단해야 합니다. 제가 말씀드린 내용과 비슷한 이야기를 담임교사가 했다면 특수교사가 있는 학교를 생각해보시는 게 아이를 위하는 길입니다. 아이를 진단한 병원에 조언을 구해보셔도 되겠습니다. 제가 담임했던 자폐 아이의 경우 어떤 의사는 일반 학급을, 또 어떤 의사는 특수학교를 권하는 걸 봐서 전문가마다 관점은 다를 수 있는 것 같지만 대체로 기준은 의사소통 능력입니다. 우리 반 아이의 경우 말은 못했지만 혼자 교실을 찾아오고 화장실을 이용했습니다. 아침에 부모님이 교문까지 데려다주시면 현관에서 혼자 실내화를 갈아 신고 계단을 올라 교실로 왔지요. 물론, 자리가 바뀌면 자리를 못 찾아 일일이 알려줘야 하고, 수업 도중에 화장실에 가기, 특수학급 교실에 오갈 때(특수학급 학생은 학생의 능력에 따라 국어, 수학 같은 과목은 따로 특수교사에게 배웁니다) 데려다주기 등 도와야 할 일이 좀 있습니다. 처음엔 제가 하다가 다른 아이들 중 희망자를 받아 친구들이 돕는데, 아이들은 선의로 봉사하는 것에 대해 거부감이 없어요.

제 아이라면 어떻게 하겠냐 물으셨지요? 솔직히 답하면, 특수학교에 보내겠습니다. 아이 삶의 질이 우선이니까요. 제가 아이를 키워보니 아이가 순간순간 느끼는 행복감이 제일 중요하더라고요. 나중에 어른이 되어 편히 살게 하려면 싫어해도 어릴 때 공부를 더 시켜야 한다는 의견에도 반대입니다. 자라면서 행복하지 않은 아이가 행복을 어떻게 알겠어요. 행복은 미룰 수 있는 게 아닙니다. 장애 아이를 키우시느라 힘드실 학부모님께 이런 말이 가증스러운 엄살로 들리실지도 모르겠습니다.

특수학교는 도시를 통틀어 한두 개 있으니 대부분 거리가 멀 겁니다. 그래서 통학 버스를 운영합니다. 특수학교가 어려우시다면 특수학급이 있는 이웃 학교를 알아보실 수도 있습니다. 우리나라 대부분의 초등학교에 특수학급이 있습니다. 오히려 없는 학교가 드뭅니다. 특수학급은 통학구역 규정을 따로 적용하지 않기 때문에 어느 학교든 넣으실 수 있습니다. 특수교육 진흥법에 대해 학부모들과 대화하다보면, 오죽하면 이런 법을 만들었을까 싶은 생각이 들어요. 예전에는 이런 법 없이도 자식들을 키웠잖아요. 우리가 어릴 때 동네에는 다양한 장애인들이 있었어요. 말을 못하거나 몸이 불편하거나. 동네 사람들은 함께 보듬어 위로하며 살았지요. 그런데 언제부터 이렇게 각박한 사회가 되었어요. 정말이지 이대로는 안 돼요. 예전만큼은 아니더라도, 장애를 이유로 가고 싶은 학교를 못 가는 일은 없어야 해요. 지금은 우리가 법에 의지해 편견과 싸우지만 법도, 법 없이도 모든 아이가 구별 없이 자라는 사회가 하루빨리 오면 좋겠어요.

아이가 SNS에 너무 빠져 있어요

Q. 6학년 딸아이가 페이스북에 너무 빠져 있어요. 하루 종일 헤어나오지 못합니다. 하루에 여러 번 사진을 올리고, 친구들 글에 반응하느라 제 할 일을 하나도 못합니다. 하루는 가족 외출을 하는데 혼자 안 가고 집에서 낮잠을 자겠다고 해서 두고 갔어요. 그런데 나중에 알고 보니 그 시간에 집에서 혼자 수십 번 옷을 갈아 입고 사진을 찍어 페이스북에 올렸더라고요. 야단을 쳤더니 울고불고… 지금은 좀 줄긴 했는데 제가 안 볼 땐 여전합니다. 친구들의 댓글에 상처받는 것도 문제입니다. 댓글에 따라 하루의 기분이 좌지우지되기도 합니다. 심한 댓글엔 울기도 하는데 그럴 땐 제 위로도 안 통해요. 저는 아이와 페이스북 친구를 겨우 유지하고 있는데 저와 사이가 안 좋을 땐 친구를 끊기도 합니다(그래서 요즘은 보고도 못 본 척ㅠㅠ). 학원 갈 땐 폰을 집에 두고 가게 하는데 집에 오자마자 챙겨 자기 방으로 들어가기 바쁩니다.

용돈으로 옷을 사는데 아이에게 어울리지 않는 옷들을 삽니다.

(짧은 치마, 짧은 반바지, 민소매 옷) 그런 옷을 못 사게 하면 다른 친구들도 다 입는데 왜 자기만 못하게 하냐고 대들어요. 끼리끼리 만나는지 아이의 페북 친구들 사진을 보니 다 그렇긴 하더라고요. 여자애라서 그럴까요? 아니면 사춘기라 그런가요? SNS 중독이 무섭네요. 차라리 게임 중독이 낫겠다 싶습니다. 페이스북 말고 어린이용 SNS를 누가 개발해주면 좋겠습니다. 마크 저커버그는 이런 문제가 생길 줄 몰랐겠지요?

A. 아이고, 그 녀석… 당장 폰을 뺏어서 똑 분지르면… 아까우니까 약정 기간까지는 쓰게 해… 주자니 울화통이 터지고… 어머니 고민을 읽으면서 격하게 공감했습니다. 제 딸아이 사춘기 때가 생각나서요. 그 녀석도 온갖 미운 짓을 골고루 했거든요. 저도 녀석에게 두 손 두 발 다 들었습니다. 울고 웃던 시간들이 지나 하나둘 포기(?)를 했더니 지금은 나름 평화롭군요. 학부모님 또한 머잖아 이런 평화를 누리실 겁니다만 지금 당장은 페이스북, 인스타 같은 SNS를 못 막아요. 그걸 막으면 아이들은 또 다른 걸 찾아 나설 걸요? 페북을 대체할 것들은 얼마든지 널려 있거든요(더 성인스러우면서 은밀한 것들도 많아요). 사실 아이들에게 스마트폰을 쥐어준 그 시점부터 문제는 시작되었습니다. 우리나라에 온 외국인들이 어린 학생들이 스마트폰을 가지고 다니는 모습을 보고 놀란다잖아요? 스마트폰은 이전 세대들의 중독과는 차원이 다른 매체입니다. 그 영향력이 얼마나 어마어마한지

짐작도 못하는 규모래요. 역사상 이렇게 인간 삶에 밀착된 중독 도구는 없었습니다. 스마트폰이 처음 나왔을 때부터 자녀 교육 전문가들이 수없이 경고를 해왔습니다.

> "분별없는 아이들에게 스마트폰은 독이 될 수 있습니다. 최대한 늦게 접하게 하세요. 할 수 있다면 대학 갈 때까지요."

우리나라에서 이를 지키기는 어려워 보입니다. 제가 근무하는 학교만 봐도 어지간한 고학년은 거의 다 갖고 있고 1학년도 절반 이상입니다. 아이가 졸라서, 혹은 부모님이 알아서 사준거지요. 첨단 기술의 편리함과 중독성이 아이 교육에 안 좋다는 경고가 안 통하고 있습니다. 스마트폰의 '스마트'한 첨단 기능은 사실 어른들보다 아이들에게 더 필요한 기능입니다. 위치 정보, 화상 채팅, 동영상 공유, 음성 녹음. 사용도 아이들이 더 잘합니다. 물론 이런 것을 가능하게 해주는 애플리케이션이 많기도 하지만 아이들 특유의 뛰어난 응용력 때문입니다. 요즘 아이들은 새로 나오는 스마트폰마다 화면 크기가 어떻고 CPU가 어떻고 램이나 배터리 용량, 카메라 화소, 센서의 종류까지 거의 다 외워요. 이렇게 스마트폰은 아이들 삶에 깊게 스며 있습니다. 말씀하셨다시피 게임 중독과도 비교가 안 되고요. 게임은 하다가 질리면 다른 걸로 바꾸기라도 하죠. SNS는 인간관계가 지속되는 한 끊을 수 없습니다. 여자아이들은 카톡과 페이스북, 인스타그램에, 남자아이들은 게임, 유튜브에 미쳐있지만 막을 방법이 없어요. 앱 개발자들이 아이들에게 이로운 앱들만 개발하면 좋겠지요? 자본주의는 그렇지 않습니다. 수없이 등장했던 교육용 SNS들은 대부분 망했거나 망해가고 있습니다. 근데 어린이용 SNS에 비해 기능도 복잡하고 속도도 느린 페이스북이나 인스타그램을 아이들이 굳이 하는 건 왜일까요? '어른처럼' 보이고 싶기 때문입니다. 짧은 치마를 입고 싶어 하는 마음과 같은 거지요. 아이들은 SNS 중에서도 유독 페이스북이나 인스타그램을 더 좋아합니다. 이유는 사진과 메시지 기능 때문입니다. 카카오 스토리(카스)는 엄마가 해서 싫대요. 서운하게도 요놈들이 엄마랑 안 놀고 따로 놀겠다는군요. 중요한 건 페이스북이냐 카스냐가 아니라 그 안에서 아이가 보이는 행동입니다. 어떤 글을 주로 올리는지, 어떤 댓글을 다는지가 중요해요. 글은 아이의 생각이니까요. 아이가 어떤 글을 올리는지를 보면, 친구들이 자기를 어떻게 봐주길 바라는지, 친구를 어떻게 인식하는지를 알 수 있습니다. 아이의 일기장을 몰래 보는 느낌이랄까요? 제가 아이의 페이스북 주소를 알려달라고 한 건 그때문입니다. 따님이 페북을 또래들보다 좀 더 오랫동안(4학년 때부터) 했네요. 올린 내용들을 보니 주로 음식, 옷, 연예인(프로필 사진도 연예인 사진), 음악 동영상들이더군요. 아이의 페북 활동 내용을 토대로 아이의 상황을 정리해보니 특징이 있어요.

아이가 페이스북을 너무 오래 하느라 할 일을 못하고 있습니다. 학부모님 생각이 맞아요. 하루에도 여러 건을 올렸더군요. 특히 방과 후에 집중되어 있어요. 이 시간에는 친구들 댓글도 많은 걸 보니 다들 그 시간에 주로 하나 봐요(집에서는 못하니까). 아이는 페이스북을 함으로써 또래 관계의 변방으로 밀려나지 않고 자신의 존재감을 유지하려고 애쓰고 있어요. 만약, 아이가 학부모님의 바람대로 페이스북을 안 한다면 어떻게 될까요? 또 다른 방법으로 엄마를 불안하게 했을 겁니다. 결국 아이가 할 일을 못하는 건 페이스북 때문이 아니라 그 나이 때 흔한 그렇고 그런 이유들 때문입니다. 6학년 아이들에게 페북, 인스타그램 같은 걸 왜 하느냐고 물어봤습니다.

"다들 하니까요. 안 하면 애들하고 할 게 없어요."

"폰으로 사진 찍잖아요. 그거 폰에 다 저장하려면 용량 딸리죠? 인스타에 올려놓으면 나중에 볼 수 있어요."

"인스타가 간지나요. 꾸미기 효과도 많고요."

"선생님은 페북 왜 안 해요? 제가 친추할라 그랬는데."

'그냥'이라는 표현 속에 도태되어 배척당할까 봐 두려워하는 마음이 보이십니까? '남들 다 하는 페북도 못하는 찐따'가 되기 싫은 마음 말입니다. 이렇다보니 올리는 것도 '그냥' 아무거나 올립니다. 아무거나 올리는 것도 다 이유가 있습니다. 관계를 주도하기보다 적당히 비슷하게 따라감으로써 돋보이지 않으려는 거지요. 튀는 건 피곤한 일이거든요. 배짱도 있어야 하고 뭔가를 선도할 능력이 있어야 하니까요. 만약 제가 아이들에게, 페북을 하는 이유가 친구들 사이에서 밀려날까 두려워서 하는 거냐는 식으로 물으면 어떻게 될까요? 화들

짝 놀라면서 절대 아니라고 하겠지요. 대신 더 이상 저에게 입을 열지 않을 걸요? 아이들도 어른과 똑같아서 본연의 마음을 들키면 과민하게 방어합니다. 아이의 심리는 고양이에게 몰리는 쥐와 같습니다. 우리 어른들의 목표는 쥐를 고양이만큼 강하게 키우는 거라는 걸 잊지 마세요. 많은 아이들이 자기 부모님이 야단칠 때 정곡을 아프게 찌른다고 저에게 이릅니다. 한 아이는 엄마에게 이런 말을 실제로 들었다고 합니다.

"남들이 페북 한다고 그냥 따라 하냐? 죽는다 그러면 따라 뒈지겠네."

엄마에게 이런 말을 들으면 대화하고 싶은 마음이 뚝 떨어집니다. 엄마도 오죽하면 이런 말을 했을까마는, 상대는 몸만 컸지 겨우 열세 살인 걸 잊지 마세요. 아이에게 가장 좋은 대화법은 어른의 생각을 솔직하게 말하는 겁니다. 목적은 페북을 너무 오래 하지 말라고 말하려는 거지요? 그럼 그 얘기를 바로 하는 겁니다. 이렇게요.

"네가 페북을 너무 오래 하는 것 같아서 엄마는 걱정이야."

저도 학교에서 아이들에게 이런 식으로 대화합니다. 아이들도 자기가 너무 SNS에 빠져 있다는 걸 알고 있습니다. 그리고 줄여야 한다는 생각도 하고 있어요. 그런데 그게 잘 안 된다고 합니다(당연하겠죠). 그러면서 저에게 이런 말을 하더라고요.

"선생님도 술 드시죠? 끊으려 해도 잘 안되시잖아요. 똑같아요. 뭐, 그래도 줄이도록 노력은 해야죠."

아이를 혼내면 끊을 수 있다고 믿는 학부모님들이 의외로 많습니다. 어려워요. 그래도 아이와 대화해서 절제시키려는 노력은 계속 하셔야 해요. 틈날 때마다 아이에게 엄마가 걱정하고 있다는 걸 알려주세요.

또래를 향한 인정 욕구가 강하네요. 아이는 글을 많이 올리고 다른 친구의 글에도 열심히 반응하고 있어요. 다른 아이들 역시 비슷하네요. SNS에 열중하는 하는 아이들은 인정 욕구가 강합니다. 인정 욕구가 강한 사람이 타인에게서 인정받지 못하면 괴로워합니다. 특히 자존감이 형성되기 전인 아이들에게 인정 욕구는 더 중요해요. 아이들은 '인정=사랑'으로 받아들입니다. 아이들이 교실에서 공부를 열심히 하려고 애쓰는 건 교사와 친구들에게 인정받고 싶어서입니다. 자리에 꼼짝 못 하고 앉아서 해야 하는 공부를 좋아하는 아이는 이 세상에 없잖아요. 사실 어른들이 아이의 인정 욕구를 '교묘하게' 이용해서 공부를 시키고 있는 겁니다. 그런데 학부모님의 아이처럼 사춘기가 되면 아이들은 인정 욕구의 대상을 엄마에서 친구로 옮겨갑니다. 더 인정받지 않아도 엄마는 날 버리지 않고 키워줄 거라는 걸 알았거든요. 대신 앞으로는 친구들에게 잘 보여야 사회생활을 할 수 있다는 것도 압니다. 그래서 그들이 원하는 사람이 되려고 애씁니다. 그 중간에 SNS 서비스들이 있고요. 이 기회에 따님의 인정 욕구를 다른 쪽에서 살펴봐 주시면 어떨까요? 하루에 몇 번이나 글을 올리는 수고를 감수하고, 잠을 못 자면서까지 댓글을 쓰게 만드는 에너지를 말입니다. 지금은 SNS에 에너지가 쏠려 있는 게 속상하시겠지만, 곧 아이를 성장시키는 쪽으로 옮겨갈 겁니다.

너무 감각적인 것들에 매달려 걱정이시지요? 주로 음식, 옷, 연예인, 이성에 관한 내용이더군요. 깊은 사유가 드러나는 글이나 삶의 목표나 비전, 다짐 같은 건 없고요. 실망하실 것 없습니다. 요즘 6학년 아이들은 다 비슷하니까요. 또 페북은 일종의 놀이터예요. 놀이터에서 진지한 얘기를 하지는 않습니다. 하지만 아이의 페북 친구 중에는 드물게 성숙한 생각을 게시하는 아이도 몇 보이더군요. 친구들이 올린 글에 대한 반응을 할 때에도 장난스러운 댓글 대신 진지한 조언이나 신중한 생각을 올리는 아이말이지요. 그 아이가 그 안에서 나름 리더 같아요. 어느 집단에나 그 집단의 지성을 이끌어가는 구성원은 꼭 있습니다. 어머님이 "끼리끼리" 논다고 표현하신 친구들 중에도요. 어쩌면 학부모님은 페북 안에서 아이가 맺는 관계의 의미보다는 페북 자체를 싫어하시는지도 몰라요. 그래서 더 유치하게 보였는지도요. 페북을 막음으로써 따님과 관계를 악화시키기보다는 오히려 그 페북 친구들 사이에서 리더가 되게 하는 쪽을 선택하시면 어떨까요? 아이들에게는 현실과 사이버상의 관계가 똑같으니까요. 내버려 둬도 아이는 재미없거나 지치거나, 또는 친구들 사이의 유행이 바뀌면 알아서 그만둘 겁니다. 학부모님 마음처럼 페북을 자기 삶을 반성적으로 사고하는 데만 사용하면 참 좋겠지만, 그러기에 아이는 아직 어립니다. 아이를 키우는 건 시간입니다. 대학생이 된 제자들의 페북을 들어가 보면 괴테나 릴케만큼 사유가 넘치는 글들이 제법 있더라고요. 그 아이들 역시 초등학교 땐 따님과 비슷했답니다.

페북 안에서 자신감을 키울 수 있어요. 학부모님이 아이의 페북 활동을 나쁘게 보면 아이도 위축됩니다. 응원을 해줘도 리더가 되기 어려운데 엄마 눈까지 피해가며 페북을 하려니… 글이나 댓글을 올릴 때도 엄마 눈을 피해서 해야 하니 문장을 깊이 생각할 시간도 없겠어요. 사진도 대충 찍을 수밖에 없겠군요. 요즘 애들 표현으로 '임팩트'가 없고 '퀄'이 달리지요. 이런 게시물을 요즘 애들은 '구리다'고 합니다. 결국 아이는 페북에서조차 겨우 끼는 상황인지 모릅니다. 다른 아이들 역시 그런 역학 관계를 예리하게 압니다. 따님을 중요한 페친으로 인정하지 않는 거지요. 그래서 함부로 댓글을 썼고, 아이가 상처를 받았는지도요. 단지 댓글 때문이 아니라 엄마에게 혼나가면서 아등바등해야 하는 처지가 서러워서일 수도 있어요. 아이가 페북 안에서 자존감을 키울 기회를 얻지 못한다는 증거가 있습니다.

- 친구들의 게시물을 따라 하는 경향.
  (친구가 아이스크림 사진을 올리면 비슷한 사진을 올림)
- '좋아요'와 댓글의 수가 친구들에 비해 적은 편.

(그룹 내 비중과 관심이 적음)

- 아이가 받은 댓글에 ㅋㅋㅋ 같은 중의적 표현이 많은 편.
- 댓글 대신 1:1 채팅을 암시하는 것들이 보이는 점.

(비공개 채팅은 부정적인 내용일 가능성이 높음)

이런 아이들은 페북에서 인정받지 못하고 위축돼요. 또 달렸던 댓글도 삭제된 게 많아요. 뭔가 친구들도 불편감을 느꼈다는 의미죠. 아이는 친구들에게 호감을 주려 나름 열심히 하는데 거절당하고 있습니다. 보통 이런 경우 아이들은 자기들끼리 이런 채팅을 합니다.

"니들 페북질 ㅇㅇ글에 댓글 달 땐 극혐 자제. 걔네 엄마 개빡침. 담탱에게 또 찌르면 어쩔ㅋㅋ."

아이들도 상황을 파악합니다. 이럴 땐 아이가 상처받지 않게 해주려고 페북을 끊게 하는 것보다는 아이가 의연하게 대처하게 하는 게 더 중요합니다. 결국 자신을 부정적으로 대하는 타인으로부터 나 자신을 보호하는 능력, 자존감을 기르는 문제입니다.

그래도 아이는 극복하려고 노력하고 있습니다. '입기 거북한 옷'이라고 엄마는 걱정하지만, 아이는 그걸 찍어서 페이스북에 올리잖아요. 뭐, 학교 현장에 있는 제가 굳이 말씀드리자면 따님 옷이 다른 아이의 옷에 비해 노출이 심한 건 아니네요. 눈에 띄는 건 그 옷 사진을 올리면서 어디에서 얼마 주고 샀다고 소개하는 부분입니다. 아이가 올린 다른 글에 비해 '좋아요'도 많네요? 댓글을 보니 친구 아닌 다른 사람들도 많이 와서 보나 봐요. 아이가 패션 쪽에 관심이나 재능이 있다는 느낌이 듭니다. 옷마다 조금씩 다른 디자인에 대해 언급한 면도 그렇고 함께 코디해야 할 색상에 대한 의견도 잘 썼어요. 아이가 계속 흥미를 유지해주면, 그쪽으로 성장 가능성이 높을 것 같습니다. 어느 방면에서든 친구들보다 조금이라도 많이 안다면 그 분야에 관한 한 리더가 되거든요. 그런데 아이의 이런 상황에 대한 학부모님의 평가는 야박해요.

페북을 막지는 못합니다. 앞으로 그보다 더한 게 나오면 나왔지, 뒤로 거슬러 가지는 않아요. 우리도 부모 속을 꽤 썩이고 자랐습니다. 다만 페북이 아닌 다른 것이었을 뿐이지요. 저는 어릴 때 우리 집 닭이 낳은 계란을 훔쳐다 과자로 바꿔 먹었습니다. 아이고, 생각해보니 페북질보다 더한 죄를 저질렀군요. 아이를 지금 그 모습대로 잠시만 놓아주세요. 페북을 끊으면 다시 아이가 엄마 말을 잘 듣게 될지 모른다는 생각도 포기하세요. 놔두면 더 잘 클 아이의 발목을 잡으시는 건지도 몰라요. 페북 하면서 능력을 알아서 키우고 있으니 얼마나 대견합니까? 아이가 나중에 최고로 잘나가는 쇼핑몰 사장님이 될지도 모르잖아요. 차라리 이 기회에 어른이 되면 패션 쇼핑몰을 창업할 수도 있으며, 어떤 과정을 이수하면 좋은지 조언해주세요. 패션에 대한 흥미가 없다고 하면? 그럼 다른 걸 또 하겠죠. 실제 고학년 아이 중엔 관심 분야를 게시해 팔로우가 많은 아이들이 있거든요. 사슴벌레의 성장을 매일 기록하거나, 피아노 연습곡을 동영상으로 찍어 올리거나, 후배들을 상대로 교과 공부 도움 자료를 연재하기도 하고요. 학부모님의 아이도 그런 아이가 될 준비를 갖추고 있어요. 그동안의 불편했던 감정에 대해 아이에게 사과하고 화해하세요. 페북 게시물에도 관심을 보여주세요. 이렇게 칭찬도 해주시고요.

"와, 페북에 우리 딸이 올린 옷 멋있던데? 친구들 반응도 좋더라. 넌 그런 걸 어디서 알았어? 재주를 살리면 나중에 패션 쇼핑몰도 할 수 있겠더라. 와, 그러면 엄마도 사장님 엄마 되겠네~"

엄마의 이런 반응을 아이가 싫어할 리 없겠지요? 어쩌면 아이가 이런 생각을 할지도 몰라요.

"와, 드디어 엄마가 내 실력을 인정해줬어. 우리 엄마가 나를 알아주다니! 엄마 말처럼 나중에 쇼핑몰을 창업해볼 거야. 일단 패션 관련 학과에 진학해서 공부하고 경영학이나 경제학도 배울 거야. 그러려면 일단 지금 하고 있는 공부도 열심히 해야겠지. 아쉽지만 페북은 좀 줄여야겠어."

싸가지 없는 사춘기 딸

Q. 6학년 여자아이를 키우고 있습니다. 10살 위 아들을 키울 땐 몰랐는데 얘는 너무 키우기 힘드네요. 공부를 싫어하고 책도 당연히 싫어하고요. 학원 선생님한테도 수업 태도가 나빠 야단을 맞았는데 글쎄 뭘 잘했다고 대들었대요. 결국 창피해서 학원을 관뒀어요. 틈만 나면 친구들하고 시내 노래방, 옷 가게에 쏘다니고요. 가방에 비비크림도 넣고 다녀요. 다른 학교 아이들하고 시비가 붙어서 싸움이 날 뻔한 적도 있어요. 담임선생님께서 전화하셨더라고요. 아이가 하지 말라는 건 다 하고 다닙니다. 앉혀 놓고 잔소리를 하는데도 애교로 때우면서 대충 넘어가려고 해요. 야단쳐도 그때뿐입니다. 얼마 전에는 저 몰래 인터넷에서 짧은 치마와 몸에 붙는 옷을 사서 친구 집에 숨겨놨더라고요. 학교 끝난 뒤 그걸 입고 시내를 돌아다닌 겁니다. 마침 친구 엄마가 목격하고 저에게 알려주더라고요. 그 엄마들이 저보다 한참 젊은데 제가 부끄러워서 얼굴을 못 들겠더라고요. 혼을 내도 잘못했단 말은 죽어도 안 해요. 오히려 다른 애들이 자기보다 더 하대요. 요즘

애들은 왜 그런대요? 아는 언니가 아빠한테 혼나 가출했는데 그래도 자기는 엄마 아빠 불쌍해서 가출까지는 안 할 거래요. 이렇게 철없는 말을 해요. 제가 어릴 땐 아버지 무서워서 꿈도 못 꿨던 짓들을 아이는 아무렇지도 않게 해요. 화장한 얼굴을 페북에 올리기도 하고요. 친구들과 주고받은 대화를 보면 욕이 한가득입니다. 왜 그렇게 욕을 하냐고 야단을 치니 그냥 하는 거래요. 그러면서 엄마는 예전에 얼마나 모범생이었냐고 따져요. 댄스 가수가 되겠다고 가수 동영상만 보더니 요즘은 또 그것도 싫다네요.

저나 아이 아빠는 조용한 성격입니다. 집안 분위기와 전혀 다른 아이의 모습에 당황스럽습니다. 아빠는 딸을 엄청 귀여워해요. 늦게 본 딸이어서 그런지 혼낼 생각은 전혀 없는 것 같아요. 혼을 내다가도 어이가 없는지 그냥 웃고 말아요. 제가 뭐라고 하면 다 그러면서 큰다고 오히려 아이 편을 들어요. 따끔하게 혼을 내라고 해도 아빠는 그냥 허허 웃습니다. 답답합니다. 그래서 그런지 딸이 엄마를 우습게 보는 것 같아요. 속이 뒤집어집니다. 제가 자꾸 야단을 치니까 요즘은 아빠랑만 카톡을 하는데 애견 미용사가 되겠다고 강아지를 사달라고 졸라요. 이럴 때 엄격하게 딱 자르면 좋겠는데 아빠는 강아지를 사주려고 하네요ㅠㅠ. 방학하면 염색도 시켜달래요. 잠이 안 옵니다. 사춘기 딸… 이거 죽여요 말아요?

A. 와, 녀석. 말썽 종합 선물 세트네요. 읽느라 웃음이 나와서

혼났습니다. 아, 6학년…! 세상 모든 엄마들의 답 없는 고민이지요. 남자아이들은 중2병, 여자아이들은 초6병이라는 말 들어보셨지요? 담임교사들이 고개를 절레절레 흔드는, 우주 최강의 희한한 병이라지요? 북한이 못 쳐들어오는 이유가 남한 중학생들이 너무 무서워서래요. 어울리지 않는 옷에 유치한 화장을 하고도 무슨 화가 그리 났는지 항상 인상 쓰는 얼굴. 하는 말들을 들어보면 내용은 더 가관이고요. 책임감도 없고 꿈도 없고 그냥 "날 잡아 잡숴~" 하는 녀석들요. 공부 좀 하라고 하면 '그깟 공부 해봐야 인생에 별 도움 안 된다'라고 거들먹거리고 하다못해 책이라도 좀 읽으라고 할라치면 말이 끝나기도 전에 방문을 꽝 닫고 숨지요. 방에서는 또 종일 스마트폰 붙들고 킬킬거리다가 조용하다 싶으면 여드름 짠다고 거울 앞에 붙어 있고요. 몇 년 전까지 그렇게 귀여운 아이였다는 게 도무지 믿어지지 않지요. 어머님의 아이는 지금 그런 애들 중 한 명이에요. 아이고, 이걸 축하드려야 하나, 위로해드려야 하나… 초장에 기운 빼지 마시고 속 편하게 생각하세요. 그냥 그 녀석은 사람이 아니라고 생각하세요. (위로가 되실지 모르지만) 어디서 강아지 한 마리 데려다 키운다 생각하세요. 녀석은 앞으로도 몇 번은 엄마 속을 뒤집어 놓을 텐데요, 뭘. 헬춘맘월드(사춘기 아이를 키우는 엄마들의 지옥)에 입장하셨어요. 딸 가진 부모는 누구나 (정말 누구나!!!) 한번은 이런 시기를 겪습니다. 엄마가 세상에서 제일 예쁘다면서 치맛자락 잡고 따라다니던 아이는 잊으세요.

우리 집 딸내미 이야기를 꺼내야겠군요(이거 보면 날 잡아먹을라고 할 텐데ㅋ). 스마트폰을 끼고 있는 것도 모자라 충전할 시간도 아깝다면서 보조 배터리를 사내라고 생떼를 부려요. 이왕이면 더 좋은 걸 입히려고 괜찮은 옷을 권하면 뭔 놈의 '취향'이 그리 독특하신지 무조건 퇴짜를 놓고요. 공부 좀 하라고 하면 인생의 정답이 공부에 있는 줄 아냐고, 인생 한 방이라고, 자기는 로또나 살 거래요. 지가 최고인 줄 알고 온갖 똥폼은 다 잡고 다니는데, 꼭 정신 나간 사람 같아 보이고요. 너 그러다 나중에 뭐 해서 먹고살 거냐고 물으면 이렇게 말하고요.

"나? 엄마 아빠 등에 빨대 꽂을 거야 ㅋㅋ"

저걸 죽여야 할지 말아야 할지, 나 원, 참… ㄲㄲ. 어릴 때 방긋방긋 웃어주던 우리 아이들. 어쩌면 그때 평생 할 효도를 다 했는지도 모릅니다. 아이들이 평생 아기로 살 수는 없지요. 어른이 되려면 아기로 살았던 몸과 마음을 벗어던져야 하잖아요. 아이가 그 과정에 있다고 생각합시다. 더 이상 우리 마음대로 되지도 않습니다. 아이는 지금 세상 모든 것에 삐딱한 시기입니다. 오죽하면 질풍노도의 시기라고 할까요? 근데 사실 이게 아이의 인식능력이 자란다는 증거예요.

'난 왜 이런 부모에게서 태어났을까?'

➡ 환경 인식능력

할 줄 아는 게 하나도 없는데 뭐해 먹고살지?

➡ 독립적 존재 인식능력

친구들은 얼굴도 몸매도 장난 아닌데 난 왜 못생겼을까?

➡ 자아 인식능력

나도 남친을 사귈 수 있을까?

➡ 성적 주체성 인식능력

이 시기의 아이들은 말도 안 되는 문제를 제기하고, 현실 가능성이 없는 것을 꿈꾸지만 그 과정에서 현실을 나름대로 받아들입니다. 엄마들과 상담해보면 아이를 키우면서 흔히 겪는 시기가 있다더군요. 농담 삼아 한번 말씀드려 볼까요?

- 미운 네 살

  떼쓰고 울고 고집 피우는 시기, 아이의 생각이 나름대로 자라 자의식을 구성하는 시기.

- 죽이고 싶은 일곱 살

  자기 고집대로 하는 시기, 아이의 주관이 만들어지는 시기.

- 내가 죽고 싶은 열네 살

  미친x의 시기, 어른이 되려고 몸부림치는 시기.

키우는 사람은 힘들지만 아이는 점점 자기만의 생각(정체성)이 공고해집니다. 아이는 부모에게 일방적으로 끌려다니던 수동의 삶을 벗어나 특별한 자기가 되려고 합니다. 그걸 받아들이고 놓아줘야 하는데 그러기엔 부모 마음이 좀 불안해요.

믿거나 말거나 지랄 총량의 법칙은 정말 있는지도 몰라요. 제 제자 녀석 중 유난히 부모 속을 썩이면서 큰 녀석이 있어요. 녀석 부모님이 식당을 하셨는데 지 엄마 지갑에서 몰래 돈 꺼내다 하드 사 먹고 많이 혼났죠. 혼내도 안 되더라고요. 중학교 가서는 서점에서 책 훔치다 걸리고(그것도 가수 브로마이드) 수학여행 때는 몰래 술, 담배를 가져왔다 걸려 혼나고요. 밤에는 폭주족 오토바이 뒤에 타고 돌아다니고요. 정말이지 그때는 저놈이 커서 뭐가 되려고 저 지랄인가, 그랬거든요. 그 녀석이 요즘은 아주 번듯하게 일도 잘하고 가정 잘 꾸리며 살아요. 도대체 비결이 뭐냐고, 어떤 일이 있었길래 전혀 다른 사람이 됐느냐고 물으면 "옛날의 저는 잊어주세용" 하면서 웃어요. 성숙한 인간만이 보여줄 수 있는 미소였죠. 반면 어릴 때 속 한 번 안 썩이고 얌전히 컸는데 갑자기 나이 마흔 가까이 돼서 지랄을 시작한 제자 녀석도 있어요. 공부를 잘해서 대학도 잘 갔고 좋은 회사 들어가 장가도 가고 애도 낳아 키우던 놈이 글쎄 어느 날 갑자기 직장을 때려치우고 글을 쓰겠다고… 인생의 회의를 느꼈다나요? 아니, 무슨 회의를 마흔에 느낀대요. 녀석의 선언에 부모님 뒤로 넘어가고 아주 난리 났었지요. 물론 문학이 나쁜 건 아니지만 급작스런 방황을 정당화할 순 없죠.

애들이 왜 사춘기만 되면 이러는 걸까요? 미쳤으니 그렇죠. 호르몬이 미치게 한대요. 테스토스테론, 에스트라디올 뭐 이런 얘기 들어보셨죠? 몸은 갑자기 커지지요, 공부해야 할 건 많지요. 머릿속은 복잡하지요, 아이도 제정신으로 살기 어렵습니다. 자기도 자기가 왜 그러는지 잘 몰라요. 어느 날 갑자기 확 돌아버리죠. 그래서 부모도 미치게 만들고요. 녀석들 편을 조금 들자면, 부모를 열 받게 하려고 그러는 건 아닙니다. 그놈들 그런 생각할 정신도 없어요. 그냥 뇌가 시키는 대로 지랄하는 거예요. 이럴 때 아이를 야단치면 뭐해요. 아이랑 수준이 똑같아지는 거예요. 싸워봤자 힘만 들고 이길 수도 없어요. 아이를 강하게 대하는 엄마를 아이들은 '비겁하다'고 생각합니다. 잘 알지도 못하면서 부모님이 힘으로 밀어붙인대요. 이런 게 반복되면 아이는 부모에 대한 신뢰를 거둬요. 신뢰 잃은 부모는 바로 그날부터 아이 머릿속에 '지질한 어른'으로 기록되거든요. 부모를 자기 삶의 멘토 목록에서 빼는 거지요. 평생 딸과 친구 같은 모녀 사이로 지낼 기회를 이번에 날려버릴 수도 있어요. 아이는 아직 예전의 엄마를 기대합니다. 엉뚱한 짓을 해도 혼내지 않고 깔깔 웃으면서 귀여워했잖아요. 아이는 아직 그런 엄마에게 익숙합니다. 그런데 엄마 눈엔 안 그렇지요? 덩치는 산만 한 녀석이 아무 생각 없는 짓만 하고 있으니까요. 이 시기의 아이들은 자기가 알고 있는 어른의 행동은 뭐든 한 번씩 해 보고 싶어 합니다(성인 모방). 그러면서 어른이 된 자기를 상상하는 거지요. 시뮬레이션 말입니다. 근데 정작 아이들은 어른으로 안 살아 봤잖아요. 그래서 어색할 수밖에 없습니다. 그래도 자기가 완벽한 어른이라고 생각합니다. 어이없게도요. 그래서 이런 행동 특성을 보입니다.

- "아, 몰라! 짜증 나. 말 걸지 마."

  ➡ 말이 없어진다. 거친 표현을 쓴다.

- 멜로드라마에 빠진다.

  ➡ 이성에 대한 관심이 높아진다.

- 다이어트, 화장, 염색을 한다. 노출 있는 어른 옷을 입고 돌아다닌다.

  ➡ 외모 꾸미기를 한다.

- 어른에 대해 부정적으로 반응한다. 이유 없는 반항을 한다.

  ➡ 비뚤어진다.

- 대화를 시도하면, 일단 짜증으로 회피한다.

  ➡ 짜증이 잦다.

- "엄마 위해서 왜 내가 의사가 되어야 하는 거야?"

  ➡ 부모의 가치관을 폄하한다.

- "아빠가 하는 게 뭐 있어. 술이나 먹잖아."

  ➡ 어른의 문화를 부정적으로 본다.

- 갑자기 미국에 가겠다고 한다. 철학책을 본다. 힙합에 빠진다.

  ➡ '고급문화'를 동경한다.

- "공부? 필요 없어서 안 하는 거야."

  ➡ 허세를 부린다.

- 기타를 배우겠다고 해서 사주면 며칠 하다 그만둔다. 참고서 몇 쪽 보다가 처박아둔다.

➡ 시작은 창대한데 끝이 미약하다.

• 뭐든 할 수 있다고 생각한다. 단, 공부만 빼고!

➡ 자기가 잘났다고 생각한다.

• 동네 형이나 교회 오빠를 좋아한다. 특정 선생님을 따른다. 형이상학에 관심을 갖는다.

➡ 자기만의 멘토를 찾고 싶어 한다.

숨이 콱 막히시죠? 아이가 어른으로 성장하는 과정에서 모두가 겪는 일입니다. 제 딸아이도 한 2, 3년 지랄하더니 말더라고요. 돌아온 딸아이는 성숙하고 달콤해져 있습니다. 네, 눈치채셨을 겁니다. 아이의 이상한 행동을 그러려니 하는 순간 부모 마음도 편해진다는 걸요.

아이가 너무 자기만 알지요? 사춘기 아이들의 전형적인 특징입니다. 여기서 짚고 넘어갈 게 있습니다. 사춘기 자녀를 둔 엄마들의 고통 말입니다. 누가 시킨 건가요? 꼭 그러실 필요가 있나요? 아이가 약간의 성장통을 겪고 어른이 되겠다는데 대견하잖아요. 근데 지금 그걸 싫어하고 계세요. 문제아 취급을 받는 아이가 내 딸이라는 게 싫으신 겁니다. 고분고분 말 잘 듣는 순한 아이로, 오로지 엄마 품 안에서, 엄마가 원하는 딸의 모습으로만 자라면 좋겠는데 엄마의 욕망을 거부하고 통제할 수 없는 상황이 되어가니 불안하신 거고요. 아이도 자기만의 욕망을 지닌 하나의 인간이니 욕망이 엄마와 같을 수는 없어요. 어차피 자식은 부모와 다른 욕망을 지닌 인간으로 살아갑니다.

아무것도 모르는 어린아이가 거친 세상에서 살아가려면 뭐든 일단 부딪혀봐야 하잖아요. 지금 아이는 자기가 어떤 욕망을 지닌 인간인지를 시험해보는 중입니다. 아이가 엄마 몰래 화장을 했어요. 화장을 해보니 자기가 한결 더 예뻐 보여요. 꾸미는 걸 더 해보고 싶겠지요? 그게 그 아이의 욕망입니다. 자기를 꾸미고 드러내고 싶어 하는 마음 말이죠. 어릴 땐 엄마가 머리도 묶어주고 꾸며줬지만 이젠 자기가 혼자, 자기만의 방식으로 꾸며보고 싶은 겁니다. 그래서 짧은 치마도 입고요. 호르몬이 시키는 대로 하고 있는 겁니다. 아이는 무죄예요. 지금까지는 그냥 '어린이'라는 정체성으로 살아왔지만 호르몬이 '여자'로 살아가는 걸 배우라고 시키잖아요. 호르몬이 골반과 가슴을 키웠어요. 여자 흉내도 내고 싶어요. 예뻐져서 남자아이들에게 잘 보이고 싶은 거예요. 남자애들 역시 마찬가집니다. 이 시기를 기점으로 '어린이'는 '남자' '여자'로 삶의 방향을 바꿔요.

어떤 아이는 화장하는데 흥미가 없기도 해요. 짧은 치마는 민망해서 아예 꿈도 못 꾸고요. 그런 아이는 화장할 기회가 와도 안 합니다. 치마도 마찬가지고요. 그건 그 아이의 욕망인 거예요. 어른 중에도 색조 화장까지 하는 사람이 있고 스킨, 로션만 바르는 사람도 있잖아요. 마찬가집니다. 딸아이 입장에서 자기가 어떤 아이인지 알려면 일단 해봐야지요. 좋은지 싫은지요. 그런데 어머님은 딸아이에게 그걸 하지 말라고 하시잖아요. 엄마가 싫어하니 어쩌겠어요. 포기해야 할까요? 아님 몰래라도 해야 할까요? 욕망이 건강한 아이라면 자기가 하고 싶은 건 어떻게든 하려고 노력하는 게 정상이지요. 이 시기 아이에게 옳고 그른 건 중요하지 않아요. 엄마가 무서워 화장도 못 해보고 성인 아가씨가 되었다고 가정해봅시다. 언젠간 화장을 하게 되잖아요. 하지만 화장을 하면서 무의식에 저장되어 있는 죄책감을 만납니다. 예전에 엄마 몰래 화장하면서 느꼈던 죄책감이지요. 이게 문제예요. 굳이 느낄 필요가 없는 죄책감이거든요. 만약 엄마가 이렇게 말했다면요?

"우리 딸, 요즘 화장품에 관심이 많네? 주말에 엄마랑 같이 화장품 구경하러 가볼까? 피부를 해치지 않는 화장품에 대해 알려줄게."

화장은 어찌어찌 참겠는데 아이가 짧은 치마를 입고 돌아다니는 건 걱정되신다는 엄마들이 많더군요. 그래서 못 입게 하시고요. 그럼 걱정되는 그 마음을 직접 얘기하세요. 여기서 화를 내시면 아이는 '엄마는 내가 예뻐지는 게 싫은가 봐. 내가 잘되는 꼴을 못 봐'라고 생각해요. 하지만 걱정을 하시면 '내가 짧은 치마를 입으면 예뻐 보일 수도 있지만 엄마가 걱정하시니 조심해야겠어'라고 생각합니다. 아이의 욕망을 부정하지 않고 인정하면서 엄마의 걱정을 전달하는 방법입니다. 이 시기의 아이들과 상담해보면 아이들이 하나같이 이런 말을 해요.

"아, 그런데 부모님은 왜 말을 꼭 그렇게 꼰대같이 하냐구욧!"

애고, 아이들이 이렇게 철이 없어요. 그래도 어쩌겠어요? 말이 '아' 다르고 '어' 다르다는 건 이 시기 아이들에게 중요합니다. 아직 어리니까요. 강아지랑 수준이 똑같은걸요. 아시잖아요. 잘 해주면 졸졸 따르다가도 한 번 야단치면 저 구석에 혼자 가서 주인 신발 물어뜯는 강아지요.

아이는 엄마가 관리하며 키워야 한다는 생각을 버리세요. 그 이전이라면 몰라도 일단 사춘기가 되면 아이는 키우는 사람 의도대로 안 돼요. 절대로요. 이걸 받아들이는 순간 부모는 큰 짐을 덜 수 있습니다. 이게 다 아이가 '어린이' 껍질을 벗는 과정입니다. 엄마도 아이와 함께 껍질을 벗고 성장하세요. '어린이'를 키워 온 엄마의 가면을 벗고 '사춘기' 소녀 엄마의 가면을 쓰는 거지요. 아이가 짧은 치마를 입고 돌아다니다 다른 아이 엄마 눈에 띄었을 때 부끄러우셨다고 하셨어요. '어린이'를 키우는 엄마 마음이어서 그래요. 하지만 '어른 되기 직전'인 사춘기 아이 엄마의 가면으로 바꿔 쓰면 시각이 달라집니다. 사실 아이가 짧은 치마 입는 게 문제가 아니라 그런 아이를 상대로 나쁜 짓을 하는 사회가 문제잖아요. 그런 건 우리 어른들이 막아주면 돼요. 금지하는 것보다 안전하게 마음껏 즐기게 하는 게 더 이로워요. 얼마나 대견합니까? 다음에 또 아이가 치마를 입으면 이렇게 말해주세요.

"우리 딸, 예쁘다! 패션 감각이 정말 짱인데?"

아이는 감동할 겁니다. 그래서 다음엔 역시 짧은 치마를 입더라도 엄마 입장을 한 번 더 생각할 겁니다. 그리고 내가 너무 심하게 나가면 우리 엄마가 힘들겠구나, 생각하겠죠. 자연스럽게 행동도 달라질 겁니다. 그전까지는 엄마에게 들키지 않는 게 목적이었잖아요. 그래서 옷을 감춰야 했고요. 말 한마디로 이렇게 반전이 일어납니다. 좋은 직장 걷어차고 문학 하겠다는 제자 녀석도 만약 사춘기 때 문학을 할지 말지를 고민할 기회가 있었더라면, 그래서 나름의 결론을 내렸더라면, 뒤늦게 여러 사람을 놀라게 하진 않았을지도 모릅니다. 그런 '허튼짓'을 할 기회를 주지 않고 오로지 안전한 길로만 이끈 부모님의 '관리'가 책임입니다.

사춘기 아이의 부모님 생각에는 아이가 사춘기를 잘 극복하고 좋은 어른으로 자랄 거라는 확신이 아직 없어요. 그래서 엄마가 나서야 한다고 생각하지요. 아이가 엄마를 벌써 거부하고 속이잖아요. 아이의 사생활을 다 감시할 수는 없습니다. 결국 엄마는 아이와 갈등하면서 아이를 피곤하게 하고 아이는 엄마를 피하게 됩니다. 흔히들 '우리 아이가 사춘기가 되어 그런지 말이 없다'라고 하지요? 부모를 피하는 걸 말이 없다고 해석하니 안타까울 수밖에요. 아이 입장에서는 자기 내면의 불안과 호기심을 누구에게든 말하고 싶어 합니다. 특히, 자기가 가장 가깝다고 느끼는 부모에게요. 그런데 부모가 화만 내고 있으니 어쩌겠습니까. 외로워도 입을 다물 수밖에요. 엄마 입장에서 어떤 점이 걱정되시는지 솔직하게 이야기하세요. 예를 들면 이렇게요.

"네가 선생님한테 대들고, 노래방에 다니고, 짧은 치마를 입고 화장하고, 친구와 싸우고 다닌다는 얘기를 들었어. 엄마가 몰랐던 일이어서 놀랐어. 널 믿었기 때문에 속상했고. 그래서 화냈어… 미안해. 솔직히 엄마도 네 시기를 겪어 봤기 때문에 그럴 수 있다는 것도 아는데 엄마는 지금 그러는 너를 보는 게 너무 힘들어. 네가 학교에서 문제아가 되고 공부에서 멀어지는 것도 두려워. 네가 잘 자라지 못할까 봐. 그 원인이 엄마 때문일까 봐."

이쯤이면 아이의 표정이 좀 풀릴 겁니다. 아이들도 자기들의 그런 행동들이 엄마 때문이 아니라는 건 알거든요. 그런데 엄마가 부드럽고 진지하게 나가니 녀석도 가책을 느끼겠지요. 그때 이 말씀을 바로 이어서 하세요. 분위기 좋으면 눈물도 한 방울 흘리세요. 아주 쐐기를 박는 거죠.

"너를 낳고 키우면서 엄마는 그렇게 좋을 수가 없더라? 힘든 일을 해도 신이 나고 속상한 일이 생겨도 힘이 나는 거야. 모두 너 때문이었어. 우리 딸 키우는 게 너무 재미있고 좋아서. 너를 보기만 해도 막 좋았어. 내가 무슨 복을 받아서 너 같은 이쁜 딸을 낳았을까? 사실은 지금도 그래. 엄마는 너랑 사이좋은 엄마-딸로 살고 싶어. 우리 딸이 잘 커서 되고 싶은 꿈을 이루며 사는 걸 보면서 엄마는 늙어가고 싶어. 그러기 위해 엄마가 할 수 있는 건 다 해주고 싶어. 널 위해 내 모든 걸 바쳐도 하나도 안 아까워. 엄마가 좋아서 하는 거니까. 엄마는 우리 딸이 아직도 초등학교 1학년처럼 어리다고 생각했나 봐. 그때처럼 엄마 말에 고분고분한 아이로 커 줄 거라고 생각했나 봐. 벌써 이렇게 커서 멋진 아가씨가 됐는데도 말야. 앞으로 우리 딸이 중·고등학교에 가고 어른이 되어 하고 싶은 일도 하고 꿈도 이루면서 행복하게 사는 모습을 이 세상 그 어떤 사람보다 더 가까이에서 보고 싶은데… 괜찮을까? 엄마도 무조건 못 하게 하지 않고, 네가 하고 싶은 걸 당당하게 할 수 있게 네 편에서 도울게."

제 아이가 가해자래요

Q. 4학년 남자아이의 엄마입니다. 같은 반 여자아이가 놀리길래 한 대 때렸는데 맞은 아이의 입술이 터져 피가 났습니다. 병원 진료 결과 큰 이상은 없다고 합니다. 문제는 맞은 아이의 부모님께서 학교폭력위원회를 열어달라고 요청했는데, 제 아이가 가해자라는 겁니다. 아이 말로는 상대 아이가 시비를 걸어왔고, 그 아이가 먼저 때려서 자기도 때렸다는데 가해자가 될 수도 있나요? 아이는 억울해하고 있습니다. 담임선생님 말로는 제 아이가 먼저 때렸고, 상대 아이가 다쳤기 때문에 가해자가 맞다고 하시네요. 인터넷에 검색해보니 가해자는 강제로 전학을 갈 수도 있다고 하는데 정말 그런가요? 맞은 아이의 엄마에게 전화해서 용서를 구해보았지만 화가 너무 많이 난 상태여서 통화를 오래 못했습니다. 제 아이가 예전부터 계속해서 자기 아이를 괴롭혔기 때문에 이제는 더 참을 수 없다고 합니다. 제 아이 말로는 그 아이도 자기를 괴롭혔다는데…. 이번 일로 제 아이를 전학 보내려고 마음먹은 것 같습니다.

아이가 어릴 때는 순했고요. 4살부터 어린이집에 다녔는데 아이들에게 맞으면 맞았지 때린 적은 한 번도 없습니다. 같은 반 아이가 자주 할퀴길래 한 번은 그럼 너도 똑같이 하라고 시켰을 정도입니다. 저와 애 아빠가 시장에서 장사를 하다 보니 어릴 때부터 가게에서 키웠습니다. 이것도 영향이 있을까요? 아빠는 엄격한 편입니다. 그래서 아이는 주로 엄마인 저와 대화합니다. 중1인 누나가 있습니다. 누나에게 조금도 안 지고 무슨 일이 있으면 끝까지 따져서 누나가 항상 봐주는 편입니다. 어릴 때는 누나가 동생을 휘어잡았는데 몇 년 전부터는 누나가 오히려 피하는 것 같습니다. 갈수록 누나를 만만하게 생각하는 것 같습니다. 또래보다 키가 크고 덩치도 좋습니다. 운동도 좋아해서 공부보다는 운동 쪽 진로도 생각하고 있습니다.

A. **네, 가해자 맞습니다.** 학교폭력위원회(줄여서 학폭위) 가해 학생 부모의 대다수는 처벌이 무겁다고 느낍니다. 그전에, 학폭위에 가해자로 지정되었다는 사실 자체를 인정 안 하십니다(아이들끼리 놀다 생긴 일이잖아요. 제 아이가 가해자라는 증거 있나요?). 이렇다 보니 가해-피해 학부모 다툼도 잦습니다. 어떤 가해 학생 부모는 신고한 피해 학생 학부모 집에 찾아가 따지기도 합니다(아이들이 놀다 보면 그럴 수 있잖아요. 뭐 그런 걸 일일이 신고합니까? 당신 자식이 그럴만 하니까 따돌림을 당하는 거라고요!). 심지어 피해 학부모가 폭행을 당한 일이 뉴스에 나기도 했습니다. 이 뉴스에 달린 댓글을 보실까요?

"부모가 저러니 자식도 그 모양이지."

"아, 진짜 무서워서 신고도 못 하겠네요ㅠㅠ. 학폭 피해자는 계속 당하기만 해야 하나요?"

많은 사람들이 피해자 편에 서서 가해자를 비난하는군요. 가해자에 대한 정서가 어떠한지를 보여주는 예지요. 가해자라는 말 때문에 서운하시다고 하셨는데, 그럼 맞은 아이가 가해자가 되어야 한다는 말씀이신지요? 제 입장에서 보면 두 아이 모두 불쌍한 피해자입니다만… 학부모, 교사, 경찰, 법조인, 의료인 등으로 구성되는 학폭위는 법원과 같습니다. 더 많이 가해한 학생을 처벌하고 피해자는 보호하는 곳이니까요.

전학 가라고 판결이 나오면 전학 가야 합니다. 〈교육 당국은 전학을 거부하는 학교 폭력 가해 학생에 대해 '학생의 동의가 없어도 학적을 강제로 옮길 수 있다'〉고 법에 나와 있거든요. 최고의 변호사를 고용해서 '전학 조치를 취소해달라'고 소송해보실 수도 있겠습니다만 우리나라 법이 얼마나 무섭습니까? 법원은 '강제 전학은 정당하다'는 판결을 이미 내려버렸습니다. 학폭위의 판결에 따라 심하면 같은 지역이 아닌 다른 지역으로 전학 가야 할 수도 있습니다. 더 자라 중고등학교에 가도 마찬가지입니다. 전학 가려는 학교에 정원이 남는지를 부모님이 직접 알아봐야 하거든요. 원하는 학교에 자리가 없다면 빈자리를 찾아 더 먼 학교로 가야 합니다. 이 모든 일의 원인을 제공한

아이가 이참에 정신을 바짝 차려주면 참 좋겠지요? 그런 경우는 거의 못 봤습니다. 아이는 자기 때문에 전학 가는 걸 아는지 모르는지 반성은커녕 당당하게 게임이나 합니다. 이런 아이들이 전국적으로 한 해에 2,000여 명에 이른다면 믿으시겠습니까? 전학 가서 잘 다녀주면 좋으련만, 아예 전학을 거부하고(사실은 새 학교 가도 적응할 자신이 없어서겠지만) 자퇴한 아이들도 있습니다. 학폭위 결정 사항은 서류로 기록이 남습니다. 이게 무서운 거예요. 어른으로 치면 전과 기록 같은 거니까요. 만약 어머님의 아이가 학폭위에서 강제 전학 판결을 받는다면 담임선생님은 생활기록부 행동발달상황 칸에 이렇게 입력합니다.

〈학교 폭력 예방 및 대책에 관한 법률에 의거 ○○○○년 ○월 ○일 열린 ○○초등학교 학교폭력위원회 결정에 의해 전학〉

행동발달상황은 원래 통지표에 '이 학생은 품행이 방정하며 두뇌가 명석하여 학업 성취도가 높고'를 적는 칸인데 이 칸에 별도로 한 줄 더 써넣는다는 뜻이지요. 만약 고등학교에서 학폭위가 열렸다면 어떨까요? 대학 진학은 힘들다는 의미지요. 아이가 4학년이면 학폭위에 회부될 수 있다는 생각을 못 합니다. 자식을 키우면서 이런 법률이 있는 줄도 모르시는 부모님들, 즉 아이가 알아서 잘 커 주는 부모님은 복이 많은 거지요.

제 첫 제자들은 마흔이 가까워져 오는데, 폭력적이던 녀석들은 동창 모임에 안 보이더라고요. 뭔가 삶이 순탄치 않다는 의미겠지요. 그 아이들은 직장은 있을까? 결혼은 할 수 있었을까? 우리 사회는 아직 폭력의 위험성에 둔해요. 때린 아이가 맞는 아이의 고통에 대해 사죄하지 않고(학교 폭력 피해자의 40퍼센트가 자살을 생각), 때린 아이의 부모가 맞은 아이 부모의 애통한 심정을 외면하는 경우가 많습니다(피해자 부모의 우울 지수가 증가). 어떤 폭력 사안이 발생하면 학교는 당사자의 부모를 불러 설명하고 교육적인 대책을 논의하는데요, 예전엔 부모님들끼리 서로 미안해하면서 담임의 중재안을 수긍했습니다. 그런데 언제부턴가 부모님들이 교사의 중재안을 인정하지 않고 자기 아이 편을 들기 시작했습니다. 학교의 역할이 학부모에게 받아들여지지 않으니 교육을 제대로 할 수 없지요. 그래서 학폭위 제도가 나온 겁니다. 교육 환경이 좋은 쪽으로 진보하면서 나온 건 아니라는 거지요.

아드님은 유치원 때만 해도 순둥이였다고 했습니다. 그랬던 아이가 초등학교 입학하고 불과 4년 만에 주먹 소년이 되었습니다. 그동안 아이에게 수많은 '일'들이 있었을 겁니다. 아이가 폭력적인 경우, 반드시 이유가 있어요. 폭력적인 아이들은 화를 못 참는 공통점을 지니고 있어요. **아이를 시장에서 키운 환경은 폭력성과 무관합니다.** 오히려 부모님의 직업 현장을 가까이에서 보고 철이 일찍 들어 공부를 열심히 한 예가 더 많았어요. 시장 아니라 어디에서 키우시더라도 아이의 욕망을 잘 들여다보고 맞춰주면 아이는 잘 자랍니다. 어떤 사람들은 대학 교수 같은 사람들의 아이는 말썽 안 부리고 잘 클 거라고 생각해요. 중요한 건, 부모의 교육이나 직업이 아니라 부모-아이의 관계예요. 엄마가 수능 족집게 선생님이면 뭐 하겠어요. 아이가 엄마로부터 공부를 배울 생각이 없다면요.

가해자인 아들과 피해 학생의 관계 회복에 집중하세요. 아이들은 전생에 원수였던 양 끝없이 싸웁니다. 이럴 때 부모는 어떻게 대처해야 할까요? 몇 년 전, 우리 반 두 아이가 아파트 미끄럼틀 꼭대기에서 서로 먼저 타려고 실랑이하다가 한 아이가 다른 아이를 밀었습니다. 넘어진 아이는 얼굴이 긁혀 상처가 났습니다. 민 아이는 곧바로 집으로 달아났습니다. 집에 들어가자마자 울면서 엄마에게 말했습니다.

"내가 미끄럼틀을 타려고 하는데 친구가 못 타게 했어요. 자기가 먼저 내려가려고 하길래 잡으려고 했는데 그 친구가 넘어져서 얼굴에 피가 나요."

놀이터에서 얼굴에 피를 흘리며 아이가 울고 있다는 말을 전해 들은 아이 엄마도 황급히 달려갔습니다. 그 아이도 울면서 말했지요.

"난 가만히 있었는데 친구가 나를 확 떠밀었어요. 무서웠어요."

아이의 엄마는 아이를 데리고 병원에 가면서 민 아이의 엄마에게 전화를 걸었습니다.

"댁의 아이가 떠밀어 우리 아이가 다쳤어요. 우리 아이가 운동신경이 있었기에 망정이지 아니었으면 뇌진탕이 될 수도 있어요. 아이를 어떻게 기르셨길래 그렇게 포악하죠?"

떠민 아이의 엄마 또한 놀라서 병원으로 달려갔고 밀린 아이는 몇 가지 검사 끝에 간단한 치료를 받았지만 문제는 그다음이었습니다. 두 엄마가 싸움이 난 거지요. 한 엄마는 비주얼 시대에 얼굴을 상했으니 어쩔 거냐고 따졌고 다른 엄마는 평소 댁의 아이가 우리 아이를 괴롭혔다던데 그 정신적 피해는 어쩔 거냐고 맞섰습니다. 아이들은 수없이 싸우고 화해하고 또 돌아서고 또 풉니다. 그러나 어른들은 그러지 못하지요. 두 아이는 아파트 같은 라인에 살고 있습니다. 아이들끼리는 친한 편이지만 엄마들은 친하지 않았지요. 급기야 서로 억울하다고 느낀 두 엄마는 담임인 저에게 입장을 호소하기 시작했고 각자의 말은 서로 엇갈린 내용으로 저에게 전달되었어요. 저는 두 분을 교실로 모셨습니다. 아이들처럼 쉽게 싸우지 않는 만큼 쉽게 화해할 줄 모르는 어른이니까요. 서로에게 서운한 점을 말해보시라고 했고 서로의 얘기를 들었습니다. 제 앞에서의 대립은 채 십 분을 넘지 않았습니다. 엄마들의 화해가 끝나고 나니 아이들이 문제였습니다. 엄마들의 대립으로 서먹해졌으니까요. 그 아이들을 어떻게 다시 찰떡궁합으로 붙여 놓을 것인가를 또 의논했습니다. 엄마들 또한 그 문제를 일찍부터 염려하고 있었는데 아이들의 화해는 참 쉬웠습니다. 아이들은 엄마들의 화해를 기다리고 있었던 겁니다. 저는 두 집안의 불고기 회식을 제안하며 2차는 노래방에 가서 아이들의 리사이틀을 보시는 것도 좋겠다는 훈수를 드렸습니다. 다행히 아이들이 어려서 가능한 일이었습니다.

아이들은 관계에 집착합니다. 수없이 다투고 상처받고 돌아서서 훌쩍이고 또 앙심을 품지요. 그럴 경우 담임은 공정한 재판관이 되어 아이들의 시비를 가리고 좌절한 아이의 상처를 위로하라고 배웠습니다. 하지만 제가 어떤 판단을 해도 아이들은 둘 다 만족하지 않더군요. 상처와 갈등도 사라지지 않았습니다. 대신 한 발 떨어져서 아이들끼리 풀어가는 것을 지켜보는 게 더 나았습니다. 가끔 제가, 또는 친구들이 실마리를 툭 던져주는 것으로 아이들 사이에서 해법이 나오기도 했습니다. 누나와 동생 사이에 갈등이 생겼다면 그 갈등이 무르익는 과정도 필요하고, 터질 때까지 갈등을 키우는 것도 필요합니다. 더 이상 양쪽의 갈등이 물러설 수 없을 때, 아이들은 깨닫습니다. 대립을 이어가는 것보다 풀어가는 게 덜 힘들다는 걸 말이지요. 수없이 반복되는 아이들의 대립과 화해는 뜨뜻미지근한 것 같지만 그 안을 들여다보면 어떤 나라의 협상보다 치열합니다.

아이에게 물어보세요. 네 잘못을 인정하고 피해 친구에게 사과하는 일이 쉽지는 않겠지만 그렇게라도 다시 학교생활을 하고 싶은지, 그렇지 않을 경우 전학을 갈 수도 있음도 알리세요. 이 대목에서 단호하셔야 합니다. 대부분의 아이는 사과하겠다고 합니다. 내키지 않더라도 말이지요. 전학은 곧, 기존의 친구들을 잃는 일을 의미합니다. 아이들이 두려워하는 일이지요. 사과하고 싶다고 할 경우 작전을 짜야겠지요? 이왕이면 피해 아이를 감동하게 하는 것도 좋겠습니다. 아이는 피해 아이가 뭘 좋아하는지 알 겁니다. 선물과 함께 진심을 담은 편지를 써넣게 하세요. 변명이나 결백을 주장하는 내용 말고 실수의 인정, 재발 방지 약속, 그리고 속마음… 사실 난 너와 친하게 지내고 싶어. 네가 도와주면 앞으로 잘 해보고 싶어… 등의 표현을 넣으면 좋습니다. 부모님도 간단한 과일이나 선물을 챙겨주세요. 한 번 봐달라는 의미보다는 '얼마나 놀라셨어요, 이거 드시고 좀 가라앉히세요'의 의미입니다. 집에 찾아가서 그 부모님과 피해 아이에게 사과하세요.

피해 부모님께

"제가 자식 교육을 잘 못 해서 큰 폐를 끼쳤습니다. 입이 열 개라도 드릴 말씀이 없습니다. 이번 일로 저도 놀랐습니다. 앞으로는 신경을 많이 써서 이런 일이 없도록 하겠습니다."

피해 아이에게

"너처럼 예쁜 아이를 아줌마 아들이 때렸다니! 너무 부끄럽고 미안해서 어떤 말을 해야 할지 모르겠구나. 아줌마가 대신 사과할게. 정말 미안하다. 앞으로는 또다시 이런 일이 없게 할게"

반드시 '아이가 보는 데서' 사과하세요. 가능하시다면 눈물을 흘리셔도 좋습니다. 아이는 엄마의 모습을 보고 '이거 심각한 일이구나! 함부로 폭력을 쓰면 안 되겠어. 우리 엄마가 나 때문에 눈물을 흘리다니!' 하고 반성할 겁니다. 그리고 가능하면 피해 아이 부모와 친하게 지내보세요. 아이들에게 평생 좋은 친구를 만들어 주는 일이라면 아까운 투자는 아닐 겁니다. 제 경험상 엄마 대신 아빠가 가시는 게 더 효과적입니다. 엄한 줄로만 알았던 아빠가 자기의 실수를 대신 사과는 모습을 보면 아들은 아빠를 다시 봅니다. 그건 장기적으로 부자관계를 공고히 만듭니다. 제가 함부로 판단할 수는 없지만, 찾아가서 사과만 잘 전달된다면 전학 가는 일은 없을 거예요. 피해 학생 부모님의 마음에 따라 학폭위를 아예 안 열 수도 있습니다. 보통은 이 선에서 많이 해결됩니다. 설령 피해자 학부모가 아이의 전학을 학교 측에 요구해도 그 주장이 그대로 학폭위 결정으로 연결되지는 않습니다. 학폭위는 독립적으로 결정합니다.

학폭위에는 담임 의견도 들어갑니다. 담임은 두 아이에 대해 가장 잘 알고 있기 때문에 가장 합리적인 판단을 할 수 있지요. 그래서 중요한 단서가 됩니다. 이 정도 사안이면 보통은 이런 의견을 적습니다.

> 가해자 ○○○은 평소 분노 조절의 어려움이 있으나 담임·학부모의 지속적인 상담 및 교육을 통해 분노 조절 능력을 키워줌으로써 사회성을 기르면 될 것 같고, 피해자 ○○○또한 …을 통해 …을 키워 스스로 친구의 폭력에 대해 지혜롭게 대처하는 능력을 키워주는 계기가 되리라 봄.

그 다음엔 담임의 안내대로 두 아이의 정신 건강을 살펴주시면 됩니다. 누나의 마음도 헤아려주세요. 중1이면 동생에게 존중받아야 할 나이입니다. 아들을 타일러주세요. 동생이 제 누나를 만만하게 대하는 건 엄마 아빠의 영향입니다. 제 생각엔 아들보다 딸을 존중해줘야 할 것 같아요.

만약 아들이 차라리 전학을 가겠다고, 사과도 안 하고 지금의 이 학교에도 안 가겠다고 오히려 생떼를 부리면 어떻게 해야 할까요? 드물긴 하지만 이런 아이가 정말 있습니다. 아이가 5살 이하라면, 왜 그렇게 버티는지, 분노의 이유를 파악하고 하나씩 처치해주시라 말씀드리겠습니다만… 4학년이나 된 아이가 그런다면 무조건 병원으로 데려가셔야 합니다. 위험한 상황이거든요. 부정적 사고가 고착된 4학년 아이는 부모가 고치기 어렵습니다. 전문가(소아 정신과 또는 심리 상담가)에게 의뢰하시는 게 낫겠습니다. 검사(아이의 심리검사, 지능검사, 부모님의 양육 태도 검사)와 치료(상담, 약물)의 과정을 거치면 효과가 있어요. 치료가 끝나고 몇 달이 지나면 다시 원래대로 돌아오는 거 아니냐고 묻는 분들도 많으신데요, 그래서 아이뿐 아니라 가족 모두 함께 치료를 받으셔야 합니다. 아이의 공감 능력 부족, 공격성, 열등감 등의 정신의학적 문제 외에 아빠의 무관심, 엄마의 감싸기, 누나의 차가운 태도 모두 변해야 아이가 변하거든요. 많은 학부모님들이 병원을 거부하다가도 막상 치료를 받아보시면 '아, 전문가는 다르구나'라고 하시더군요. 어릴 때 일찍 치료하지 않으면(4학년이면 늦은 감이 있지만) 사춘기 때 더 큰 폭력 사고를 낼 가능성이 높습니다. 성인이 되어서는 형사사건에 연루되기도 합니다. 더 나빠지면 누나와 부모님에게도 폭력이 이어집니다. 자식에게 맞는 부모… 뉴스에서만 보는 이야기가 아닐 수 있다는 뜻이지요. 폭력적 성향의 아이들은 성인이 되어서도 약물, 게임, 도박 중독에 더 쉽게 노출됩니다. 수단과 방법을 가리지 마시고 폭력성은 꼭 치료해야 합니다.

아이의 양육에 아빠의 개입을 늘려주세요. 남자아이를 엄마가 통제하기는 어렵습니다. 지금은 4학년이니까 엄마가 매를 들면 되겠지요? 하지만 곧 아이가 대들어요. 아빠는 그동안 왜 아이 교육에 무심하셨을까요? 엄마가 잘하니까 아빠는 적당히 빠져 있어도 되겠다고 생각하셨겠지요. 그런 아빠들이 많거든요. 처음엔 낄 틈이 없어서 아이와 거리를 두고, 나중엔 아이들이 안 받아줘서 못 끼는 거지요. 엄마가 알아서 혼내고 알아서 편들어주고… 엄마가 교육을 도맡은 집은 대부분 비슷합니다. 아빠가 양육에 참여하려면 엄마와 많은 대화를 해야 합니다. 교육관은 반드시 일치시키셔야 하고, 아이와 아빠가 공통으로 즐길 수 있는 걸 엄마와 고민해보세요. 아들이 운동을 좋아한다고 했으니 아빠와 캐치볼도 하고 자전거도 타고 배드민턴도 쳐보세요. 형식적으로 하지 마시고 정말로 좋아서 하세요. 아이는 아빠의 진심을 금세 알아챕니다. 아빠가 혼자 취미 활동을 하신다고 했지요? 아빠에게 단호하게 말씀하세요. "지금의 기회를 잡지 못하면 평생 아들과 살갑게 지낼 수 없을지도 모른다"라고. 취미는 젊고 건강할 때 즐거움을 주지만, 정작 나이 들고 외로울 땐 자식이 가장 큰 위로가 됩니다. 저라면, 먼저 아들에게 맛있는 걸 사주면서 그동안의 엄격했던 아빠의 모습에 대해 진지하게 사과부터 하겠습니다. 엄마 아빠는 시장에서 일하느라 바쁘고 누나는 나와 놀아주려 하지도 않고, 친구들과 놀고 싶지만 말을 하자니 쑥스러워서 가벼운 장난을 걸어본 건데 친구들은 그걸로 화를 내고, 아빠는 그걸 가지고 혼내고… 아이가 편안히 의지할 만한 상대가 없었으니까요. 아들은 아빠와의 시간을 기다리고 있을 겁니다. 머잖아 두 남자의 편안한 동거를 마주하게 되시길 바랍니다.

담임선생님에게는 말하지 못하는
초등학교 학부모 상담기록부

1판 1쇄 인쇄 2018년 11월 23일
1판 1쇄 발행 2018년 11월 30일

지은이 · 송주현
펴낸이 · 주연선

책임편집 · 최민유
표지 및 본문 디자인 · 안자은
마케팅 · 장병수 최수현 김다은 이한솔 강원모
관리 · 김두만 유효정 박초희

(주)은행나무
04035 서울특별시 마포구 양화로11길 54
전화 · 02)3143-0651~3 | 팩스 · 02)3143-0654
신고번호 · 제 1997-000168호(1997. 12. 12)
www.ehbook.co.kr
ehbook@ehbook.co.kr

잘못된 책은 바꿔드립니다.

* 이 도서는 한국출판문화산업진흥원 2018년 우수출판콘텐츠 제작 지원 사업 선정작입니다.

ISBN 979-11-88810-81-9 13590